Otto Forster

**Analysis 1**

## Aus dem Programm
## Mathematik

**Einführung in die Analysis**
von Th. Sonar

**Analysis 1 – 3**
von O. Forster

**Übungsbuch zur Analysis 1**
von O. Forster und R. Wessoly

**Übungsbuch zur Analysis 2**
von O. Forster und Th. Szymczak

**Analysis mit Maple**
von R. Braun und R. Meise

**Lineare Algebra**
von G. Fischer

**Übungsbuch zur Linearen Algebra**
von H. Stoppel und B. Griese

**Algorithmische Zahlentheorie**
von O. Forster

**vieweg**

Otto Forster

# **Analysis 1**

Differential- und Integralrechnung
einer Veränderlichen

6., verbesserte Auflage

Mit 45 Abbildungen

Die Deutsche Bibliothek – CIP-Einheitsaufnahme
Ein Titeldatensatz für diese Publikation ist bei
Der Deutschen Bibliothek erhältlich.

Prof. Dr. Otto Forster
Mathematisches Institut der LMU
Theresienstr. 39 · 80333 München
E-Mail: forster@rz.mathematik.uni-muenchen.de
WWW: http://www.mathematik.uni-muenchen.de/~forster

| | |
|---|---|
| 1.– 5. Tausend Januar 1976 | 46.– 50. Tausend Oktober 1984 |
| 6.– 10. Tausend November 1976 | 51.– 60. Tausend September 1985 |
| 11.– 15. Tausend Januar 1978 | 61.– 70. Tausend August 1987 |
| 16.– 20. Tausend September 1979 | 71.– 80. Tausend November 1988 |
| 21.– 25. Tausend September 1980 | 81.–100. Tausend November 1989 |
| 26.– 30. Tausend September 1981 | 101.–120. Tausend September 1992 |
| 31.– 35. Tausend September 1982 | 121.–131. Tausend September 1996 |
| 36.– 40. Tausend September 1983 | 132.–140. Tausend April 1999 |
| 41.– 45. Tausend Dezember 1983 | 141.–149. Tausend April 2001 |

6., verbesserte Auflage April 2001

Alle Rechte vorbehalten
© Friedr. Vieweg & Sohn Verlagsgesellschaft mbH, Braunschweig/Wiesbaden, 2001

Der Verlag Vieweg ist ein Unternehmen der Fachverlagsgruppe
BertelsmannSpringer.

Das Werk einschließlich aller seiner Teile ist urheberrechtlich geschützt. Jede Verwertung außerhalb der engen Grenzen des Urheberrechtsgesetzes ist ohne Zustimmung des Verlags unzulässig und strafbar. Das gilt insbesondere für Vervielfältigungen, Übersetzungen, Mikroverfilmungen und die Einspeicherung und Verarbeitung in elektronischen Systemen.

www.vieweg.de

Konzeption und Layout: Ulrike Weigel, www.CorporateDesignGroup.de
Druck und buchbinderische Verarbeitung: W. Langelüddecke, Braunschweig
Gedruckt auf säurefreiem Papier
Printed in Germany

ISBN 3-528-57224-8    (Paperback)

# Vorwort zur ersten Auflage

Dieses Buch ist entstanden aus der Ausarbeitung einer Vorlesung, die ich im WS 1970/71 für Studenten der Mathematik und Physik des ersten Semesters an der Universität Regensburg gehalten habe. Diese Ausarbeitung wurde später von verschiedenen Kollegen als Begleittext zur Vorlesung benutzt.

Der Inhalt umfaßt im wesentlichen den traditionellen Lehrstoff der Analysis-Kurse des ersten Semesters an deutschen Universitäten und Technischen Hochschulen. Bei der Stoffauswahl wurde angestrebt, dem konkreten mathematischen Inhalt, der auch für die Anwendungen wichtig ist, vor einem großen abstrakten Begriffsapparat den Vorzug zu geben und dabei gleichzeitig in systematischer Weise möglichst einfach und schnell zu den grundlegenden Begriffen (Grenzwert, Stetigkeit, Differentiation, Riemannsches Integral) vorzudringen und sie mit vielen Beispielen zu illustrieren. Deshalb wurde auch die Einführung der elementaren Funktionen vor die Abschnitte über Differentiation und Integration gezogen, um dort genügend Beispielmaterial zur Verfügung zu haben. Auf die numerische Seite der Analysis (Approximation von Größen, die nicht in endlich vielen Schritten berechnet werden können) wird an verschiedenen Stellen eingegangen, um den Grenzwertbegriff konkreter zu machen.

Der Umfang des Stoffes ist so angelegt, daß er in einer vierstündigen Vorlesung in einem Wintersemester durchgenommen werden kann. Die einzelnen Paragraphen entsprechen je nach Länge einer bis zwei Vorlesungs-Doppelstunden. Bei Zeitmangel können die §§ 17 und 23 sowie Teile der §§ 16 (Konvexität) und 20 (Gamma-Funktion) weggelassen werden.

Für seine Unterstützung möchte ich mich bei Herrn D. Leistner bedanken. Er hat die seinerzeitige Vorlesungs-Ausarbeitung geschrieben, beim Lesen der Korrekturen geholfen und das Namens- und Sachverzeichnis erstellt.

Münster, Oktober 1975                    O. Forster

VI

# Vorwort zur 5. und 6. Auflage

Die erste Auflage dieses Buches erschien 1976. Seitdem hat es viele Jahrgänge von Studentinnen und Studenten der Mathematik und Physik beim Beginn ihres Analysis-Studiums begleitet. Aufgrund der damaligen Satz-Technik waren bei Neuauflagen nur geringfügige Änderungen möglich. Die einzige wesentliche Neuerung war das Erscheinen des Übungsbuchs zur Analysis 1 [FW].

Bei der 5. Auflage (April 1999) erhielt der Text nicht nur eine neue äußere Form (TeX-Satz), sondern wurde auch gründlich überarbeitet, um ihn wo möglich noch verständlicher zu machen. An verschiedenen Stellen wurden Bezüge zur Informatik hergestellt. So erhielt §5, in dem u.a. die Entwicklung reeller Zahlen als Dezimalbrüche (und allgemeiner $b$-adische Brüche) behandelt wird, einen Anhang über die Darstellung reeller Zahlen im Computer. In §9 finden sich einige grundsätzliche Bemerkungen zur Berechenbarkeit reeller Zahlen. Verschiedene numerische Beispiele wurden durch Programm-Code ergänzt, so dass die Rechnungen direkt am Computer nachvollzogen werden können. Dabei wurde der PASCAL-ähnliche Multipräzisions-Interpreter ARIBAS benutzt, den ich ursprünglich für das Buch [Fo] entwickelt habe, und der frei über das Internet erhältlich ist (Einzelheiten dazu auf Seite VIII). Die Programm-Beispiele lassen sich aber leicht auf andere Systeme, wie Maple oder Mathematica übertragen. In diesem Zusammenhang sei auch auf das Buch [BM] hingewiesen.

Insgesamt wurden aber für die Neuauflage die bewährten Charakteristiken des Buches beibehalten, nämlich ohne zu große Abstraktionen und ohne Stoffüberladung die wesentlichen Inhalte gründlich zu behandeln und sie mit konkreten Beispielen zu illustrieren. So hoffe ich, dass das Buch auch weiterhin seinen Leserinnen und Lesern den Einstieg in die Analysis erleichtern wird.

Wertvolle Hilfe habe ich von Herrn H. Stoppel erhalten. Er hat seine TeX-Erfahrung als Autor des Buches [SG] eingebracht und den Hauptteil der TeXnischen Herstellung der Neuauflage übernommen. Viele der Bilder wurden von Herrn V. Solinus erstellt. Ihnen sei herzlich gedankt, ebenso Frau Schmickler-Hirzebruch vom Vieweg-Verlag, die sich mit großem Engagement für das Zustandekommen der Neuauflage eingesetzt hat.

Für die 6. Auflage wurde neben der Korrektur von Druckfehlern (den vielen aufmerksamen LeserInnen sei Dank!) der Text an manchen Stellen weiter überarbeitet und es kamen einige neue Übungsaufgaben hinzu.

München, Februar 2001 Otto Forster

# Inhaltsverzeichnis

| | |
|---|---|
| Software zum Buch | VIII |
| 1 Vollständige Induktion | 1 |
| 2 Die Körper-Axiome | 10 |
| 3 Die Anordnungs-Axiome | 17 |
| 4 Folgen, Grenzwerte | 26 |
| 5 Das Vollständigkeits-Axiom | 40 |
| 6 Quadratwurzeln | 53 |
| 7 Konvergenz-Kriterien für Reihen | 60 |
| 8 Die Exponentialreihe | 71 |
| 9 Punktmengen | 78 |
| 10 Funktionen. Stetigkeit | 89 |
| 11 Sätze über stetige Funktionen | 98 |
| 12 Logarithmus und allgemeine Potenz | 107 |
| 13 Die Exponentialfunktion im Komplexen | 119 |
| 14 Trigonometrische Funktionen | 127 |
| 15 Differentiation | 142 |
| 16 Lokale Extrema. Mittelwertsatz. Konvexität | 154 |
| 17 Numerische Lösung von Gleichungen | 166 |
| 18 Das Riemannsche Integral | 176 |
| 19 Integration und Differentiation | 190 |
| 20 Uneigentliche Integrale. Die Gamma-Funktion | 204 |
| 21 Gleichmäßige Konvergenz von Funktionenfolgen | 218 |
| 22 Taylor-Reihen | 232 |
| 23 Fourier-Reihen | 248 |
| Zusammenstellung der Axiome der reellen Zahlen | 263 |
| Litcraturhinweise | 264 |
| Namens- und Sachverzeichnis | 265 |
| Symbolverzeichnis | 270 |
| Inhaltsverzeichnis von Analysis 2 und 3 | 271 |

VIII

# Software zum Buch

Die Programm-Beispiele des Buches sind für ARIBAS geschrieben. Dies ist ein Multipräzisions-Interpreter mit einer PASCAL-ähnlichen Syntax. Er ist (unter der GNU General Public Licence) frei über das Internet erhältlich. Es gibt Versionen von ARIBAS für verschiedene Plattformen, wie MS-DOS, Windows95/98/NT, LINUX und andere UNIX-Systeme. Für diejenigen, die hinter die Kulissen sehen wollen, ist auch der C-Source-Code von ARIBAS verfügbar. Um ARIBAS zu erhalten, gehe man auf die WWW-Homepage des Verfassers,

```
http://www.mathematik.uni-muenchen.de/~forster
```

und von dort zum Unterpunkt Software/ARIBAS. Dort finden sich weitere Informationen. Da ARIBAS ein kompaktes System ist, muss nur etwa 1/4 MB heruntergeladen werden.

Von der oben genannten Homepage gelangt man über den Unterpunkt Bücher/ Analysis auch zur Homepage dieses Buches. Von dort sind die Listings der Programm-Beispiele erhältlich, so dass sie nicht mühsam abgetippt werden müssen. Im Laufe der Zeit werden noch weitere Listings zu numerischen Übungsaufgaben und zu Ergänzungen zum Text dazukommen. Ebenfalls wird dort eine Liste der unvermeidlich zutage tretenden *Errata* abgelegt werden. Die aufmerksamen Leserinnen und Leser seien ermuntert, mir Fehler per Email an folgende Adresse zu melden:

```
forster@rz.mathematik.uni-muenchen.de
```

# § 1. Vollständige Induktion

Der Beweis durch vollständige Induktion ist ein wichtiges Hilfsmittel in der Mathematik. Es kann häufig bei Problemen folgender Art angewandt werden: Es soll eine Aussage $A(n)$ bewiesen werden, die von einer natürlichen Zahl $n \geqslant 1$ abhängt. Dies sind in Wirklichkeit unendlich viele Aussagen $A(1), A(2), A(3), \ldots$, die nicht alle einzeln bewiesen werden können. Hier hilft die vollständige Induktion.

**Beweisprinzip der vollständigen Induktion**

Sei $n_0$ eine ganze Zahl und $A(n)$ für jedes $n \geqslant n_0$ eine Aussage. Um $A(n)$ für alle $n \geqslant n_0$ zu beweisen, genügt es, zu zeigen:

**(I0)** $A(n_0)$ *ist richtig* (Induktions-Anfang).

**(I1)** *Für ein beliebiges $n \geqslant n_0$ gilt: Falls $A(n)$ richtig ist, so ist auch $A(n+1)$ richtig* (Induktions-Schritt).

Die Wirkungsweise dieses Beweisprinzips ist leicht einzusehen: Nach (I0) ist zunächst $A(n_0)$ richtig. Wendet man (I1) auf den Fall $n = n_0$ an, erhält man die Gültigkeit von $A(n_0 + 1)$. Wiederholte Anwendung von (I1) liefert dann die Richtigkeit von $A(n_0 + 2)$, $A(n_0 + 3)$, ..., usw.

Als erstes Beispiel beweisen wir damit eine nützliche Formel für die Summe der ersten $n$ natürlichen Zahlen.

**Satz 1.** *Für jede natürliche Zahl n gilt:*

$$1 + 2 + 3 + \ldots + n = \frac{n(n+1)}{2}.$$

*Beweis.* Wir setzen zur Abkürzung $S(n) = 1 + 2 + \ldots + n$ und zeigen die Gleichung $S(n) = \frac{n(n+1)}{2}$ durch vollständige Induktion.

*Induktions-Anfang $n = 1$.* Es ist $S(1) = 1$ und $\frac{1(1+1)}{2} = 1$, also gilt die Formel für $n = 1$.

*Induktions-Schritt $n \to n+1$.* Wir nehmen an, dass $S(n) = \frac{n(n+1)}{2}$ gilt (Induktions-Voraussetzung) und müssen zeigen, dass daraus die Formel $S(n+1) = \frac{(n+1)(n+2)}{2}$ folgt. Dies sieht man so:

$$S(n+1) = S(n) + (n+1) \underset{\text{IV}}{=} \frac{n(n+1)}{2} + n + 1$$

$$= \frac{(n+1)(n+2)}{2}, \quad \text{q.e.d.}$$

Dabei deutet $\underset{\text{IV}}{=}$ an, dass an dieser Stelle die Induktions-Voraussetzung benutzt wurde.

Der Satz 1 erinnert an die bekannte Geschichte über C.F. Gauß, der als kleiner Schüler seinen Lehrer dadurch in Erstaunen versetzte, dass er die Aufgabe, die Zahlen von 1 bis 100 zusammenzuzählen, in kürzester Zeit im Kopf löste. Gauß verwendete dazu keine vollständige Induktion, sondern benutzte folgenden Trick: Er fasste den ersten mit dem letzten Summanden, den zweiten mit dem vorletzten zusammen, usw.

$$1 + 2 + \ldots + 100 = (1 + 100) + (2 + 99) + \ldots + (50 + 51)$$
$$= 50 \cdot 101 = 5050.$$

Natürlich ergibt sich dasselbe Resultat mit der Formel aus Satz 1.

**Summenzeichen.** Formeln wie in Satz 1 lassen sich oft prägnanter unter Verwendung des Summenzeichens schreiben. Seien $m \leqslant n$ ganze Zahlen. Für jede ganze Zahl $k$ mit $m \leqslant k \leqslant n$ sei $a_k$ eine reelle Zahl. Dann setzt man

$$\sum_{k=m}^{n} a_k = a_m + a_{m+1} + \ldots + a_n.$$

Für $m = n$ besteht die Summe aus dem einzigen Summanden $a_m$. Es ist zweckmäßig, für $n = m - 1$ folgende Konvention einzuführen:

$$\sum_{k=m}^{m-1} a_k := 0 \qquad \text{(leere Summe)}.$$

(Dabei bedeutet $X := A$, dass $X$ nach Definition gleich $A$ ist.) Man kann die etwas unbefriedigenden Pünktchen ... in der Definition des Summenzeichens vermeiden, wenn man *Definition durch vollständige Induktion* benützt: Für den Induktions-Anfang setzt man $\sum_{k=m}^{m-1} a_k := 0$ und verwendet als Induktionsschritt

$$\sum_{k=m}^{n+1} a_k := \left( \sum_{k=m}^{n} a_k \right) + a_{n+1} \qquad \text{für alle } n \geqslant m - 1.$$

Als natürliche Zahlen bezeichnen wir alle Elemente der Menge

$$\mathbb{N} := \{0, 1, 2, 3, \ldots\}$$

der nicht-negativen ganzen Zahlen (einschließlich der Null). Mit

$$\mathbb{Z} := \{0, \pm 1, \pm 2, \pm 3, \ldots\}$$

wird die Menge aller ganzen Zahlen bezeichnet.

§ 1 Vollständige Induktion 3

Nun lässt sich Satz 1 so aussprechen: Es gilt

$$\sum_{k=1}^{n} k = \frac{n(n+1)}{2} \qquad \text{für alle } n \in \mathbb{N}.$$

(Für $n = 0$ gilt die Formel trivialerweise, da beide Seiten der Gleichung gleich null sind.)

Bildet man die Summe der ersten ungeraden Zahlen, $1 + 3 = 4$, $1 + 3 + 5 = 9$, $1 + 3 + 5 + 7 = 16$, ..., so stellt man fest, dass sich stets eine Quadratzahl ergibt. Dass dies allgemein richtig ist, beweisen wir wieder durch vollständige Induktion.

**Satz 2.** *Für alle natürlichen Zahlen n gilt* $\displaystyle\sum_{k=1}^{n}(2k-1) = n^2.$

*Beweis. Induktions-Anfang $n = 0$.*

$$\sum_{k=1}^{0}(2k-1) = 0 = 0^2.$$

*Induktions-Schritt $n \to n+1$.*

$$\sum_{k=1}^{n+1}(2k-1) = \sum_{k=1}^{n}(2k-1) + (2(n+1)-1) \underset{\text{IV}}{=} n^2 + 2n + 1$$

$$= (n+1)^2, \quad \text{q.e.d.}$$

**Definition** (Fakultät). Für $n \in \mathbb{N}$ setzt man

$$n! := \prod_{k=1}^{n} k = 1 \cdot 2 \cdot \ldots \cdot n.$$

Das Produktzeichen ist ganz analog zum Summenzeichen definiert. Man setzt (Induktions-Anfang)

$$\prod_{k=m}^{m-1} a_k := 1 \qquad \text{(leeres Produkt)},$$

und (Induktions-Schritt)

$$\prod_{k=m}^{n+1} a_k := \left( \prod_{k=m}^{n} a_k \right) a_{n+1} \qquad \text{für alle } n \geqslant m - 1.$$

(Das leere Produkt wird deshalb als 1 definiert, da die Multiplikation mit 1 dieselbe Wirkung hat wie wenn man überhaupt nicht multipliziert.)

Insbesondere ist $0! = 1$, $1! = 1$, $2! = 2$, $3! = 6$, $4! = 24$, ....

**Satz 3.** *Die Anzahl aller möglichen Anordnungen einer $n$-elementigen Menge $\{A_1, A_2, \ldots, A_n\}$ ist gleich $n!$.*

*Beweis* durch vollständige Induktion.

*Induktions-Anfang* $n = 1$. Eine einelementige Menge besitzt nur eine Anordnung ihrer Elemente. Andrerseits ist $1!$ ebenfalls gleich 1.

*Induktions-Schritt* $n \to n + 1$. Die möglichen Anordnungen der $(n + 1)$-elementigen Menge $\{A_1, A_2, \ldots, A_{n+1}\}$ zerfallen folgendermaßen in $n + 1$ Klassen $C_k$, $k = 1, \ldots, n + 1$: Die Anordnungen der Klasse $C_k$ haben das Element $A_k$ an erster Stelle, bei beliebiger Anordnung der übrigen $n$ Elemente. Nach Induktions-Voraussetzung besteht jede Klasse aus $n!$ Anordnungen. Die Gesamtzahl aller möglichen Anordnungen von $\{A_1, A_2, \ldots, A_{n+1}\}$ ist also gleich $(n + 1) n! = (n + 1)!$, q.e.d.

*Bemerkung.* Die beim Induktions-Schritt benützte Überlegung kann man dazu verwenden, alle Anordnungen systematisch aufzuzählen (wir schreiben kurz $k$ statt $A_k$).

$\underline{n = 2}$

| | | | | |
|---|---|---|---|---|
| 1 | 2 | | 2 | 1 |

$\underline{n = 3}$

| | | | | | | | | |
|---|---|---|---|---|---|---|---|---|
| 1 | 2 | 3 | | 2 | 1 | 3 | | 3 | 1 | 2 |
| 1 | 3 | 2 | | 2 | 3 | 1 | | 3 | 2 | 1 |

$\underline{n = 4}$

| | | | | | | | | | | | | | | | |
|---|---|---|---|---|---|---|---|---|---|---|---|---|---|---|---|
| 1 | 2 | 3 | 4 | 2 | 1 | 3 | 4 | 3 | 1 | 2 | 4 | 4 | 1 | 2 | 3 |
| 1 | 2 | 4 | 3 | 2 | 1 | 4 | 3 | 3 | 1 | 4 | 2 | 4 | 1 | 3 | 2 |
| 1 | 3 | 2 | 4 | 2 | 3 | 1 | 4 | 3 | 2 | 1 | 4 | 4 | 2 | 1 | 3 |
| 1 | 3 | 4 | 2 | 2 | 3 | 4 | 1 | 3 | 2 | 4 | 1 | 4 | 2 | 3 | 1 |
| 1 | 4 | 2 | 3 | 2 | 4 | 1 | 3 | 3 | 4 | 1 | 2 | 4 | 3 | 1 | 2 |
| 1 | 4 | 3 | 2 | 2 | 4 | 3 | 1 | 3 | 4 | 2 | 1 | 4 | 3 | 2 | 1 |

§ 1 Vollständige Induktion 5

**Definition.** Für natürliche Zahlen $n$ und $k$ setzt man

$$\binom{n}{k} = \prod_{j=1}^{k} \frac{n-j+1}{j} = \frac{n(n-1)\cdot\ldots\cdot(n-k+1)}{1\cdot 2\cdot\ldots\cdot k}.$$

Die Zahlen $\binom{n}{k}$ heißen *Binomial-Koeffizienten* wegen ihres Auftretens im binomischen Lehrsatz (vgl. den folgenden Satz 5).

Aus der Definition folgt unmittelbar

$$\binom{n}{0} = 1, \ \binom{n}{1} = n \quad \text{für alle } n \geqslant 0,$$

$$\binom{n}{k} = 0 \quad \text{für } k > n, \text{ sowie}$$

$$\binom{n}{k} = \frac{n!}{k!(n-k)!} = \binom{n}{n-k} \quad \text{für } 0 \leqslant k \leqslant n.$$

Definiert man noch $\binom{n}{k} = 0$ für $k < 0$, so gilt

$$\binom{n}{k} = \binom{n}{n-k} \quad \text{für alle } n \in \mathbb{N} \text{ und } k \in \mathbb{Z}.$$

**Hilfssatz.** *Für alle natürlichen Zahlen $n \geqslant 1$ und alle $k \in \mathbb{Z}$ gilt*

$$\binom{n}{k} = \binom{n-1}{k-1} + \binom{n-1}{k}.$$

*Beweis.* Für $k \geqslant n$ und $k \leqslant 0$ verifiziert man die Formel unmittelbar. Es bleibt also der Fall $0 < k < n$ zu betrachten. Dann ist

$$\binom{n-1}{k-1} + \binom{n-1}{k} = \frac{(n-1)!}{(k-1)!(n-k)!} + \frac{(n-1)!}{k!(n-k-1)!}$$

$$= \frac{k(n-1)! + (n-k)(n-1)!}{k!(n-k)!} = \frac{n(n-1)!}{k!(n-k)!} = \binom{n}{k}.$$

**Satz 4.** *Die Anzahl der $k$-elementigen Teilmengen einer $n$-elementigen Menge $\{A_1, A_2, \ldots, A_n\}$ ist gleich $\binom{n}{k}$.*

*Bemerkung.* Daraus folgt auch, dass die Zahlen $\binom{n}{k}$ ganz sind, was aus ihrer Definition nicht unmittelbar ersichtlich ist.

*Beweis.* Wir beweisen die Behauptung durch vollständige Induktion nach $n$.

6 § 1 Vollständige Induktion

*Induktions-Anfang* $n = 1$. Die Menge $\{A_1\}$ besitzt genau eine nullelementige Teilmenge, nämlich die leere Menge $\emptyset$, und genau eine einelementige Teilmenge, nämlich $\{A_1\}$. Anderseits ist auch $\binom{1}{0} = \binom{1}{1} = 1$. (Übrigens gilt der Satz auch für $n = 0$.)

*Induktions-Schritt* $n \to n + 1$. Die Behauptung sei für Teilmengen der $n$-elementigen Menge $M_n := \{A_1, \ldots, A_n\}$ schon bewiesen. Wir betrachten nun die $k$-elementigen Teilmengen von $M_{n+1} := \{A_1, \ldots, A_n, A_{n+1}\}$. Für $k = 0$ und $k = n + 1$ ist die Behauptung trivial, wir dürfen also $1 \leqslant k \leqslant n$ annehmen. Jede $k$-elementige Teilmenge von $M_{n+1}$ gehört zu genau einer der folgenden Klassen: $\mathcal{T}_0$ besteht aus allen $k$-elementigen Teilmengen von $M_{n+1}$, die $A_{n+1}$ nicht enthalten, und $\mathcal{T}_1$ aus denjenigen $k$-elementigen Teilmengen, die $A_{n+1}$ enthalten. Die Anzahl der Elemente von $\mathcal{T}_0$ ist gleich der Anzahl der $k$-elementigen Teilmengen von $M_n$, also nach Induktions-Voraussetzung gleich $\binom{n}{k}$. Da die Teilmengen der Klasse $\mathcal{T}_1$ alle das Element $A_{n+1}$ enthalten, und die übrigen $k - 1$ Elemente der Menge $M_n$ entnommen sind, besteht $\mathcal{T}_1$ nach Induktions-Voraussetzung aus $\binom{n}{k-1}$ Elementen. Insgesamt gibt es also (unter Benutzung des Hilfssatzes)

$$\binom{n}{k} + \binom{n}{k-1} = \binom{n+1}{k}$$

$k$-elementige Teilmengen von $M_{n+1}$, q.e.d.

*Beispiel.* Es gibt

$$\binom{49}{6} = \frac{49 \cdot 48 \cdot 47 \cdot 46 \cdot 45 \cdot 44}{1 \cdot 2 \cdot 3 \cdot 4 \cdot 5 \cdot 6} = 13\,983\,816$$

6-elementige Teilmengen einer Menge von 49 Elementen. Die Chance, beim Lotto „6 aus 49" die richtige Kombination zu erraten, ist also etwa 1 : 14 Millionen.

**Satz 5** (Binomischer Lehrsatz). *Seien* $x, y$ *reelle Zahlen und* $n$ *eine natürliche Zahl. Dann gilt*

$$(x + y)^n = \sum_{k=0}^{n} \binom{n}{k} x^{n-k} y^k.$$

*Beweis* durch vollständige Induktion nach $n$.
*Induktions-Anfang* $n = 0$. Da nach Definition $a^0 = 1$ für jede reelle Zahl $a$ (leeres Produkt), ist $(x + y)^0 = 1$ und

$$\sum_{k=0}^{0} \binom{0}{k} x^{n-k} y^k = \binom{0}{0} x^0 y^0 = 1.$$

§ 1 Vollständige Induktion 7

*Induktions-Schritt* $n \to n+1$.

$$(x+y)^{n+1} = (x+y)^n x + (x+y)^n y.$$

Für den ersten Summanden der rechten Seite erhält man unter Benutzung der Induktions-Voraussetzung

$$(x+y)^n x = \sum_{k=0}^{n} \binom{n}{k} x^{n+1-k} y^k = \sum_{k=0}^{n+1} \binom{n}{k} x^{n+1-k} y^k.$$

Dabei haben wir verwendet, dass $\binom{n}{n+1} = 0$. Für die Umformung des zweiten Summanden verwenden wir die offensichtliche Regel

$$\sum_{k=0}^{n} a_{k+1} = \sum_{k=1}^{n+1} a_k$$

über die Indexverschiebung bei Summen.

$$(x+y)^n y = \sum_{k=0}^{n} \binom{n}{k} x^{n-k} y^{k+1} = \sum_{k=1}^{n+1} \binom{n}{k-1} x^{n+1-k} y^k.$$

Addiert man den Summanden $\binom{n}{-1} x^{n+1} y^0 = 0$, erhält man

$$(x+y)^n y = \sum_{k=0}^{n+1} \binom{n}{k-1} x^{n+1-k} y^k.$$

Insgesamt ergibt sich, wenn man noch $\binom{n}{k} + \binom{n}{k-1} = \binom{n+1}{k}$ benutzt (Hilfssatz),

$$(x+y)^{n+1} = \sum_{k=0}^{n+1} \binom{n}{k} x^{n+1-k} y^k + \sum_{k=0}^{n+1} \binom{n}{k-1} x^{n+1-k} y^k$$

$$= \sum_{k=0}^{n+1} \binom{n+1}{k} x^{n+1-k} y^k, \quad \text{q.e.d.}$$

Für die ersten $n$ lautet der binomische Lehrsatz ausgeschrieben

$$(x+y)^0 = 1,$$
$$(x+y)^1 = x+y,$$
$$(x+y)^2 = x^2 + 2xy + y^2,$$
$$(x+y)^3 = x^3 + 3x^2 y + 3xy^2 + y^3,$$
$$(x+y)^4 = x^4 + 4x^3 y + 6x^2 y^2 + 4xy^3 + y^4, \text{ usw.}$$

Die auftretenden Koeffizienten kann man im sog. *Pascalschen Dreieck* anordnen.

$$\begin{array}{ccccccccccccc}
& & & & & & 1 & & & & & & \\
& & & & & 1 & & 1 & & & & & \\
& & & & 1 & & 2 & & 1 & & & & \\
& & & 1 & & 3 & & 3 & & 1 & & & \\
& & 1 & & 4 & & 6 & & 4 & & 1 & & \\
& 1 & & 5 & & 10 & & 10 & & 5 & & 1 & \\
\cdot & & \cdot & & \cdot & & \cdot & & \cdot & & \cdot & & \cdot
\end{array}$$

Aufgrund der Beziehung $\binom{n}{k} = \binom{n-1}{k-1} + \binom{n-1}{k}$ ist jede Zahl im Inneren des Dreiecks die Summe der beiden unmittelbar über ihr stehenden.

**Folgerungen** aus dem binomischen Lehrsatz. *Für alle $n \geqslant 1$ gilt*

$$\sum_{k=0}^{n} \binom{n}{k} = 2^n \qquad \text{und} \qquad \sum_{k=0}^{n} (-1)^k \binom{n}{k} = 0.$$

Man erhält dies, wenn man $x = y = 1$ bzw. $x = 1, y = -1$ setzt. Die erste dieser Formeln lässt sich nach Satz 4 kombinatorisch interpretieren: Da $\binom{n}{k}$ die Anzahl der $k$-elementigen Teilmengen einer $n$-elementigen Menge angibt, besitzt eine $n$-elementige Menge insgesamt $2^n$ Teilmengen.

**Satz 6** (geometrische Reihe). *Für $x \neq 1$ und jede natürliche Zahl $n$ gilt*

$$\sum_{k=0}^{n} x^k = \frac{1 - x^{n+1}}{1 - x}.$$

*Beweis* durch vollständige Induktion nach $n$.

*Induktions-Anfang $n = 0$.*

$$\sum_{k=0}^{0} x^k = 1 = \frac{1 - x^{0+1}}{1 - x}.$$

*Induktions-Schritt $n \to n + 1$.*

$$\sum_{k=0}^{n+1} x^k = \sum_{k=0}^{n} x^k + x^{n+1} = \frac{1 - x^{n+1}}{1 - x} + x^{n+1} = \frac{1 - x^{(n+1)+1}}{1 - x}, \qquad \text{q.e.d.}$$

## AUFGABEN

**1.1.** Seien $n$, $k$ natürliche Zahlen mit $n \geqslant k$. Man beweise

$$\binom{n+1}{k+1} = \sum_{m=k}^{n} \binom{m}{k}.$$

§ 1 Vollständige Induktion 9

**1.2.** Für eine reelle Zahl $x$ und eine natürliche Zahl $k$ werde definiert

$$\binom{x}{k} := \prod_{j=1}^{k} \frac{x-j+1}{j} = \frac{x(x-1)\cdot\ldots\cdot(x-k+1)}{k!},$$

insbesondere $\binom{x}{0} = 1$. Man beweise für alle reellen Zahlen $x$, $y$ und alle natürlichen Zahlen $n$

$$\binom{x+y}{n} = \sum_{k=0}^{n} \binom{x}{n-k}\binom{y}{k}.$$

**1.3.** Man beweise die Summenformeln

$$\sum_{k=1}^{n} k^2 = \frac{n(n+1)(2n+1)}{6} \qquad \text{und} \qquad \sum_{k=1}^{n} k^3 = \frac{n^2(n+1)^2}{4}.$$

**1.4.** Sei $r$ eine natürliche Zahl. Man zeige:
Es gibt rationale Zahlen $a_{r1}, \ldots, a_{rr}$, so dass für alle natürlichen Zahlen $n$ gilt

$$\sum_{k=1}^{n} k^r = \frac{1}{r+1} n^{r+1} + a_{rr}n^r + \ldots + a_{r1}n.$$

**1.5.** Man beweise: Für alle natürlichen Zahlen $N$ gilt

$$\sum_{n=1}^{2N} \frac{(-1)^{n-1}}{n} = \sum_{n=1}^{N} \frac{1}{N+n}.$$

**1.6.** Wie groß ist die Wahrscheinlichkeit, dass beim Lotto „6 aus 49" alle 6 gezogenen Zahlen gerade (bzw. alle ungerade) sind?

**1.7.** Es werde zufällig eine 7-stellige Zahl gewählt, wobei jede Zahl von 1 000 000 bis 9 999 999 mit der gleichen Wahrscheinlichkeit auftrete. Wie groß ist die Wahrscheinlichkeit dafür, dass alle 7 Ziffern paarweise verschieden sind?

**1.8.** Man zeige, dass nach dem Gregorianischen Kalender (d.h. Schaltjahr, wenn die Jahreszahl durch 4 teilbar ist, mit Ausnahme der Jahre, die durch 100 aber nicht durch 400 teilbar sind) der 13. eines Monats im langjährigen Durchschnitt häufiger auf einen Freitag fällt, als auf irgend einen anderen Wochentag. Hinweis: Der Geburtstag von Gauß, der 30. April 1777, war ein Mittwoch. (Diese Aufgabe ist weniger eine Übung zur vollständigen Induktion, als eine Übung im systematischen Abzählen.)

# § 2. Die Körper-Axiome

Wir setzen in diesem Buch die reellen Zahlen als gegeben voraus. Um auf sicherem Boden zu stehen, werden wir in diesem und den folgenden Paragraphen einige Axiome formulieren, aus denen sich alle Eigenschaften und Gesetze der reellen Zahlen ableiten lassen.

In diesem Paragraphen behandeln wir die sogenannten Körper-Axiome, aus denen die Rechenregeln für die vier Grundrechnungsarten folgen. Da diese Rechenregeln sämtlich aus dem Schulunterricht geläufig sind, und dem Anfänger erfahrungsgemäß Beweise selbstverständlich erscheinender Aussagen Schwierigkeiten machen, kann dieser Paragraph bei der ersten Lektüre übergangen werden.

Mit $\mathbb{R}$ sei die Menge aller reellen Zahlen bezeichnet. Auf $\mathbb{R}$ sind zwei Ver-knüpfungen (Addition und Multiplikation)

$$+ : \mathbb{R} \times \mathbb{R} \longrightarrow \mathbb{R}, \quad (x,y) \mapsto x+y,$$
$$\cdot : \mathbb{R} \times \mathbb{R} \longrightarrow \mathbb{R}, \quad (x,y) \mapsto xy,$$

gegeben, die den sog. Körper-Axiomen genügen. Diese bestehen aus den Axiomen der Addition, der Multiplikation und dem Distributivgesetz, die wir der Reihe nach besprechen.

## I. Axiome der Addition

**(A.1)** Assoziativgesetz. *Für alle $x, y, z \in \mathbb{R}$ gilt*
$$(x+y)+z = x+(y+z).$$

**(A.2)** Kommutativgesetz. *Für alle $x, y \in \mathbb{R}$ gilt*
$$x+y = y+x.$$

**(A.3)** Existenz der Null. *Es gibt eine Zahl $0 \in \mathbb{R}$, so dass*
$$x+0 = x \quad \text{für alle } x \in \mathbb{R}.$$

**(A.4)** Existenz des Negativen. *Zu jedem $x \in \mathbb{R}$ existiert eine Zahl $-x \in \mathbb{R}$, so dass*
$$x+(-x) = 0.$$

## Folgerungen aus den Axiomen der Addition

**(2.1)** Die Zahl 0 ist durch ihre Eigenschaft eindeutig bestimmt.

§ 2 Die Körper-Axiome                                                    11

*Beweis.* Sei $0' \in \mathbb{R}$ ein weiteres Element mit $x + 0' = x$ für alle $x \in \mathbb{R}$. Dann gilt insbesondere $0 + 0' = 0$. Andrerseits ist $0' + 0 = 0'$ nach Axiom (A.3). Da nach dem Kommutativgesetz (A.2) aber $0 + 0' = 0' + 0$, folgt $0 = 0'$, q.e.d.

**(2.2)** Das Negative einer Zahl $x \in \mathbb{R}$ ist eindeutig bestimmt.

*Beweis.* Sei $x'$ eine reelle Zahl mit $x + x' = 0$. Addition von $-x$ von links auf beiden Seiten der Gleichung ergibt $(-x) + (x + x') = (-x) + 0$. Nach den Axiomen (A.1) und (A.3) folgt daraus

$$((-x) + x) + x' = -x.$$

Nach (A.2) und (A.4) ist $(-x) + x = x + (-x) = 0$, also

$$((-x) + x) + x' = 0 + x' = x' + 0 = x'.$$

Durch Vergleich erhält man $-x = x'$, q.e.d.

**(2.3)** Es gilt $-0 = 0$.

*Beweis.* Nach (A.4) gilt $0 + (-0) = 0$ und nach (A.3) ist $0 + 0 = 0$. Da aber das Negative von 0 eindeutig bestimmt ist, folgt $-0 = 0$.

*Bezeichnung.* Für $x, y \in \mathbb{R}$ setzt man $x - y := x + (-y)$.

**(2.4)** Die Gleichung $a + x = b$ hat eine eindeutig bestimmte Lösung, nämlich $x = b - a$.

*Beweis.* i) Wir zeigen zunächst, dass $x = b - a$ die Gleichung löst. Es ist nämlich

$$a + (b - a) = a + (b + (-a)) = a + ((-a) + b) = (a + (-a)) + b$$
$$= 0 + b = b + 0 = b, \quad \text{q.e.d.}$$

Dabei wurden bei den Umformungen die Axiome (A.1) bis (A.4) benutzt.

ii) Wir zeigen jetzt die Eindeutigkeit der Lösung. Sei $y$ irgend eine Zahl mit $a + y = b$. Addition von $-a$ auf beiden Seiten ergibt

$$(-a) + (a + y) = (-a) + b.$$

Die linke Seite der Gleichung ist gleich $((-a) + a) + y = 0 + y = y$, die rechte Seite gleich $b + (-a) = b - a$, d.h. es gilt $y = b - a$, q.e.d.

**(2.5)** Für jedes $x \in \mathbb{R}$ gilt $-(-x) = x$.

*Beweis.* Nach Definition des Negativen von $-x$ gilt $(-x) + (-(-x)) = 0$. Andrerseits ist nach (A.2) und (A.4) auch $(-x) + x = x + (-x) = 0$. Aus der Eindeutigkeit des Negativen folgt nun $-(-x) = x$.

12                                                              § 2 Die Körper-Axiome

**(2.6)** Für alle $x, y \in \mathbb{R}$ gilt $-(x+y) = -x-y$.

*Beweis.* Nach Definition des Negativen von $x+y$ ist $(x+y)+(-(x+y)) = 0$. Addition von $-x$ auf beiden Seiten der Gleichung liefert

$$y+(-(x+y)) = -x.$$

Andererseits hat die Gleichung $y+z = -x$ für $z$ die eindeutig bestimmte Lösung $z = -x-y$. Daraus folgt $-(x+y) = -x-y$, q.e.d.

## II. Axiome der Multiplikation

**(M.1)**  Assoziativgesetz. *Für alle $x, y, z \in \mathbb{R}$ gilt*
$$(xy)z = x(yz).$$

**(M.2)**  Kommutativgesetz. *Für alle $x, y \in \mathbb{R}$ gilt*
$$xy = yx.$$

**(M.3)**  Existenz der Eins. *Es gibt ein Element $1 \in \mathbb{R}$, $1 \neq 0$, so dass*
$$x \cdot 1 = x \quad \text{für alle } x \in \mathbb{R}.$$

**(M.4)**  Existenz des Inversen. *Zu jedem $x \in \mathbb{R}$ mit $x \neq 0$ gibt es ein $x^{-1} \in \mathbb{R}$, so dass*
$$xx^{-1} = 1.$$

## III. Distributivgesetz

**(D)** *Für alle $x, y, z \in \mathbb{R}$ gilt $x(y+z) = xy + xz$.*

## Folgerungen aus den Axiomen II und III

**(2.7)** Die Eins ist durch ihre Eigenschaft eindeutig bestimmt.

**(2.8)** Das Inverse einer reellen Zahl $x \neq 0$ ist eindeutig bestimmt.

Die Aussagen (2.7) und (2.8) werden ganz analog den entsprechenden Aussagen (2.1) und (2.2) für die Addition bewiesen, indem man überall die Addition durch die Multiplikation, die Null durch die Eins und das Negative durch das Inverse ersetzt.

**(2.9)** Für alle $a, b \in \mathbb{R}$ mit $a \neq 0$ hat die Gleichung $ax = b$ eine eindeutig bestimmte Lösung, nämlich $x = a^{-1}b =: \frac{b}{a}$.

*Beweis.* i) $x = a^{-1}b$ löst die Gleichung, denn

$$a(a^{-1}b) = (aa^{-1})b = 1 \cdot b = b \cdot 1 = b.$$

## § 2 Die Körper-Axiome                                             13

ii) Zur Eindeutigkeit. Sei $y$ eine beliebige Zahl mit $ay = b$. Multiplikation der Gleichung mit $a^{-1}$ von links ergibt $a^{-1}(ay) = a^{-1}b$. Die linke Seite der Gleichung kann man unter Anwendung der Axiome (M.1) bis (M.4) umformen und erhält $a^{-1}(ay) = y$, woraus folgt $y = a^{-1}b$, q.e.d.

**(2.10)** Für alle $x, y, z \in \mathbb{R}$ gilt $(x + y)z = xz + yz$.

*Beweis.* Unter Benutzung von (M.2) und (D) erhalten wir

$$(x + y)z = z(x + y) = zx + zy = xz + yz, \quad \text{q.e.d.}$$

**(2.11)** Für alle $x \in \mathbb{R}$ gilt $x \cdot 0 = 0$.

*Beweis.* Da $0 + 0 = 0$, folgt aus dem Distributivgesetz

$$x \cdot 0 + x \cdot 0 = x \cdot (0 + 0) = x \cdot 0.$$

Subtraktion von $x \cdot 0$ von beiden Seiten der Gleichung ergibt $x \cdot 0 = 0$.

**(2.12)** Für $x, y \in \mathbb{R}$ gilt $xy = 0$ genau dann, wenn $x = 0$ oder $y = 0$.
(In Worten: Ein Produkt ist genau dann gleich null, wenn einer der Faktoren null ist.)

*Beweis.* Wenn $x = 0$ oder $y = 0$, so folgt aus (2.11), dass $xy = 0$. Sei nun umgekehrt vorausgesetzt, dass $xy = 0$. Falls $x = 0$, sind wir fertig. Falls aber $x \neq 0$, folgt aus (2.9), dass $y = x^{-1} \cdot 0 = 0$, q.e.d.

**(2.13)** Für alle $x \in \mathbb{R}$ gilt $-x = (-1)x$.

*Beweis.* Unter Benutzung des Distributivgesetzes erhält man

$$x + (-1) \cdot x = 1 \cdot x + (-1) \cdot x = (1 - 1) \cdot x = 0 \cdot x = 0,$$

d.h. $(-1)x$ ist ein Negatives von $x$. Wegen der Eindeutigkeit des Negativen folgt die Behauptung.

**(2.14)** Für alle $x, y \in \mathbb{R}$ gilt $(-x)(-y) = xy$.

*Beweis.* Mit (2.13), sowie dem Kommutativ- und Assoziativgesetz erhält man

$$(-x)(-y) = (-x)(-1)y = (-1)(-x)y = (-(-x))y.$$

Da $-(-x) = x$ wegen (2.5), folgt die Behauptung.

**(2.15)** Für alle reellen Zahlen $x \neq 0$ gilt $(x^{-1})^{-1} = x$.

**(2.16)** Für alle reellen Zahlen $x \neq 0$, $y \neq 0$ gilt $(xy)^{-1} = x^{-1}y^{-1}$.

Die Regeln (2.15) und (2.16) sind die multiplikativen Analoga der Regeln (2.5) und (2.6) und können auch analog bewiesen werden.

## Allgemeines Assoziativgesetz

Die Addition von mehr als zwei Zahlen wird durch Klammerung auf die Addition von jeweils zwei Summanden zurückgeführt:

$$x_1 + x_2 + x_3 + \ldots + x_n := (\ldots((x_1 + x_2) + x_3) + \ldots) + x_n.$$

Man beweist durch wiederholte Anwendung des Assoziativgesetzes (A.1), dass jede andere Klammerung zum selben Resultat führt. Analoges gilt für das Produkt $x_1 x_2 \cdot \ldots \cdot x_n$.

## Allgemeines Kommutativgesetz

Sei $(i_1, i_2, \ldots, i_n)$ eine Permutation (d.h. Umordnung) von $(1, 2, \ldots, n)$. Dann gilt

$$x_1 + x_2 + \ldots x_n = x_{i_1} + x_{i_2} + \ldots + x_{i_n},$$

$$x_1 x_2 \cdot \ldots \cdot x_n = x_{i_1} x_{i_2} \cdot \ldots \cdot x_{i_n}.$$

Dies folgt durch wiederholte Anwendung der Kommutativgesetze (A.2) bzw. (M.2) sowie der Assoziativgesetze.

Aus dem allgemeinen Kommutativgesetz kann man folgende Regel für *Doppelsummen* ableiten:

$$\sum_{i=1}^{n} \sum_{j=1}^{m} a_{ij} = \sum_{j=1}^{m} \sum_{i=1}^{n} a_{ij}.$$

Denn nach Definition gilt

$$\sum_{i=1}^{n} \sum_{j=1}^{m} a_{ij} = \left( \sum_{j=1}^{m} a_{1j} \right) + \left( \sum_{j=1}^{m} a_{2j} \right) + \ldots + \left( \sum_{j=1}^{m} a_{nj} \right)$$

$$= (a_{11} + a_{12} + \ldots + a_{1m}) + \ldots + (a_{n1} + a_{n2} + \ldots + a_{nm})$$

und

$$\sum_{j=1}^{m} \sum_{i=1}^{n} a_{ij} = \left( \sum_{i=1}^{n} a_{i1} \right) + \left( \sum_{i=1}^{n} a_{i2} \right) + \ldots + \left( \sum_{i=1}^{n} a_{im} \right)$$

$$= (a_{11} + a_{21} + \ldots + a_{n1}) + \ldots + (a_{1m} + a_{2m} + \ldots + a_{nm}).$$

Es kommen also in beiden Fällen alle $nm$ Summanden $a_{ij}$, $1 \leqslant i \leqslant n$, $1 \leqslant j \leqslant m$, vor, nur in anderer Reihenfolge.

§ 2 Die Körper-Axiome                                                              15

**Allgemeines Distributivgesetz**

Durch wiederholte Anwendung von (D) und Folgerung (2.10) beweist man

$$\left( \sum_{i=1}^{n} x_i \right) \left( \sum_{j=1}^{m} y_j \right) = \sum_{i=1}^{n} \sum_{j=1}^{m} x_i y_j .$$

**Potenzen**

Ist $x$ eine reelle Zahl, so werden die Potenzen $x^n$ für $n \in \mathbb{N}$ durch Induktion wie folgt definiert:

$$x^0 := 1, \qquad x^{n+1} := x^n x \quad \text{für alle } n \geqslant 0 .$$

(Man beachte, dass nach Definition auch $0^0 = 1$.)
Ist $x \neq 0$, so definiert man negative Potenzen $x^{-n}$, ($n > 0$ ganz), durch

$$x^{-n} := (x^{-1})^n .$$

Für die Potenzen gelten folgende Rechenregeln:

**(2.17)**  $x^n x^m = x^{n+m}$,

**(2.18)**  $(x^n)^m = x^{nm}$,

**(2.19)**  $x^n y^n = (xy)^n$.

Dabei sind $n$ und $m$ beliebige ganze Zahlen und $x, y$ reelle Zahlen, die $\neq 0$ vorauszusetzen sind, falls negative Exponenten vorkommen.

Wir beweisen als Beispiel die Aussage (2.19) und überlassen die anderen der Leserin als Übung.

*i)* Falls $n \geqslant 0$, verwenden wir vollständige Induktion nach $n$. Der Induktions-Anfang $n = 0$ ist trivial.

*Induktions-Schritt* $n \to n + 1$. Unter Verwendung des Kommutativ- und Assoziativgesetzes der Multiplikation erhält man

$$x^{n+1} y^{n+1} = x^n x y^n y = x^n y^n xy \underset{\text{IV}}{=} (xy)^n xy = (xy)^{n+1}, \quad \text{q.e.d.}$$

*ii)* Falls $n < 0$, ist $m := -n > 0$ und

$$x^n y^n = x^{-m} y^{-m} = (x^{-1})^m (y^{-1})^m .$$

Nach *i)* gilt $(x^{-1})^m (y^{-1})^m = (x^{-1} y^{-1})^m$, also unter Benutzung von (2.16)

$$x^n y^n = (x^{-1} y^{-1})^m = ((xy)^{-1})^m = (xy)^{-m} = (xy)^n, \quad \text{q.e.d.}$$

16 § 2 Die Körper-Axiome

**Bemerkung.** Eine Menge $K$, zusammen mit zwei Verknüpfungen

$$+ : K \times K \longrightarrow K, \quad (x,y) \mapsto x+y,$$
$$\cdot : K \times K \longrightarrow K, \quad (x,y) \mapsto xy,$$

die den Axiomen I bis III genügen, nennt man *Körper*. In jedem Körper gelten alle in diesem Paragraphen hergeleiteten Rechenregeln, da zu ihrem Beweis nur die Axiome verwendet wurden.

**Beispiele.** $\mathbb{R}, \mathbb{Q}$ (Menge der rationalen Zahlen), und $\mathbb{C}$ (Menge der komplexen Zahlen, siehe § 13) bilden mit der üblichen Addition und Multiplikation jeweils einen Körper. Dagegen ist die Menge $\mathbb{Z}$ aller ganzen Zahlen kein Körper, da das Axiom von der Existenz des Inversen verletzt ist (z.B. besitzt die Zahl $2 \in \mathbb{Z}$ in $\mathbb{Z}$ kein Inverses).

Ein merkwürdiger Körper ist die Menge $\mathbb{F}_2 = \{0, 1\}$ mit den Verknüpfungen

| + | 0 | 1 |     |     | · | 0 | 1 |
|---|---|---|-----|-----|---|---|---|
| 0 | 0 | 1 | und |     | 0 | 0 | 0 |
| 1 | 1 | 0 |     |     | 1 | 0 | 1 |

Die Körper-Axiome können hier durch direktes Nachprüfen aller Fälle verifiziert werden. $\mathbb{F}_2$ ist der kleinst-mögliche Körper, denn jeder Körper muss mindestens die Null und die Eins enthalten. In $\mathbb{F}_2$ gilt $1 + 1 = 0$. Also kann man die Aussage $1 + 1 \neq 0$ nicht mithilfe der Körper-Axiome beweisen. Insbesondere kann man allein aufgrund der Körper-Axiome die natürlichen Zahlen noch nicht als Teilmenge der reellen Zahlen auffassen. Hierzu sind weitere Axiome erforderlich, die wir im nächsten Paragraphen behandeln.

AUFGABEN

**2.1.** Man zeige: Es gelten die folgenden Regeln für das Bruchrechnen $(a, b, c, d \in \mathbb{R}, b \neq 0, d \neq 0)$:

a) $\dfrac{a}{b} = \dfrac{c}{d}$ genau dann, wenn $ad = bc$,

b) $\dfrac{a}{b} \pm \dfrac{c}{d} = \dfrac{ad \pm bc}{bd}$,

c) $\dfrac{a}{b} \cdot \dfrac{c}{d} = \dfrac{ac}{bd}$,

d) $\dfrac{\frac{a}{b}}{\frac{c}{d}} = \dfrac{ad}{bc}$, falls $c \neq 0$.

§ 3 Die Anordnungs-Axiome                                    17

**2.2.** Man beweise die Rechenregel (2.17) für Potenzen:
$x^n x^m = x^{n+m}$, ($n, m \in \mathbb{Z}$, $x \in \mathbb{R}$, wobei $x \neq 0$ falls $n < 0$ oder $m < 0$).

*Anleitung.* Man behandle zunächst die Fälle

(1)  $n \geqslant 0$, $m \geqslant 0$,

(2)  $n > 0$ und $m = -k$ mit $0 < k \leqslant n$,

und führe den allgemeinen Fall auf (1) und (2) zurück.

**2.3.** Seien $a_{ik}$ für $i, k \in \mathbb{N}$ reelle Zahlen. Man zeige für alle $n \in \mathbb{N}$

$$\sum_{k=0}^{n} \sum_{i=0}^{n-k} a_{ik} = \sum_{i=0}^{n} \sum_{k=0}^{n-i} a_{ik} = \sum_{m=0}^{n} \sum_{k=0}^{m} a_{m-k,k}.$$

**2.4.** Seien $x, y, z \in \mathbb{R}$ und $n \in \mathbb{N}$. Man beweise

$$(x + y + z)^n = \sum_{k_1 + k_2 + k_3 = n} \frac{n!}{k_1! \, k_2! \, k_3!} x^{k_1} y^{k_2} z^{k_3}.$$

Dabei wird über alle Tripel $(k_1, k_2, k_3)$ natürlicher Zahlen summiert, für die $k_1 + k_2 + k_3 = n$.

# § 3.  Die Anordnungs-Axiome

In der Analysis ist das Rechnen mit Ungleichungen ebenso wichtig wie das Rechnen mit Gleichungen. Das Rechnen mit Ungleichungen beruht auf den Anordnungs-Axiomen. Es stellt sich heraus, dass alles auf den Begriff des positiven Elements zurückgeführt werden kann.

**Anordnungs-Axiome.** In $\mathbb{R}$ sind gewisse Elemente als positiv ausgezeichnet (Schreibweise $x > 0$), so dass folgende Axiome erfüllt sind.

**(O.1)** *Trichotomie.* Für jedes $x$ gilt genau eine der drei Beziehungen
$$x > 0, \quad x = 0, \quad -x > 0.$$

**(O.2)** *Abgeschlossenheit gegenüber Addition.*
$$x > 0 \text{ und } y > 0 \quad \Longrightarrow \quad x + y > 0.$$

**(O.3)** *Abgeschlossenheit gegenuber Multiplikation.*
$$x > 0 \text{ und } y > 0 \quad \Longrightarrow \quad xy > 0.$$

18                                                    § 3  Die Anordnungs-Axiome

Die Axiome (O.2) und (O.3) lassen sich zusammenfassend kurz so ausdrücken: Summe und Produkt positiver Elemente sind wieder positiv.

*Zur Notation.* Wir haben hier in der Formulierung der Axiome den Implikationspfeil benutzt. $A \Rightarrow B$ bedeutet, dass die Aussage $B$ aus der Aussage $A$ folgt. Die Bezeichnung $A \Leftrightarrow B$ bedeutet, dass sowohl $A \Rightarrow B$ als auch $B \Rightarrow A$ gilt, also die Aussagen $A$ und $B$ logisch äquivalent sind. Schließlich heißt die Bezeichnung $A :\Leftrightarrow B$, dass die Aussage $A$ durch die Aussage $B$ definiert wird.

**Definition.** (Größer- und Kleiner-Relation). Für reelle Zahlen $x, y$ definiert man

$$\begin{aligned}
x > y & \quad :\Longleftrightarrow \quad x - y > 0, \\
x < y & \quad :\Longleftrightarrow \quad y > x, \\
x \geqslant y & \quad :\Longleftrightarrow \quad x > y \ \text{oder} \ x = y, \\
x \leqslant y & \quad :\Longleftrightarrow \quad x < y \ \text{oder} \ x = y.
\end{aligned}$$

**Folgerungen aus den Axiomen**

In den folgenden Aussagen sind $x, y, z, a, b$ stets Elemente von $\mathbb{R}$.

**(3.1)** Für zwei Elemente $x, y$ gilt genau eine der Relationen

$$x < y, \quad x = y, \quad y < x.$$

Dies folgt unmittelbar aus Axiom (O.1). Damit kann man das Maximum und Minimum zweier reeller Zahlen definieren:

$$\max(x, y) := \begin{cases} x, \text{ falls } x \geqslant y, \\ y \text{ sonst}, \end{cases}$$

$$\min(x, y) := \begin{cases} x, \text{ falls } x \leqslant y, \\ y \text{ sonst}. \end{cases}$$

**(3.2)** *Transitivität der Kleiner-Relation*

$$x < y \ \text{und} \ y < z \quad \Longrightarrow \quad x < z$$

*Beweis.* Die Voraussetzungen bedeuten $y - x > 0$ und $z - y > 0$. Mit Axiom (O.2) folgt daraus $(y - x) + (z - y) = z - x > 0$, d.h. $x < z$.

**(3.3)** *Translations-Invarianz*

$$x < y \quad \Longrightarrow \quad a + x < a + y$$

## § 3 Die Anordnungs-Axiome

Dies folgt nach Definition daraus, dass $(a+y)-(a+x) = y-x$.

**(3.4)** *Spiegelung*

$$x < y \iff -x > -y$$

Dies folgt aus $y - x = (-x) - (-y)$.

Diese Aussagen unterstützen unsere anschauliche Vorstellung der reellen Zahlengeraden. Zeichnet man die Zahlengerade waagrecht, so denkt man sich die positiven Zahlen rechts vom Nullpunkt, die negativen Zahlen links davon. Von zwei Zahlen ist diejenige die größere, die weiter rechts liegt. Addition einer Zahl $a$ entspricht einer Verschiebung (nach rechts, wenn $a > 0$, nach links, wenn $a < 0$). Der Übergang von $x$ zu $-x$ bedeutet eine Spiegelung am Nullpunkt; dabei werden die Rollen von rechts und links vertauscht.

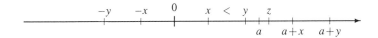

**Bild 3.1** Die Zahlengerade

(Es ist natürlich nur eine Konvention, dass die Zahlen in Richtung von links nach rechts größer werden; man hätte genauso gut die andere Richtung wählen können. Die übliche Konvention erklärt sich wohl aus der Schreibrichtung von links nach rechts.)

**(3.5)** $x < y$ und $a < b \implies x + a < y + b$

*Beweis.* Mit (3.2) folgt aus den Voraussetzungen $a + x < a + y$ und $y + a < y + b$. Wegen der Transitivität ergibt sich daraus $x + a < y + b$.

**(3.6)** $x < y$ und $a > 0 \implies ax < ay$

Kurz gesagt: Man darf eine Ungleichung mit einer positiven Zahl multiplizieren.

*Beweis.* Da nach Voraussetzung $y - x > 0$ und $a > 0$, folgt aus Axiom (O.3), dass $a(y-x) = ay - ax > 0$. Dies bedeutet aber nach Definition $ax < ay$.

**(3.7)** $0 \leqslant x < y$ und $0 \leqslant a < b \implies ax < by$

*Beweis.* Steht bei einer der beiden Voraussetzungen das Gleichheitszeichen, so ist stets $ax = 0 < by$. Sei also $0 < x < y$ und $0 < a < b$. Mit (3.6) folgt $ax < ay$ und $ay < by$, also aufgrund der Transitivität $ax < by$.

20                                                    § 3  Die Anordnungs-Axiome

**(3.8)**  $x < y$ und $a < 0$  $\implies$  $ax > ay$

Anders ausgedrückt: Multipliziert man eine Ungleichung mit einer negativen Zahl, so verwandelt sich das Kleiner- in ein Größer-Zeichen.

*Beweis.* Da $-a > 0$ (nach (3.4)), erhält man mit (3.6) $-ax < -ay$. Die Behauptung folgt durch nochmalige Anwendung von (3.4).

**(3.9)** Für jedes Element $x \neq 0$ ist $x^2 > 0$, insbesondere gilt $1 > 0$.

*Beweis.* Ist $x > 0$, so folgt $x^2 > 0$ aus Axiom (O.3); ist dagegen $x < 0$, so folgt dies aus (3.8). Da $0 \neq 1 = 1^2$, ergibt sich $1 > 0$.

**(3.10)**  $x > 0$  $\Longleftrightarrow$  $x^{-1} > 0$

*Beweis.* Da $x^{-2} > 0$ nach (3.9), ergibt sich die Implikation `$\Rightarrow$' durch Multiplikation von $x$ mit $x^{-2}$ aus Axiom (O.3). Die Umkehrung `$\Leftarrow$' folgt aus `$\Rightarrow$', angewendet auf $x^{-1}$, da $\left(x^{-1}\right)^{-1} = x$.

**(3.11)**  $0 < x < y$  $\implies$  $x^{-1} > y^{-1}$

*Beweis.* Aus Axiom (O.3) folgt $xy > 0$, also nach (3.10) auch $(xy)^{-1} = x^{-1}y^{-1} > 0$. Nach (3.6) darf man die Ungleichung $x < y$ mit $x^{-1}y^{-1}$ multiplizieren und erhält

$$y^{-1} = x(x^{-1}y^{-1}) < y(x^{-1}y^{-1}) = x^{-1}, \quad \text{q.e.d.}$$

*Bemerkung.* Ein Körper, in dem gewisse Elemente als positiv ausgezeichnet sind, so dass die Axiome (O.1), (O.2) und (O.3) gelten, heißt *angeordneter Körper*. $\mathbb{R}$ und $\mathbb{Q}$ sind angeordnete Körper. Dagegen kann der Körper $\mathbb{F}_2$ nicht angeordnet werden, denn in ihm gilt $1 + 1 = 0$, was wegen (3.9) im Widerspruch zu Axiom (O.2) steht. Ebenso besitzt der Körper der komplexen Zahlen (den wir in §13 einführen), keine Anordnung, da in ihm $i^2 = -1$, was der Regel (3.9) widerspricht.

### Die natürlichen Zahlen als Teilmenge von $\mathbb{R}$

In jedem Körper gibt es die 0 und die 1. Um die weiteren natürlichen Zahlen zu erhalten, kann man versuchen, einfach sukzessive die 1 zu addieren, $2 := 1+1, 3 := 2+1, 4 := 3+1$, usw. Dass dies nicht ohne weiteres das Erwartete liefert, sieht man am Körper $\mathbb{F}_2$, in dem damit $2 = 0$ ist, was unseren Vorstellungen von den natürlichen Zahlen widerspricht. Es stellt sich aber heraus, dass aufgrund der Anordnungs-Axiome innerhalb des Körpers der reellen Zahlen solche Pathologien nicht auftreten können.

Es sei $\mathcal{N}$ die kleinste Teilmenge von $\mathbb{R}$ mit folgenden Eigenschaften:

§ 3 Die Anordnungs-Axiome                                    21

i) $0 \in \mathcal{N}$,

ii) $x \in \mathcal{N} \Rightarrow x + 1 \in \mathcal{N}$.

$\mathcal{N}$ besteht genau aus den Zahlen, die sich aus der 0 durch sukzessive Additionen von 1 erhalten lassen. Wir definieren eine Abbildung (Nachfolger-Funktion)

$$\nu : \mathcal{N} \longrightarrow \mathcal{N}, \quad \nu(x) := x + 1.$$

Um zu sehen, dass die Menge $\mathcal{N}$ aus den `richtigen' natürlichen Zahlen besteht, verifizieren wir die sog. *Peano-Axiome*. Nach Peano lassen sich die natürlichen Zahlen charakterisieren als eine Menge $\mathcal{N}$ mit einem ausgezeichneten Element 0 und einer Abbildung $\nu : \mathcal{N} \to \mathcal{N}$, so dass folgende Axiome erfüllt sind:

**(P.1)** $x \neq y \Longrightarrow \nu(x) \neq \nu(y)$, d.h. zwei verschiedene Elemente von $\mathcal{N}$ haben auch verschiedene Nachfolger.

**(P.2)** $0 \notin \nu(\mathcal{N})$, d.h. kein Element von $\mathcal{N}$ hat 0 als Nachfolger.

**(P.3)** (Induktions-Axiom) Sei $M \subset \mathcal{N}$ eine Teilmenge mit folgenden Eigenschaften:

i) $0 \in M$,

ii) $x \in M \Rightarrow \nu(x) \in M$.

Dann gilt $M = \mathcal{N}$.

Für unsere Menge $\mathcal{N} \subset \mathbb{R}$ ist (P.3) nach Definition erfüllt und (P.1) ist trivial, denn in jedem Körper folgt aus $x + 1 = y + 1$, dass $x = y$. Es bleibt also nur noch (P.2) nachzuprüfen. Dazu zeigen wir zunächst

$$x \geqslant 0 \quad \text{für alle } x \in \mathcal{N}.$$

Beweis hierfür. Wir definieren $M := \{x \in \mathcal{N} : x \geqslant 0\}$. Offenbar erfüllt $M$ die Bedingungen i) und ii) von (P.3), also muss $M = \mathcal{N}$ sein, q.e.d.

Wäre nun (P.2) falsch, so gäbe es ein $x \in \mathcal{N}$ mit $0 = \nu(x) = x + 1$, also $x = -1$. Nach (3.9) und (3.4) ist $-1 < 0$, im Widerspruch zu $x \geqslant 0$.

Somit sind alle Peano-Axiome erfüllt. Man kann zeigen, dass durch die Peano-Axiome die natürlichen Zahlen bis auf Isomorphie eindeutig festgelegt sind. Wir werden deshalb $\mathcal{N}$ und $\mathbb{N}$ identifizieren.

Übrigens enthält das Peano-Axiom (P.3) das Prinzip der vollständigen Induktion. Denn sei $A(n)$ für jedes $n \in \mathbb{N}$ eine Aussage. Wir definieren $M$ als die

Menge aller $n \in \mathbb{N}$, für die $A(n)$ wahr ist. Dann bedeutet (P.3.i) den Induktions-Anfang und (P.3.ii) den Induktions-Schritt. Sind beide erfüllt, so gilt $M = \mathbb{N}$, d.h. $A(n)$ ist wahr für alle $n \in \mathbb{N}$.

*Bemerkung.* Die gemachten Überlegungen zeigen, dass die natürlichen Zahlen in jedem angeordneten Körper enthalten sind.

**Der Absolut-Betrag**

Für eine reelle Zahl $x$ wird ihr (Absolut-)Betrag definiert durch

$$|x| := \begin{cases} x, & \text{falls } x \geqslant 0, \\ -x, & \text{falls } x < 0, \end{cases}$$

gesprochen *x-Betrag* oder *x-absolut*. Die Definition ist gleichwertig mit

$$|x| := \max(x, -x).$$

**Satz 1.** *Der Absolut-Betrag in* $\mathbb{R}$ *hat folgende Eigenschaften:*

a) *Es ist* $|x| \geqslant 0$ *für alle* $x \in \mathbb{R}$ *und*
$$|x| = 0 \iff x = 0.$$

b) (Multiplikativität)
$$|xy| = |x| \cdot |y| \quad \text{für alle } x, y \in \mathbb{R}.$$

c) (Dreiecks-Ungleichung)
$$|x + y| \leqslant |x| + |y| \quad \text{für alle } x, y \in \mathbb{R}.$$

*Beweis.* Die Eigenschaft a) folgt unmittelbar aus der Definition.

b) Die Aussage ist trivial für $x, y \geqslant 0$. Im allgemeinen Fall schreiben wir $x = \pm x_0$ und $y = \pm y_0$ mit $x_0, y_0 \geqslant 0$. Dann ist

$$|xy| = |\pm x_0 y_0| = |x_0 y_0| = |x_0| \cdot |y_0| = |x| \cdot |y|, \quad \text{q.e.d.}$$

c) Da $x \leqslant |x|$ und $y \leqslant |y|$, folgt aus (3.3) und (3.5), dass

$$x + y \leqslant |x| + |y|.$$

Ebenso ist wegen $-x \leqslant |x|$ und $-y \leqslant |y|$

$$-(x + y) = -x - y \leqslant |x| + |y|.$$

Zusammen genommen ergibt sich $|x + y| \leqslant |x| + |y|$.

# § 3 Die Anordnungs-Axiome

*Bemerkung.* Ein Körper $K$, auf dem eine Abbildung $K \to \mathbb{R}, x \mapsto |x|$, definiert ist, so dass die in Satz 1 genannten Eigenschaften a), b), c) erfüllt sind, heißt *bewerteter Körper*. Es gibt auch nicht angeordnete bewertete Körper, wie den Körper der komplexen Zahlen, den wir in §13 untersuchen werden (dort erklärt sich auch der Name Dreiecks-Ungleichung). Bei der folgenden Ableitung weiterer Eigenschaften des Absolut-Betrages verwenden wir nur die Regeln a) bis c); sie sind damit in jedem bewerteten Körper gültig.

**(3.12)** Setzt man in b) $x = y = 1$, erhält man $|1| = |1||1|$, woraus folgt $|1| = 1$. Für $x = y = -1$ ergibt sich $|-1|^2 = |1| = 1$, also $|-1| = 1$ wegen a). Daraus folgt

$$|-x| = |x| \quad \text{für alle } x.$$

**(3.13)** Für alle $x, y \in \mathbb{R}$ mit $y \neq 0$ gilt

$$\left|\frac{x}{y}\right| = \frac{|x|}{|y|}.$$

*Beweis.* Weil $x = \frac{x}{y} \cdot y$, folgt aus der Multiplikativität des Betrages $|x| = \left|\frac{x}{y}\right| \cdot |y|$. Bringt man $|y|$ auf die andere Seite, erhält man die Behauptung.

**(3.14)** Für alle $x, y \in \mathbb{R}$ gilt

$$|x - y| \geq |x| - |y| \quad \text{und} \quad |x + y| \geq |x| - |y|.$$

*Beweis.* Aus $x = (x - y) + y$ erhält man mit der Dreiecks-Ungleichung $|x| \leq |x - y| + |y|$. Addition von $-|y|$ auf beiden Seiten ergibt die erste Ungleichung. Ersetzt man $y$ durch $-y$, folgt daraus die zweite.

## Das Archimedische Axiom

Wir benötigen noch ein weiteres sich auf die Anordnung beziehendes Axiom:

**(Arch)** Zu je zwei reellen Zahlen $x, y > 0$ existiert eine natürliche Zahl $n$ mit $nx > y$.

Archimedes hat dieses Axiom im Rahmen der Geometrie formuliert: Hat man zwei Strecken auf einer Geraden, so kann man, wenn man die kleinere von beiden nur oft genug abträgt, die größere übertreffen, siehe dazu Bild 3.2

**Bild 3.2** Zum Archimedischen Axiom

24                                          § 3 Die Anordnungs-Axiome

*Bemerkung.* Ein angeordneter Körper, in dem das Archimedische Axiom gilt, heißt *archimedisch angeordnet.* $\mathbb{R}$ und $\mathbb{Q}$ sind archimedisch angeordnete Körper. Es gibt aber angeordnete Körper, in denen das Archimedische Axiom nicht gilt (siehe z.B. [H]). Also ist das Archimedische Axiom von den bisherigen Axiomen unabhängig.

**Folgerungen aus dem Archimedischen Axiom**

**(3.15)** Zu jeder reellen Zahl $x$ gibt es natürliche Zahlen $n_1$ und $n_2$, so dass $n_1 > x$ und $-n_2 < x$. Daraus folgt: Zu jedem $x \in \mathbb{R}$ gibt es eine eindeutig bestimmte ganze Zahl $n \in \mathbb{Z}$ mit

$$n \leqslant x < n + 1.$$

Diese ganze Zahl wird mit $\lfloor x \rfloor$ oder floor$(x)$ bezeichnet. Statt $\lfloor x \rfloor$ ist auch die Bezeichnung $[x]$ üblich (Gauß-Klammer).

Ebenso existiert eine eindeutig bestimmte ganze Zahl $m \in \mathbb{Z}$ mit

$$m - 1 < x \leqslant m,$$

welche mit $\lceil x \rceil$ oder ceil$(x)$ bezeichnet wird.

**(3.16)** Zu jedem $\varepsilon > 0$ existiert eine natürliche Zahl $n > 0$ mit

$$\frac{1}{n} < \varepsilon.$$

*Beweis.* Nach (3.15) existiert ein $n$ mit $n > 1/\varepsilon$. Mit (3.11) folgt daraus $1/n < \varepsilon$.

**Satz 2** (Bernoullische Ungleichung). *Sei $x \geqslant -1$. Dann gilt*

$$(1+x)^n \geqslant 1 + nx \quad \text{für alle } n \in \mathbb{N}.$$

*Beweis* durch vollständige Induktion nach $n$.

*Induktions-Anfang $n = 0$.* Trivialerweise ist $(1+x)^0 = 1 \geqslant 1$.

*Induktions-Schritt $n \to n+1$.* Da $1 + x \geqslant 0$, folgt durch Multiplikation der Induktions-Voraussetzung $(1+x)^n \geqslant 1 + nx$ mit $1 + x$

$$\begin{aligned}
(1+x)^{n+1} &\geqslant (1+nx)(1+x) \\
&= 1 + (n+1)x + nx^2 \geqslant 1 + (n+1)x, \quad \text{q.e.d.}
\end{aligned}$$

§ 3  Die Anordnungs-Axiome                                                25

**Satz 3.** *Sei b eine positive reelle Zahl.*

a) *Ist $b > 1$, so gibt es zu jedem $K \in \mathbb{R}$ ein $n \in \mathbb{N}$, so dass*
$$b^n > K.$$

b) *Ist $0 < b < 1$, so gibt es zu jedem $\varepsilon > 0$ ein $n \in \mathbb{N}$, so dass*
$$b^n < \varepsilon.$$

*Beweis.* a) Sei $x := b - 1$. Nach Voraussetzung ist $x > 0$. Die Bernoullische Ungleichung sagt
$$b^n = (1 + x)^n \geqslant 1 + nx.$$

Nach dem Archimedischen Axiom gibt es ein $n \in \mathbb{N}$ mit $nx > K - 1$. Für dieses $n$ ist dann $b^n > K$.

b) Da $b_1 := 1/b > 1$, gibt es nach Teil a) zu $K := 1/\varepsilon$ ein $n$ mit $b_1^n > 1/\varepsilon$. Mit (3.11) folgt $b^n < \varepsilon$, q.e.d.

### Aufgaben

**3.1.** Man zeige $n^2 \leqslant 2^n$ für jede natürliche Zahl $n \neq 3$.

**3.2.** Man zeige $2^n < n!$ für jede natürliche Zahl $n \geqslant 4$.

**3.3.** Man beweise: Für jede natürliche Zahl $n \geqslant 1$ gelten die folgenden Aussagen:

a) $\quad \dbinom{n}{k} \dfrac{1}{n^k} \leqslant \dfrac{1}{k!} \quad$ für alle $k \in \mathbb{N}$,

b) $\quad \left(1 + \dfrac{1}{n}\right)^n \leqslant \displaystyle\sum_{k=0}^{n} \dfrac{1}{k!} < 3$,

c) $\quad \left(\dfrac{n}{3}\right)^n \leqslant \dfrac{1}{3} n!$

**3.4.** Man beweise mit Hilfe des Binomischen Lehrsatzes: Für jede reelle Zahl $x \geqslant 0$ und jede natürliche Zahl $n \geqslant 2$ gilt
$$(1 + x)^n > \frac{n^2}{4} x^2.$$

**3.5.** Man zeige: Für alle reellen Zahlen $x, y$ gilt
$$\max(x, y) = \tfrac{1}{2}(x + y + |x - y|),$$

$$\min(x, y) = \tfrac{1}{2}(x + y - |x - y|).$$

**3.6.** Man beweise folgende Regeln für die Funktionen floor und ceil:

a)  $\lceil x \rceil = -\lfloor -x \rfloor$  für alle $x \in \mathbb{R}$.

b)  $\lceil x \rceil = \lfloor x \rfloor + 1$  für alle $x \in \mathbb{R} \smallsetminus \mathbb{Z}$.

c)  $\lceil n/k \rceil = \lfloor (n + k - 1)/k \rfloor$  für alle $n, k \in \mathbb{Z}$ mit $k \geqslant 1$.

# § 4.  Folgen, Grenzwerte

Wir kommen jetzt zu einem der zentralen Begriffe der Analysis, dem des Grenzwerts einer Folge. Seine Bedeutung beruht darauf, dass viele Größen nicht durch einen in endlich vielen Schritten exakt berechenbaren Ausdruck gegeben, sondern nur mit beliebiger Genauigkeit approximiert werden können. Eine Zahl mit beliebiger Genauigkeit approximieren heißt, sie als Grenzwert einer Folge darstellen. Dies werden wir jetzt präzisieren.

Unter einer *Folge* reeller Zahlen versteht man eine Abbildung $\mathbb{N} \longrightarrow \mathbb{R}$. Jedem $n \in \mathbb{N}$ ist also ein $a_n \in \mathbb{R}$ zugeordnet. Man schreibt hierfür

$$(a_n)_{n \in \mathbb{N}} \quad \text{oder} \quad (a_0, a_1, a_2, a_3, \dots)$$

oder kurz $(a_n)$. Etwas allgemeiner kann man als Indexmenge statt $\mathbb{N}$ die Menge $\{n \in \mathbb{Z} : n \geqslant k\}$ aller ganzen Zahlen, die größer-gleich einer vorgegebenen ganzen Zahl $k$ sind, zulassen. So erhält man Folgen

$$(a_n)_{n \geqslant k} \quad \text{oder} \quad (a_k, a_{k+1}, a_{k+2}, \dots).$$

**Beispiele**

**(4.1)** Sei $a_n = a$ für alle $n \in \mathbb{N}$. Man erhält die *konstante Folge*

$$(a, a, a, a, \dots).$$

**(4.2)** Sei $a_n = \frac{1}{n}$, $n \geqslant 1$. Dies ergibt die Folge

$$(1, \tfrac{1}{2}, \tfrac{1}{3}, \tfrac{1}{4}, \dots).$$

**(4.3)** Für $a_n = (-1)^n$ ist

$$(a_n)_{n \in \mathbb{N}} = (+1, -1, +1, -1, +1, \dots).$$

§ 4  Folgen, Grenzwerte                                                    27

**(4.4)** $\left(\dfrac{n}{n+1}\right)_{n\in\mathbb{N}} = (0,\tfrac{1}{2},\tfrac{2}{3},\tfrac{3}{4},\tfrac{4}{5},\dots)$.

**(4.5)** $\left(\dfrac{n}{2^n}\right)_{n\in\mathbb{N}} = (0,\tfrac{1}{2},\tfrac{1}{2},\tfrac{3}{8},\tfrac{1}{4},\tfrac{5}{32},\dots)$.

**(4.6)** Sei $f_0 := 0$, $f_1 := 1$ und $f_n := f_{n-1} + f_{n-2}$. Dadurch wird rekursiv die Folge der *Fibonacci*-Zahlen definiert:

$$(f_n)_{n\in\mathbb{N}} = (0,1,1,2,3,5,8,13,21,34,\dots).$$

**(4.7)** Für jede reelle Zahl $x$ hat man die Folge ihrer Potenzen:

$$(x^n)_{n\in\mathbb{N}} = (1,x,x^2,x^3,x^4,\dots).$$

**Definition.** Sei $(a_n)_{n\in\mathbb{N}}$ eine Folge reeller Zahlen. Die Folge heißt *konvergent* gegen $a \in \mathbb{R}$, falls gilt:

Zu jedem $\varepsilon > 0$ existiert ein $N \in \mathbb{N}$, so dass
$|a_n - a| < \varepsilon$ für alle $n \geqslant N$.

Man beachte, dass die Zahl $N$ von $\varepsilon$ abhängt. Im Allgemeinen wird man $N$ umso größer wählen müssen, je kleiner $\varepsilon$ ist

Konvergiert $(a_n)$ gegen $a$, so nennt man $a$ den *Grenzwert* oder den *Limes* der Folge und schreibt

$$\lim_{n\to\infty} a_n = a \quad \text{oder kurz} \quad \lim a_n = a.$$

Auch die Schreibweise "$a_n \longrightarrow a$ für $n \to \infty$" ist gebräuchlich.

Eine Folge, die gegen 0 konvergiert, nennt man *Nullfolge*.

*Geometrische Deutung* der Konvergenz. Für $\varepsilon > 0$ versteht man unter der $\varepsilon$-Umgebung von $a \in \mathbb{R}$ die Menge aller Punkte der Zahlengeraden, die von $a$ einen Abstand kleiner als $\varepsilon$ haben. Dies ist das Intervall

$$]a - \varepsilon, a + \varepsilon[ := \{x \in \mathbb{R} : a - \varepsilon < x < a + \varepsilon\}.$$

(Die nach außen geöffneten Klammern deuten an, dass die Endpunkte nicht zum Intervall gehören.)

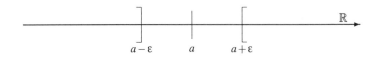

**Bild 4.1** ε-Umgebung

Die Konvergenz-Bedingung lässt sich nun so formulieren: Zu jedem $\varepsilon > 0$ existiert ein $N$, so dass

$$a_n \in \,]a-\varepsilon, a+\varepsilon[ \quad \text{für alle } n \geqslant N.$$

Die Folge $(a_n)$ konvergiert also genau dann gegen $a$, wenn in jeder noch so kleinen ε-Umgebung von $a$ fast alle Glieder der Folge liegen. Dabei bedeutet „fast alle": alle bis auf höchstens endlich viele Ausnahmen.

**Bild 4.2** Konvergenz

**Definition.** Eine Folge $(a_n)$, die nicht konvergiert, heißt *divergent*.

### Behandlung der Beispiele

Wir untersuchen jetzt die eingangs gebrachten Beispiele von Folgen auf Konvergenz bzw. Divergenz.

**(4.1)** Die konstante Folge $(a, a, a, \ldots)$ konvergiert trivialerweise gegen $a$.

**(4.2)** $\lim\limits_{n\to\infty} \frac{1}{n} = 0$, die Folge $(1/n)_{n \geqslant 1}$ ist also eine Nullfolge. Denn sei $\varepsilon > 0$ vorgegeben. Nach dem Archimedischen Axiom gibt es ein $N \in \mathbb{N}$ mit $N > 1/\varepsilon$. Damit ist

$$\left|\frac{1}{n} - 0\right| = \frac{1}{n} < \varepsilon \quad \text{für alle } n \geqslant N.$$

Übrigens kann man sich überlegen, dass die Tatsache, dass $(1/n)_{n\geqslant 1}$ eine Nullfolge ist, sogar äquivalent mit dem Archimedischen Axiom ist.

**(4.3)** Die Folge $a_n = (-1)^n$, $n \in \mathbb{N}$, divergiert.

§ 4 Folgen, Grenzwerte                                                    29

*Beweis.* Angenommen, die Folge $(a_n)$ konvergiert gegen eine reelle Zahl $a$. Dann gibt es nach Definition zu $\varepsilon := 1$ ein $N \in \mathbb{N}$ mit

$$|a_n - a| < 1 \quad \text{für alle } n \geqslant N.$$

Für alle $n \geqslant N$ gilt dann nach der Dreiecks-Ungleichung

$$\begin{aligned}
2 = |a_{n+1} - a_n| &= |(a_{n+1} - a) + (a - a_n)| \\
&\leqslant |a_{n+1} - a| + |a_n - a| \\
&< 1 + 1 = 2.
\end{aligned}$$

Es ergibt sich also der Widerspruch $2 < 2$, d.h. die Folge kann nicht gegen $a$ konvergieren.

**(4.4)** $\lim\limits_{n \to \infty} \dfrac{n}{n+1} = 1$. Zu $\varepsilon > 0$ wählen wir ein $N \in \mathbb{N}$ mit $N > 1/\varepsilon$. Damit ist

$$\left| \frac{n}{n+1} - 1 \right| = \frac{1}{n+1} < \varepsilon \quad \text{für alle } n \geqslant N.$$

**(4.5)** $\lim\limits_{n \to \infty} \dfrac{n}{2^n} = 0$.

*Beweis.* Für alle $n > 3$ gilt $n^2 \leqslant 2^n$, wie man durch vollständige Induktion beweist (vgl. Aufgabe 3.1). Daraus folgt

$$\frac{n^2}{2^n} \leqslant 1, \quad \text{also} \quad \frac{n}{2^n} \leqslant \frac{1}{n}.$$

Sei $\varepsilon > 0$ vorgegeben und $N > \max(3, 1/\varepsilon)$. Dann ist

$$\left| \frac{n}{2^n} - 0 \right| = \frac{n}{2^n} \leqslant \frac{1}{n} < \varepsilon \quad \text{für alle } n \geqslant N, \quad \text{q.e.d.}$$

Bevor wir die nächsten Beispiele behandeln, führen wir noch einen weiteren wichtigen Begriff ein.

**Definition** (Beschränktheit von Folgen). Eine Folge $(a_n)_{n \in \mathbb{N}}$ reeller Zahlen heißt *nach oben* (bzw. *nach unten*) *beschränkt*, wenn es eine Konstante $K \in \mathbb{R}$ gibt, so dass

$$a_n \leqslant K \text{ für alle } n \in \mathbb{N} \quad (\text{bzw. } a_n \geqslant K \text{ für alle } n \in \mathbb{N}).$$

Die Folge $(a_n)$ heißt *beschränkt*, wenn es eine reelle Konstante $M \geqslant 0$ gibt, so dass

$$|a_n| \leqslant M \quad \text{für alle } n.$$

30                                                        § 4  Folgen, Grenzwerte

*Bemerkung.* Eine Folge $(a_n)$ reeller Zahlen ist genau dann beschränkt, wenn sie sowohl nach oben als auch nach unten beschränkt ist.

**Satz 1.** *Jede konvergente Folge* $(a_n)_{n \in \mathbb{N}}$ *ist beschränkt.*

*Beweis.* Sei $\lim a_n = a$. Dann gibt es ein $N \in \mathbb{N}$, so dass

$$|a_n - a| < 1 \quad \text{für alle } n \geqslant N.$$

Daraus folgt

$$|a_n| \leqslant |a| + |a_n - a| \leqslant |a| + 1 \quad \text{für } n \geqslant N.$$

Wir setzen $M := \max(|a_0|, |a_1|, \ldots, |a_{N-1}|, |a| + 1)$. Damit gilt

$$|a_n| \leqslant M \quad \text{für alle } n \in \mathbb{N}, \quad \text{q.e.d.}$$

*Bemerkung.* Die Umkehrung von Satz 1 gilt nicht. Z.B. ist die Folge $a_n = (-1)^n$, $n \in \mathbb{N}$, beschränkt, aber nicht konvergent.

Wir fahren jetzt mit der Behandlung der Beispiele fort.

**(4.6)** Die Folge $(f_n) = (0, 1, 1, 2, 3, 5, 8, 13, \ldots)$ der Fibonacci-Zahlen divergiert. Denn man zeigt leicht durch vollständige Induktion, dass $f_{n+1} \geqslant n$ für alle $n \geqslant 0$. Die Folge ist also nicht beschränkt und kann deshalb nach Satz 1 nicht konvergieren.

Zu den Fibonacci-Zahlen siehe auch Aufgaben 4.2 und 6.7.

**(4.7)** Das Konvergenzverhalten der Folge $(x^n)_{n \in \mathbb{N}}$ hängt vom Wert von $x$ ab. Wir unterscheiden vier Fälle.

*1. Fall.* Für $|x| < 1$ gilt $\lim\limits_{n \to \infty} x^n = 0$.

*Beweis.* Nach §3, Satz 3 b), existiert zu vorgegebenem $\varepsilon > 0$ ein $N \in \mathbb{N}$ mit $|x|^N < \varepsilon$. Damit ist

$$|x^n - 0| = |x|^n \leqslant |x|^N < \varepsilon \quad \text{für alle } n \geqslant N.$$

*2. Fall.* Für $x = 1$ ist $x^n = 1$ für alle $n$, also $\lim\limits_{n \to \infty} x^n = 1$.

*3. Fall.* $x = -1$. Nach Beispiel (4.3) divergiert die Folge $((-1)^n)_{n \in \mathbb{N}}$.

*4. Fall.* Für $|x| > 1$ divergiert die Folge $(x^n)$. Denn aus §3, Satz 3 a), ergibt sich, dass die Folge $(x^n)$ unbeschränkt ist.

**Satz 2** (Eindeutigkeit des Limes). *Die Folge* $(a_n)$ *konvergiere sowohl gegen* $a$ *als auch gegen* $b$. *Dann ist* $a = b$.

§ 4 Folgen, Grenzwerte                                                    31

*Bemerkung.* Satz 2 macht die Schreibweise $\lim\limits_{n\to\infty} a_n = a$ erst sinnvoll.

*Beweis.* Angenommen, es wäre $a \neq b$. Setze $\varepsilon := |a - b|/2$. Dann gibt es nach Voraussetzung natürliche Zahlen $N_1$ und $N_2$ mit

$$|a_n - a| < \varepsilon \text{ für } n \geqslant N_1 \quad \text{und} \quad |a_n - b| < \varepsilon \text{ für } n \geqslant N_2.$$

Für $n := \max(N_1, N_2)$ gilt dann sowohl $|a_n - a| < \varepsilon$ als auch $|a_n - b| < \varepsilon$. Daraus folgt mit der Dreiecks-Ungleichung

$$|a - b| \leqslant |a - a_n| + |a_n - b| < 2\varepsilon = |a - b|,$$

also der Widerspruch $|a - b| < |a - b|$. Es muss also doch $a = b$ sein.

Häufig benutzt man bei der Untersuchung der Konvergenz von Folgen nicht direkt die Definition, sondern führt die Konvergenz nach gewissen Regeln auf schon bekannte Folgen zurück. Dazu dienen die nächsten Sätze.

**Satz 3** (Summe und Produkt konvergenter Folgen). *Seien $(a_n)_{n\in\mathbb{N}}$ und $(b_n)_{n\in\mathbb{N}}$ zwei konvergente Folgen reeller Zahlen. Dann konvergieren auch die Summenfolge $(a_n + b_n)_{n\in\mathbb{N}}$ und die Produktfolge $(a_n b_n)_{n\in\mathbb{N}}$ und es gilt*

$$\lim_{n\to\infty}(a_n + b_n) = \left(\lim_{n\to\infty} a_n\right) + \left(\lim_{n\to\infty} b_n\right),$$
$$\lim_{n\to\infty}(a_n b_n) = \left(\lim_{n\to\infty} a_n\right) \cdot \left(\lim_{n\to\infty} b_n\right).$$

*Beweis.* Wir bezeichnen die Limites der gegebenen Folgen mit

$$a := \lim_{n\to\infty} a_n \quad \text{und} \quad b := \lim_{n\to\infty} b_n.$$

a) Zunächst zur Summenfolge! Es ist zu zeigen

$$\lim_{n\to\infty}(a_n + b_n) = a + b.$$

Sei $\varepsilon > 0$ vorgegeben. Dann ist auch $\varepsilon/2 > 0$, es gibt also wegen der Konvergenz der Folgen $(a_n)$ und $(b_n)$ Zahlen $N_1, N_2 \in \mathbb{N}$ mit

$$|a_n - a| < \frac{\varepsilon}{2} \text{ für } n \geqslant N_1 \quad \text{und} \quad |b_n - b| < \frac{\varepsilon}{2} \text{ für } n \geqslant N_2.$$

Dann gilt für alle $n \geqslant N := \max(N_1, N_2)$

$$|(a_n + b_n) - (a + b)| \leqslant |a_n - a| + |b_n - b| < \frac{\varepsilon}{2} + \frac{\varepsilon}{2} = \varepsilon.$$

Damit ist die Konvergenz der Summenfolge bewiesen.

32                                                            § 4 Folgen, Grenzwerte

b) Wir zeigen jetzt $\lim_{n\to\infty}(a_n b_n) = ab$.

Nach Satz 1 ist die Folge $(a_n)$ beschränkt, es gibt also eine reelle Konstante
$K > 0$, so dass $|a_n| \leqslant K$ für alle $n$. Wir können außerdem (nach evtl. Vergröße-
rung von $K$) annehmen, dass $|b| \leqslant K$. Sei wieder $\varepsilon > 0$ vorgegeben. Da auch
$\frac{\varepsilon}{2K} > 0$, gibt es Zahlen $M_1, M_2 \in \mathbb{N}$ mit

$$|a_n - a| < \frac{\varepsilon}{2K} \text{ für } n \geqslant M_1 \quad \text{und} \quad |b_n - b| < \frac{\varepsilon}{2K} \text{ für } n \geqslant M_2.$$

Für alle $n \geqslant M := \max(M_1, M_2)$ gilt dann

$$\begin{aligned}
|a_n b_n - ab| &= |a_n b_n - a_n b + a_n b - ab| \\
&= |a_n(b_n - b) + (a_n - a)b| \\
&\leqslant |a_n||b_n - b| + |a_n - a||b| \\
&< K \cdot \frac{\varepsilon}{2K} + \frac{\varepsilon}{2K} \cdot K = \varepsilon.
\end{aligned}$$

Daraus folgt die Konvergenz der Produktfolge.

*Bemerkung.* Der hier zur Abschätzung von $|a_n b_n - ab|$ angewandte Trick,
einen scheinbar nutzlosen Summanden $0 = -a_n b + a_n b$ einzufügen, wird in
der Analysis in ähnlicher Form öfter benutzt.

**Corollar** (Linearkombination konvergenter Folgen). *Seien* $(a_n)_{n\in\mathbb{N}}$ *und* $(b_n)_{n\in\mathbb{N}}$
*zwei konvergente Folgen reeller Zahlen und* $\lambda, \mu \in \mathbb{R}$. *Dann konvergiert auch
die Folge* $(\lambda a_n + \mu b_n)_{n\in\mathbb{N}}$ *und es gilt*

$$\lim_{n\to\infty}(\lambda a_n + \mu b_n) = \lambda \lim_{n\to\infty} a_n + \mu \lim_{n\to\infty} b_n.$$

Dies ergibt sich aus Satz 3, da man die Folge $(\lambda a_n)_{n\in\mathbb{N}}$ als Produkt der konstanten Folge $(\lambda)$ mit der Folge $(a_n)$ auffassen kann, und analog für $(\mu b_n)$.

Beispielsweise erhält man für $\lambda = 1$, $\mu = -1$ insbesondere folgende Aussage:
Zwei konvergente Folgen $(a_n)$ und $(b_n)$ haben genau dann denselben Grenzwert, wenn die Differenzfolge $(a_n - b_n)$ eine Nullfolge ist.

**Satz 4** (Quotient konvergenter Folgen). *Seien* $(a_n)_{n\in\mathbb{N}}$ *und* $(b_n)_{n\in\mathbb{N}}$ *zwei konvergente Folgen reeller Zahlen mit* $\lim b_n =: b \neq 0$. *Dann gibt es ein* $n_0 \in \mathbb{N}$, *so
dass* $b_n \neq 0$ *für alle* $n \geqslant n_0$ *und die Quotientenfolge* $(a_n/b_n)_{n \geqslant n_0}$ *konvergiert.
Für ihren Grenzwert gilt*

$$\lim_{n\to\infty} \frac{a_n}{b_n} = \frac{\lim a_n}{\lim b_n}.$$

§ 4 Folgen, Grenzwerte                                                          33

*Beweis.* Wir behandeln zunächst den Spezialfall, dass $(a_n)$ die konstante Folge $a_n = 1$ ist. Da $b \neq 0$, ist $|b|/2 > 0$, es gibt also ein $n_0 \in \mathbb{N}$ mit

$$|b_n - b| < \frac{|b|}{2} \quad \text{für alle } n \geqslant n_0.$$

Daraus folgt $|b_n| \geqslant |b|/2$, insbesondere $b_n \neq 0$ für $n \geqslant n_0$. Zu vorgegebenem $\varepsilon > 0$ gibt es ein $N_1 \in \mathbb{N}$, so dass

$$|b_n - b| < \frac{\varepsilon |b|^2}{2} \quad \text{für alle } n \geqslant N_1.$$

Dann gilt für $n \geqslant N := \max(n_0, N_1)$

$$\left| \frac{1}{b_n} - \frac{1}{b} \right| = \frac{1}{|b_n||b|} \cdot |b - b_n| < \frac{2}{|b|^2} \cdot \frac{\varepsilon |b|^2}{2} = \varepsilon.$$

Damit ist $\lim(1/b_n) = 1/b$ gezeigt. Der allgemeine Fall folgt mit Satz 3 aus diesem Spezialfall, da sich der Quotient $a_n/b_n$ als Produkt $a_n \cdot (1/b_n)$ schreiben lässt.

**(4.8)** Wir betrachten als Beispiel die Folge

$$a_n := \frac{3n^2 + 13n}{n^2 - 2}, \quad n \in \mathbb{N}.$$

Für $n > 0$ kann man schreiben $a_n = \dfrac{3 + 13/n}{1 - 2/n^2}$. Da $\lim(1/n) = 0$, folgt aus Satz 3, dass $\lim(1/n^2) = 0$. Aus dem Corollar zu Satz 3 folgt nun

$$\lim(3 + \frac{13}{n}) = 3, \quad \text{und} \quad \lim(1 - \frac{2}{n^2}) = 1.$$

Mit Satz 4 erhält man schließlich

$$\lim_{n \to \infty} \frac{3n^2 + 13n}{n^2 - 2} = \frac{\lim(3 + \frac{13}{n})}{\lim(1 - \frac{2}{n^2})} = \frac{3}{1} = 3.$$

**Satz 5.** *Seien $(a_n)$ und $(b_n)$ zwei konvergente Folgen reeller Zahlen mit $a_n \leqslant b_n$ für alle n. Dann gilt auch*

$$\lim_{n \to \infty} a_n \leqslant \lim_{n \to \infty} b_n.$$

*Vorsicht!* Wenn $a_n < b_n$ für alle $n$, dann ist nicht notwendig $\lim a_n < \lim b_n$, wie man an dem Beispiel der Folgen $a_n = 0$ und $b_n = \frac{1}{n}$, $(n \geqslant 1)$, sieht, die beide gegen 0 konvergieren.

*Beweis.* Durch Übergang zur Differenzenfolge $(b_n - a_n)$ genügt es nach dem Corollar zu Satz 3, folgendes zu beweisen: Ist $(c_n)$ eine konvergente Folge mit $c_n \geqslant 0$ für alle $n$, so gilt auch $\lim c_n \geqslant 0$.

Hierfür geben wir einen Widerspruchsbeweis. Wäre dies nicht der Fall, so hätten wir

$$\lim_{n \to \infty} c_n = -\varepsilon \quad \text{mit einem } \varepsilon > 0$$

und es gäbe ein $N \in \mathbb{N}$ mit $|c_n - (-\varepsilon)| < \varepsilon$ für alle $n \geqslant N$, woraus der Widerspruch $c_n < 0$ für $n \geqslant N$ folgen würde.

**Corollar.** *Seien $A \leqslant B$ reelle Zahlen und $(a_n)$ eine konvergente Folge mit $A \leqslant a_n \leqslant B$ für alle $n$. Dann gilt auch*

$$A \leqslant \lim_{n \to \infty} a_n \leqslant B.$$

## Unendliche Reihen

Sei $(a_n)_{n \in \mathbb{N}}$ eine Folge reeller Zahlen. Daraus entsteht eine (unendliche) Reihe, indem man, grob gesprochen, die Folgenglieder durch ein Pluszeichen verbindet:

$$a_0 + a_1 + a_2 + a_3 + a_4 + \ldots$$

Dies lässt sich so präzisieren: Für jedes $m \in \mathbb{N}$ betrachte man die sog. *Partialsumme*

$$s_m := \sum_{n=0}^{m} a_n = a_0 + a_1 + a_2 + \ldots + a_m.$$

Die Folge $(s_m)_{m \in \mathbb{N}}$ der Partialsummen heißt (unendliche) *Reihe* mit den Gliedern $a_n$ und wird mit $\sum_{n=0}^{\infty} a_n$ bezeichnet. Konvergiert die Folge $(s_m)_{m \in \mathbb{N}}$ der Partialsummen, so wird ihr Grenzwert ebenfalls mit $\sum_{n=0}^{\infty} a_n$ bezeichnet und heißt dann Summe der Reihe.

§ 4 Folgen, Grenzwerte　　　　　　　　　　　　　　　　　　　35

Das Symbol $\sum\limits_{n=0}^{\infty} a_n$ bedeutet also zweierlei:

i) Die Folge $\left(\sum\limits_{n=0}^{m} a_n\right)_{m\in\mathbb{N}}$ der Partialsummen.

ii) Im Falle der Konvergenz den Grenzwert $\lim\limits_{m\to\infty} \sum\limits_{n=0}^{m} a_n$.

Entsprechend sind natürlich Reihen $\sum_{n=k}^{\infty} a_n$ definiert, bei denen die Indexmenge nicht bei 0 beginnt.

Übrigens lässt sich jede Folge $(c_n)_{n\in\mathbb{N}}$ auch als Reihe darstellen, denn es gilt

$$c_n = c_0 + \sum_{k=1}^{n} (c_k - c_{k-1}) \quad \text{für alle } n \in \mathbb{N}.$$

Eine solche Darstellung, in der sich zwei aufeinander folgende Terme immer zur Hälfte wegkürzen, nennt man auch *Teleskop-Summe*.

**(4.9)** *Beispiel.* Mit $c_n := \frac{n}{n+1}$ ist $c_0 = 0$ und

$$c_k - c_{k-1} = \frac{k}{k+1} - \frac{k-1}{k} = \frac{1}{k(k+1)}.$$

Deshalb gilt $\sum_{k=1}^{n} \frac{1}{k(k+1)} = \frac{n}{n+1}$ und

$$\sum_{k=1}^{\infty} \frac{1}{k(k+1)} = \lim_{n\to\infty} \frac{n}{n+1} = 1.$$

**Satz 6** (Unendliche geometrische Reihe). *Die Reihe $\sum_{n=0}^{\infty} x^n$ konvergiert für alle $|x| < 1$ mit dem Grenzwert*

$$\sum_{n=0}^{\infty} x^n = \frac{1}{1-x}.$$

*Beweis.* Für die Partialsummen gilt nach §1, Satz 6

$$s_n = \sum_{k=0}^{n} x^k = \frac{1 - x^{n+1}}{1-x}.$$

Nach Beispiel (4.7) ist $\lim\limits_{n\to\infty} x^{n+1} = 0$, also $\lim s_n = \frac{1}{1-x}$, q.e.d.

36 § 4 Folgen, Grenzwerte

**(4.10)** *Beispiele.* Für $x = \pm\frac{1}{2}$ erhält man die beiden Formeln

$$1 + \frac{1}{2} + \frac{1}{4} + \frac{1}{8} + \frac{1}{16} + \ldots = \frac{1}{1 - 1/2} = 2,$$

$$1 - \frac{1}{2} + \frac{1}{4} - \frac{1}{8} + \frac{1}{16} \mp \ldots = \frac{1}{1 + 1/2} = \frac{2}{3}.$$

**Satz 7** (Linearkombination konvergenter Reihen). *Seien*

$$\sum_{n=0}^{\infty} a_n \quad \text{und} \quad \sum_{n=0}^{\infty} b_n$$

*zwei konvergente Reihen reeller Zahlen und* $\lambda, \mu \in \mathbb{R}$. *Dann konvergiert auch die Reihe* $\sum_{n=0}^{\infty}(\lambda a_n + \mu b_n)$ *und es gilt*

$$\sum_{n=0}^{\infty}(\lambda a_n + \mu b_n) = \lambda \sum_{n=0}^{\infty} a_n + \mu \sum_{n=0}^{\infty} b_n.$$

Dies ergibt sich sofort, wenn man das Corollar zu Satz 3 auf die Partialsummen anwendet.

*Bemerkung.* Mit den Begriffen aus der Linearen Algebra lässt sich Satz 7 abstrakt so interpretieren: Die konvergenten Reihen bilden einen Vektorraum über dem Körper $\mathbb{R}$, und die Abbildung, die einer konvergenten Reihe ihre Summe zuordnet, ist eine Linearform auf diesem Vektorraum.

Bei konvergenten Folgen hatten wir auch eine einfache Aussage über Produkte. Im Gegensatz dazu sind die Verhältnisse bei Produkten konvergenter Reihen viel komplizierter. Wir werden uns damit in §8 beschäftigen.

**(4.11)** Unendliche Dezimalbrüche sind spezielle Reihen. Wir betrachten hier als Beispiel den *periodischen Dezimalbruch*

$$x := 0.08636\overline{363},$$

wobei die Überstreichung von 63 andeuten soll, dass sich diese Zifferngruppe unendlich oft wiederholt. Dies bedeutet, dass $x$ den folgenden Wert hat:

$$x = \frac{8}{100} + \frac{63}{10^4} + \frac{63}{10^6} + \ldots = \frac{8}{100} + \sum_{k=0}^{\infty} \frac{63}{10^{4+2k}}.$$

Nach den Sätzen 6 und 7 ist

$$\sum_{k=0}^{\infty} \frac{63}{10^{4+2k}} = \frac{63}{10^4} \sum_{k=0}^{\infty} (10^{-2})^k = \frac{63}{10^4} \cdot \frac{1}{1 - 10^{-2}} = \frac{63}{9900},$$

§ 4 Folgen, Grenzwerte                                                                    37

also

$$x = \frac{8}{100} + \frac{63}{9900} = \frac{855}{9900} = \frac{19}{220}.$$

Im nächsten Paragraphen werden wir uns systematischer mit unendlichen Dezimalbrüchen beschäftigen.

**Bestimmte Divergenz gegen $\pm\infty$**

**Definition.** Eine Folge $(a_n)_{n\in\mathbb{N}}$ reeller Zahlen heißt *bestimmt divergent* gegen $+\infty$, wenn zu jedem $K \in \mathbb{R}$ ein $N \in \mathbb{N}$ existiert, so dass

$$a_n > K \quad \text{für alle } n \geqslant N.$$

Die Folge $(a_n)$ heißt bestimmt divergent gegen $-\infty$, wenn die Folge $(-a_n)$ bestimmt gegen $+\infty$ divergiert.

Divergiert $(a_n)$ bestimmt gegen $+\infty$ (bzw. $-\infty$), so schreibt man

$$\lim_{n\to\infty} a_n = \infty, \quad (\text{bzw. } \lim_{n\to\infty} a_n = -\infty).$$

Statt bestimmt divergent sagt man auch *uneigentlich konvergent*.

**Beispiele**

**(4.12)** Die Folge $a_n = n$, $n \in \mathbb{N}$, divergiert bestimmt gegen $+\infty$.

**(4.13)** Die Folge $a_n = -2^n$, $n \in \mathbb{N}$, divergiert bestimmt gegen $-\infty$.

**(4.14)** Die Folge $a_n = (-1)^n n$, $n \in \mathbb{N}$, divergiert. Sie divergiert jedoch weder bestimmt gegen $+\infty$ noch bestimmt gegen $-\infty$.

*Bemerkungen.* a) Wie aus der Definition unmittelbar folgt, ist eine Folge, die bestimmt gegen $+\infty$ (bzw. $-\infty$) divergiert, nicht nach oben (bzw. nicht nach unten) beschränkt. Die Umkehrung gilt jedoch nicht, wie Beispiel (4.14) zeigt.

b) $+\infty$ und $-\infty$ sind Symbole, deren Bedeutung durch die Definition der bestimmten Divergenz genau festgelegt ist. Sie lassen sich nicht als reelle Zahlen auffassen, sonst ergäben sich Widersprüche. Sei etwa $a_n := n$, $b_n := 1$ und $c_n := a_n + b_n = n + 1$. Dann ist $\lim a_n = \infty$, $\lim b_n = 1$ und $\lim c_n = \infty$. Könnte man mit $\infty$ so rechnen wie mit reellen Zahlen, würde nach Satz 3 gelten $\infty + 1 = \infty$. Nach (2.4) besitzt die Gleichung $a + x = a$ die eindeutige Lösung $x = 0$. Man erhielte damit den Widerspruch $1 = 0$.

Es ist jedoch für manche Zwecke nützlich, die sog. erweiterte Zahlengerade $\overline{\mathbb{R}} := \mathbb{R} \cup \{+\infty, -\infty\}$ einzuführen und

$$-\infty < x < +\infty \quad \text{für alle } x \in \mathbb{R}$$

zu definieren.

Die nächsten beiden Sätze stellen eine Beziehung zwischen der bestimmten Divergenz gegen $\pm\infty$ und der Konvergenz gegen 0 her.

**Satz 8.** *Die Folge* $(a_n)_{n \in \mathbb{N}}$ *sei bestimmt divergent gegen* $+\infty$ *oder* $-\infty$*. Dann gibt es ein* $n_0 \in \mathbb{N}$*, so dass* $a_n \neq 0$ *für alle* $n \geqslant n_0$*, und es gilt*

$$\lim_{n \to \infty} \frac{1}{a_n} = 0.$$

*Beweis.* Sei $\lim a_n = +\infty$. Dann gibt es nach Definition zur Schranke $K = 0$ ein $n_0 \in \mathbb{N}$ mit $a_n > 0$ für alle $n \geqslant n_0$. Insbesondere ist $a_n \neq 0$ für $n \geqslant n_0$.

Wir zeigen jetzt $\lim(1/a_n) = 0$. Sei $\varepsilon > 0$ vorgegeben. Da $\lim a_n = \infty$, gibt es ein $N \in \mathbb{N}$ mit $a_n > 1/\varepsilon$ für alle $n \geqslant N$. Daraus folgt $1/a_n < \varepsilon$ für alle $n \geqslant N$, q.e.d.

Der Fall $\lim a_n = -\infty$ wird durch Übergang zur Folge $(-a_n)$ bewiesen.

**Satz 9.** *Sei* $(a_n)_{n \in \mathbb{N}}$ *eine Nullfolge mit* $a_n > 0$ *für alle* $n$ *(bzw.* $a_n < 0$ *für alle* $n$*). Dann divergiert die Folge* $(1/a_n)_{n \in \mathbb{N}}$ *bestimmt gegen* $+\infty$ *(bzw. gegen* $-\infty$*).*

*Beweis.* Wir behandeln nur den Fall einer positiven Nullfolge. Sei $K > 0$ eine vorgegebene Schranke. Wegen $\lim a_n = 0$ gibt es ein $N \in \mathbb{N}$, so dass

$$|a_n| < \varepsilon := \frac{1}{K} \quad \text{für alle } n \geqslant N.$$

Also ist $1/a_n = 1/|a_n| > K$ für alle $n \geqslant N$, d.h. $\lim(1/a_n) = \infty$.

**(4.15)** Beispielsweise ist $\displaystyle\lim_{n \to \infty} \frac{2^n}{n} = \infty$, wie aus (4.5) folgt.

AUFGABEN

**4.1.** Seien $a$ und $b$ reelle Zahlen. Die Folge $(a_n)_{n \in \mathbb{N}}$ sei wie folgt rekursiv definiert:

$$a_0 := a, \quad a_1 := b, \quad a_n := \tfrac{1}{2}(a_{n-1} + a_{n-2}) \text{ für } n \geqslant 2.$$

§ 4 Folgen, Grenzwerte                                                     39

Man beweise, dass die Folge $(a_n)_{n\in\mathbb{N}}$ konvergiert und bestimme ihren Grenzwert.

**4.2.** a) Für die in (4.6) definierten Fibonacci-Zahlen beweise man

$$f_{n+1}f_{n-1} - f_n^2 = (-1)^n \quad \text{für alle } n \geqslant 1.$$

b) Man zeige $\lim\limits_{n\to\infty} \dfrac{f_{n+1}f_{n-1}}{f_n^2} = 1$.

**4.3.** Man berechne die Summe der Reihe $\sum\limits_{n=1}^{\infty} \dfrac{1}{4n^2-1}$.

**4.4.** Man berechne das unendliche Produkt

$$\prod_{n=2}^{\infty} \frac{n^3-1}{n^3+1},$$

d.h. den Limes der Folge $p_m := \prod\limits_{n=2}^{m} \frac{n^3-1}{n^3+1}, m \geqslant 2$.

**4.5.** a) Es sei $(a_n)_{n\in\mathbb{N}}$ eine Folge, die gegen ein $a \in \mathbb{R}$ konvergiere. Man beweise, dass dann die Folge $(b_n)_{n\in\mathbb{N}}$, definiert durch

$$b_n := \frac{1}{n+1}(a_0 + a_1 + \ldots + a_n) \quad \text{für alle } n \in \mathbb{N}$$

ebenfalls gegen $a$ konvergiert.

b) Man gebe ein Beispiel einer nicht konvergenten Folge $(a_n)_{n\in\mathbb{N}}$ an, bei dem die wie in a) definierte Folge $(b_n)$ konvergiert.

**4.6.** Man beweise: Für jede reelle Zahl $b > 1$ und jede natürliche Zahl $k$ gilt
$$\lim_{n\to\infty} \frac{b^n}{n^k} = \infty.$$

**4.7.** Seien $(a_n)_{n\in\mathbb{N}}$ und $(b_n)_{n\in\mathbb{N}}$ Folgen reeller Zahlen mit $\lim a_n = \infty$ und $\lim b_n =: b \in \mathbb{R}$. Man beweise:

a) $\lim(a_n + b_n) = \infty$.

b) Ist $b > 0$, so gilt $\lim(a_n b_n) = \infty$; ist $b < 0$, so gilt $\lim(a_n b_n) = -\infty$.

**4.8.** Man gebe Beispiele reeller Zahlenfolgen $(a_n)_{n\in\mathbb{N}}$ und $(b_n)_{n\in\mathbb{N}}$ mit $\lim a_n = \infty$ und $\lim b_n = 0$ an, so dass jeder der folgenden Fälle eintritt:

a) $\lim(a_n b_n) = +\infty$.

b) $\lim(a_n b_n) = -\infty$.

c) $\lim(a_n b_n) = c$, wobei $c$ eine beliebig vorgegebene reelle Zahl ist

d) Die Folge $(a_n b_n)_{n\in\mathbb{N}}$ ist beschränkt, aber nicht konvergent.

# § 5. Das Vollständigkeits-Axiom

Mithilfe der bisher behandelten Axiome lässt sich nicht die Existenz von Irrational-
zahlen beweisen, denn all diese Axiome gelten auch im Körper der rationalen Zahlen.
Bekanntlich gibt es (was schon die alten Griechen wussten) keine rationale Zahl, deren
Quadrat gleich 2 ist. Also lässt sich mit den bisherigen Axiomen nicht beweisen, dass
eine Quadratwurzel aus 2 existiert. Es ist ein weiteres Axiom nötig, das sogenannte Vollständigkeits-Axiom. Aus diesem folgt unter anderem, dass jeder unendliche
Dezimalbruch (ob periodisch oder nicht) gegen eine reelle Zahl konvergiert.

Eine charakteristische Eigenschaft konvergenter Folgen, die formuliert werden
kann, ohne auf den Grenzwert der Folge Bezug zu nehmen, wurde von Cauchy
entdeckt.

**Definition.** Eine Folge $(a_n)_{n \in \mathbb{N}}$ reeller Zahlen heißt *Cauchy-Folge*, wenn gilt:
Zu jedem $\varepsilon > 0$ existiert ein $N \in \mathbb{N}$, so dass

$$|a_n - a_m| < \varepsilon \quad \text{für alle } n, m \geqslant N.$$

Eine andere Bezeichnung für Cauchy-Folge ist *Fundamental-Folge*.

Grob gesprochen kann man also sagen: Eine Folge ist eine Cauchy-Folge,
wenn die Folgenglieder untereinander beliebig wenig abweichen, falls nur die
Indizes genügend groß sind. Man beachte: Es genügt nicht, dass die Differenz
$|a_n - a_{n+1}|$ zweier aufeinander folgender Folgenglieder beliebig klein wird,
sondern die Differenz $|a_n - a_m|$ muss kleiner als ein beliebiges $\varepsilon > 0$ sein,
wobei $n$ und $m$ unabhängig voneinander alle natürlichen Zahlen durchlaufen,
die größer-gleich einer von $\varepsilon$ abhängigen Schranke sind. Bei konvergenten
Folgen ist das der Fall, wie der nächste Satz zeigt.

**Satz 1.** *Jede konvergente Folge reeller Zahlen ist eine Cauchy-Folge.*

*Beweis.* Die Folge $(a_n)$ konvergiere gegen $a$. Dann gibt es zu vorgegebenem
$\varepsilon > 0$ ein $N \in \mathbb{N}$, so dass

$$|a_n - a| < \frac{\varepsilon}{2} \quad \text{für alle } n \geqslant N.$$

Für alle $n, m \geqslant N$ gilt dann

§ 5 Das Vollständigkeits-Axiom                                                    41

$$\begin{aligned} |a_n - a_m| &= |(a_n - a) - (a_m - a)| \\ &\leqslant |a_n - a| + |a_m - a| < \frac{\varepsilon}{2} + \frac{\varepsilon}{2} = \varepsilon, \quad \text{q.e.d.} \end{aligned}$$

Die Umkehrung von Satz 1 formulieren wir nun als Axiom.

**Vollständigkeits-Axiom.** *In $\mathbb{R}$ konvergiert jede Cauchy-Folge.*

*Bemerkung.* Wir werden im nächsten Paragraphen mithilfe des Vollständig-keits-Axioms die Existenz der Quadratwurzeln aus jeder positiven reellen Zahl beweisen. Dies ist mit den bisherigen Axiomen allein noch nicht möglich. Denn da diese auch im Körper der rationalen Zahlen gelten, würde dann z.B. folgen, dass die Quadratwurzel aus 2 rational ist, was aber falsch ist. Also ist das Vollständigkeits-Axiom unabhängig von den bisherigen Axiomen.

Wir erinnern kurz an den wohl aus der Schule bekannten Beweis der Irratio-nalität der Quadratwurzel aus 2. Wäre diese rational, gäbe es ganze Zahlen $n, m > 0$ mit $(n/m)^2 = 2$. Wir nehmen den Bruch $n/m$ in gekürzter Form an und können deshalb voraussetzen, dass höchstens eine der beiden Zahlen $n, m$ gerade ist. Aus der obigen Gleichung folgt $n^2 = 2m^2$, also ist $n$ gerade, d.h. $n = 2k$ mit einer ganzen Zahl $k$. Einsetzen und Kürzen ergibt $2k^2 = m^2$, woraus folgt, dass auch $m$ gerade sein muss, Widerspruch!

Das Vollständigkeits-Axiom ist nicht besonders anschaulich. Wir wollen des-halb zeigen, dass es zu einer sehr anschaulichen Aussage, nämlich dem Inter-vallschachtelungs-Prinzip, äquivalent ist. Sind $a \leqslant b$ reelle Zahlen, so versteht man unter dem abgeschlossenen Intervall mit Endpunkten $a$ und $b$ die Menge aller Punkte auf der reellen Zahlengeraden, die zwischen $a$ und $b$ liegen, wobei die Endpunkte mit eingeschlossen seien:

$$[a, b] := \{x \in \mathbb{R} : a \leqslant x \leqslant b\}.$$

Die Länge (oder der Durchmesser) des Intervalls wird durch

$$\mathrm{diam}([a, b]) := b - a$$

definiert. Damit können wir formulieren:

**Intervallschachtelungs-Prinzip.** *Sei*

$$I_0 \supset I_1 \supset I_2 \supset \ldots \supset I_n \supset I_{n+1} \supset \ldots$$

*eine absteigende Folge von abgeschlossenen Intervallen in* $\mathbb{R}$ *mit*

$$\lim_{n \to \infty} \mathrm{diam}(I_n) = 0.$$

*Dann gibt es genau eine reelle Zahl x mit* $x \in I_n$ *für alle* $n \in \mathbb{N}$.

Man hat sich vorzustellen, dass die ineinander geschachtelten Intervalle auf den Punkt $x$ „zusammenschrumpfen", siehe Bild 5.1.

Wir zeigen nun in zwei Schritten die Gleichwertigkeit des Vollständigkeits-Axioms mit dem Intervallschachtelungs-Prinzip.

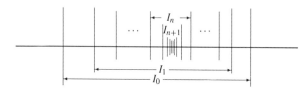

**Bild 5.1** Intervallschachtelung

**Satz 2.** *Das Vollständigkeits-Axiom impliziert das Intervallschachtelungs-Prinzip.*

*Beweis.* Seien $I_n = [a_n, b_n]$, $n \in \mathbb{N}$, die ineinander geschachtelten Intervalle. Wir zeigen zunächst, dass die Folge $(a_n)$ der linken Endpunkte eine Cauchy-Folge darstellt.

Beweis hierfür. Da die Länge der Intervalle gegen null konvergiert, gibt es zu vorgegebenem $\varepsilon > 0$ ein $N \in \mathbb{N}$, so dass

$\mathrm{diam}(I_n) < \varepsilon$ für alle $n \geqslant N$.

Sind $n, m \geqslant N$, so liegen die Punkte $a_n$ und $a_m$ beide im Intervall $I_N$, woraus folgt

$|a_n - a_m| \leqslant \mathrm{diam}(I_N) < \varepsilon$, q.e.d.

Nach dem Vollständigkeits-Axiom konvergiert die Folge $(a_n)$ gegen einen Punkt $x \in \mathbb{R}$. Da $a_k \leqslant a_n \leqslant b_n \leqslant b_k$ für alle $n \geqslant k$, folgt aus §4, Corollar zu Satz 5, dass $a_k \leqslant x \leqslant b_k$. Das heißt, dass der Grenzwert $x$ in allen Intervallen $I_k$ enthalten ist. Da die Länge der Intervalle gegen null konvergiert, kann es nicht mehr als einen solchen Punkt geben. Damit ist Satz 2 bewiesen.

**Satz 3.** *Das Intervallschachtelungs-Prinzip impliziert das Vollständigkeits-Axiom.*

§ 5 Das Vollständigkeits-Axiom                                          43

*Beweis.* Sei $(a_n)_{n \in \mathbb{N}}$ eine vorgegebene Cauchy-Folge. Nach Definition gibt es eine Folge $n_0 < n_1 < n_2 < \ldots$ natürlicher Zahlen mit

$$|a_n - a_m| < 2^{-k} \quad \text{für alle } n, m \geqslant n_k.$$

Wir definieren nun

$$I_k := \{x \in \mathbb{R} : |x - a_{n_k}| \leqslant 2^{-k+1}\}.$$

Die $I_k$ sind abgeschlossene Intervalle mit $I_k \supset I_{k+1}$ für alle $k$. Denn sei etwa $x \in I_{k+1}$. Dann ist $|x - a_{n_{k+1}}| \leqslant 2^{-k}$; außerdem ist

$$|a_{n_{k+1}} - a_{n_k}| < 2^{-k},$$

woraus nach der Dreiecks-Ungleichung folgt $|x - a_{n_k}| < 2^{-k+1}$, d.h. $x \in I_k$. Da die Längen der Intervalle gegen null konvergieren, können wir das Intervallschachtelungs-Prinzip anwenden und erhalten einen Punkt $x_0 \in \mathbb{R}$, der in allen $I_k$ liegt, d.h.

$$|x_0 - a_{n_k}| \leqslant 2^{-k+1} \quad \text{für alle } k \geqslant 0.$$

Für $n \geqslant n_k$ ist $|a_n - a_{n_k}| < 2^{-k}$, also insgesamt

$$|x_0 - a_n| < 2^{-k+1} + 2^{-k} < 2^{-k+2},$$

woraus folgt $\lim_{n \to \infty} a_n = x_0$, die Cauchy-Folge konvergiert also. Damit ist Satz 3 bewiesen.

Wegen der bewiesenen Äquivalenz hätten wir statt des Axioms über die Konvergenz von Cauchy-Folgen auch das Intervallschachtelungs-Prinzip zum Axiom erheben können. Wir haben das Vollständigkeits-Axiom mit den Cauchy-Folgen gewählt, da diese einen zentralen Begriff in der Analysis darstellen, der auch noch in viel allgemeineren Situationen anwendbar ist. (So wird der Leser, der tiefer in das Studium der Analysis einsteigt, später sicherlich auf den Begriff des vollständigen metrischen Raumes und des vollständigen topologischen Vektorraums stoßen. In beiden Fällen wird die Vollständigkeit mithilfe von Cauchy-Folgen definiert.)

## *b*-adische Brüche

Sei $b$ eine natürliche Zahl $\geqslant 2$. Unter einem (unendlichen) $b$-adischen Bruch versteht man eine Reihe der Gestalt

$$\pm \sum_{n=-k}^{\infty} a_n b^{-n}.$$

Dabei ist $k \geqslant 0$ und die $a_n$ sind natürliche Zahlen mit $0 \leqslant a_n < b$. Falls die Basis festgelegt ist, kann man einen $b$-adischen Bruch auch einfach durch die Aneinanderreihung der Ziffern $a_n$ angeben:

$$\pm a_{-k} a_{-k+1} \cdots a_{-1} a_0 . a_1 a_2 a_3 a_4 a_5 \cdots$$

Dabei werden die Koeffizienten der negativen Potenzen der Basis $b$ durch einen Punkt von den Koeffizienten der nicht-negativen Potenzen abgetrennt. Falls von einer Stelle $k_0 \geqslant 1$ an alle Koeffizienten $a_k = 0$ sind, lässt man diese auch weg und erhält einen endlichen $b$-adischen Bruch.

Für $b = 10$ spricht man von Dezimalbrüchen. Im Fall $b = 2$ (dyadische Brüche) sind nur die Ziffern 0 und 1 nötig. Dies eignet sich besonders gut für die interne Darstellung von Zahlen im Computer. Die Babylonier haben das Sexagesimalsystem ($b = 60$) verwendet.

**Satz 4.** *Jeder $b$-adische Bruch stellt eine Cauchy-Folge dar, konvergiert also gegen eine reelle Zahl.*

*Beweis.* Es genügt, einen nicht-negativen $b$-adischen Bruch $\sum_{n=-k}^{\infty} a_n b^{-n}$ zu betrachten. Für $n \geqslant -k$ bezeichnen wir die Partialsummen mit

$$x_n := \sum_{\nu=-k}^{n} a_\nu b^{-\nu}.$$

Wir haben zu zeigen, dass $(x_n)_{n \geqslant -k}$ eine Cauchy-Folge ist. Sei $\varepsilon > 0$ vorgegeben und $N \in \mathbb{N}$ so groß, dass $b^{-N} < \varepsilon$. Dann gilt für $n \geqslant m \geqslant N$

$$\begin{aligned}
|x_n - x_m| &= \sum_{\nu=m+1}^{n} a_\nu b^{-\nu} \leqslant \sum_{\nu=m+1}^{n} (b-1) b^{-\nu} \\
&\leqslant (b-1) b^{-m-1} \sum_{\nu=0}^{n-m-1} b^{-\nu} \\
&< (b-1) b^{-m-1} \frac{1}{1 - b^{-1}} = b^{-m} \leqslant b^{-N} < \varepsilon.
\end{aligned}$$

Damit ist die Behauptung bewiesen.

Von Satz 4 gilt auch die Umkehrung.

**Satz 5.** *Sei $b$ eine natürliche Zahl $\geqslant 2$. Dann lässt sich jede reelle Zahl in einen $b$-adischen Bruch entwickeln.*

§ 5 Das Vollständigkeits-Axiom                                          45

*Bemerkung.* Aus Satz 5 folgt insbesondere, dass sich jede reelle Zahl beliebig genau durch rationale Zahlen approximieren lässt, denn die Partialsummen eines *b*-adischen Bruches sind rational.

*Beweis.* Es genügt, den Satz für reelle Zahlen $x \geqslant 0$ zu beweisen. Nach §3, Satz 3, gibt es mindestens eine natürliche Zahl $m$ mit $x < b^{m+1}$. Sei $k$ die kleinste natürliche Zahl, so dass

$$0 \leqslant x < b^{k+1}.$$

Wir konstruieren jetzt durch vollständige Induktion eine Folge $(a_\nu)_{\nu \geqslant -k}$ natürlicher Zahlen $0 \leqslant a_\nu < b$, so dass für alle $n \geqslant -k$ gilt

$$x = \sum_{\nu=-k}^{n} a_\nu b^{-\nu} + \xi_n \quad \text{mit } 0 \leqslant \xi_n < b^{-n}.$$

Wegen $\lim_{n\to\infty} \xi_n = 0$ folgt dann $x = \sum_{\nu=-k}^{\infty} a_\nu b^{-\nu}$, also die Behauptung.

*Induktionsanfang* $n = -k$. Es gilt $0 \leqslant xb^{-k} < b$, also gibt es eine ganze Zahl $a_{-k} \in \{0, 1, \ldots, b-1\}$ und eine reelle Zahl $\delta$ mit $0 \leqslant \delta < 1$, so dass $xb^{-k} = a_{-k} + \delta$. Mit $\xi_{-k} := \delta b^k$ erhält man

$$x = a_{-k}b^{-k} + \xi_{-k} \quad \text{mit } 0 \leqslant \xi_{-k} < b^k.$$

Das ist die Behauptung für $n = -k$.

*Induktionsschritt* $n \to n+1$. Es gilt $0 \leqslant \xi_n b^{n+1} < b$, also gibt es eine ganze Zahl $a_{n+1} \in \{0, 1, \ldots, b-1\}$ und eine reelle Zahl $\delta$ mit $0 \leqslant \delta < 1$, so dass $\xi_n b^{n+1} = a_{n+1} + \delta$. Mit $\xi_{n+1} := \delta b^{-n-1}$ erhält man

$$x = \sum_{\nu=-k}^{n} a_\nu b^{-\nu} + (a_{n+1} + \delta)b^{-n-1} = \sum_{\nu=-k}^{n+1} a_\nu b^{-\nu} + \xi_{n+1},$$

wobei $0 \leqslant \xi_{n+1} < b^{-n-1}$, q.e.d.

*Bemerkung.* Die Sätze 4 und 5 sagen insbesondere, dass sich jede reelle Zahl durch einen (unendlichen) Dezimalbruch darstellen lässt und umgekehrt. Wir haben also, ausgehend von den Axiomen, die gewohnte Darstellung der reellen Zahlen wiedergefunden.

Man beachte, dass die Darstellung einer reellen Zahl durch einen *b*-adischen Bruch nicht immer eindeutig ist. Beispielsweise stellen die Dezimalbrüche

46                                                    § 5 Das Vollständigkeits-Axiom

$1.000000\ldots$ und $0.999999\ldots$ beide die Zahl 1 dar, denn nach der Summenformel für die unendliche geometrische Reihe ist

$$\sum_{k=1}^{\infty} 9 \cdot 10^{-k} = \frac{9}{10} \sum_{k=0}^{\infty} \left(\frac{1}{10}\right)^k = \frac{9}{10} \cdot \frac{1}{1 - 1/10} = 1.$$

Das hier gegebene Beispiel für die Mehrdeutigkeit ist typisch für den allgemeinen Fall, siehe Aufgabe 5.3.

## Teilfolgen

**Definition.** Sei $(a_n)_{n \in \mathbb{N}}$ eine Folge und

$$n_0 < n_1 < n_2 < \ldots$$

eine aufsteigende Folge natürlicher Zahlen. Dann heißt die Folge

$$(a_{n_k})_{k \in \mathbb{N}} = (a_{n_0}, a_{n_1}, a_{n_2}, \ldots)$$

Teilfolge der Folge $(a_n)$.

Es folgt unmittelbar aus der Definition: Ist $(a_n)_{n \in \mathbb{N}}$ eine konvergente Folge mit dem Limes $a$, so konvergiert auch jede Teilfolge gegen $a$. Schwieriger ist das Problem, aus nicht-konvergenten Folgen konvergente Teilfolgen zu konstruieren. Die wichtigste Aussage in dieser Richtung ist der folgende Satz.

**Satz 6** (Bolzano-Weierstraß). *Jede beschränkte Folge $(a_n)_{n \in \mathbb{N}}$ reeller Zahlen besitzt eine konvergente Teilfolge.*

*Beweis.* a) Da die Folge beschränkt ist, gibt es Zahlen $A, B \in \mathbb{R}$ mit $A \leqslant a_n \leqslant B$ für alle $n \in \mathbb{N}$. Die ganze Folge ist also in dem Intervall

$$[A, B] := \{x \in \mathbb{R} : A \leqslant x \leqslant B\}$$

enthalten. Wir konstruieren nun durch vollständige Induktion eine Folge von abgeschlossenen Intervallen $I_k \subset \mathbb{R}, k \in \mathbb{N}$, mit folgenden Eigenschaften:

i) In $I_k$ liegen unendlich viele Glieder der Folge $(a_n)$,

ii) $I_k \subset I_{k-1}$ für $k \geqslant 1$,

iii) $\mathrm{diam}(I_k) = 2^{-k} \mathrm{diam}(I_0)$.

Für den *Induktionsanfang* können wir das Intervall $I_0 := [A, B]$ wählen.

*Induktionsschritt* $k \to k + 1$. Sei das Intervall $I_k = [A_k, B_k]$ mit den Eigenschaften i) bis iii) bereits konstruiert. Sei $M := (A_k + B_k)/2$ die Mitte des Intervalls. Da in $I_k$ unendlich viele Glieder der Folge liegen, muss mindestens eines der

§ 5 Das Vollständigkeits-Axiom 47

Teilintervalle $[A_k, M]$ und $[M, B_k]$ unendlich viele Folgenglieder enthalten. Wir setzen $I_{k+1} := [A_k, M]$, falls in diesem Intervall unendlich viele Folgenglieder liegen, sonst $I_{k+1} := [M, B_k]$. Offenbar hat $I_{k+1}$ wieder die Eigenschaften i) bis iii).

b) Wir definieren nun induktiv eine Teilfolge $(a_{n_k})_{k \in \mathbb{N}}$ mit $a_{n_k} \in I_k$ für alle $k \in \mathbb{N}$.

*Induktionsanfang.* Wir setzen $n_0 := 0$, d.h. $a_{n_0} = a_0$.

*Induktionsschritt* $k \to k+1$. Da in dem Intervall $I_{k+1}$ unendlich viele Glieder der Folge $(a_n)$ liegen, gibt es ein $n_{k+1} > n_k$ mit $a_{n_{k+1}} \in I_{k+1}$.

c) Wir beweisen nun, dass die Teilfolge $(a_{n_k})$ konvergiert, indem wir zeigen, dass sie eine Cauchy-Folge ist.

Sei $\varepsilon > 0$ vorgegeben und $N$ so groß gewählt, dass $\mathrm{diam}(I_N) < \varepsilon$. Dann gilt für alle $k, j \geqslant N$

$$a_{n_k} \in I_k \subset I_N \quad \text{und} \quad a_{n_j} \in I_j \subset I_N.$$

Also ist

$$|a_{n_k} - a_{n_j}| \leqslant \mathrm{diam}(I_N) < \varepsilon, \quad \text{q.e.d.}$$

**Definition.** Eine Zahl $a$ heißt *Häufungspunkt* einer Folge $(a_n)_{n \in \mathbb{N}}$, wenn es eine Teilfolge von $(a_n)$ gibt, die gegen $a$ konvergiert.

Mit dieser Definition kann man den Inhalt des Satzes von Bolzano-Weierstraß auch so ausdrücken: Jede beschränkte Folge reeller Zahlen besitzt mindestens einen Häufungspunkt.

Wir geben einige Beispiele für Häufungspunkte.

**(5.1)** Die durch $a_n := (-1)^n$ definierte Folge $(a_n)$ besitzt die Häufungspunkte $+1$ und $-1$. Denn es gilt

$$\lim_{k \to \infty} a_{2k} = 1 \quad \text{und} \quad \lim_{k \to \infty} a_{2k+1} = -1.$$

**(5.2)** Die Folge $a_n := (-1)^n + \frac{1}{n}$, $n \geqslant 1$, besitzt ebenfalls die beiden Häufungspunkte $+1$ und $-1$, denn es gilt

$$\lim_{k \to \infty} a_{2k} = \lim_{k \to \infty} \left( 1 + \frac{1}{2k} \right) = 1$$

und analog $\lim a_{2k+1} = -1$.

**(5.3)** Die Folge $a_n := n, n \in \mathbb{N}$, besitzt keinen Häufungspunkt, da jede Teilfolge unbeschränkt ist, also nicht konvergiert.

**(5.4)** Die Folge

$$a_n := \begin{cases} n & \text{falls } n \text{ gerade,} \\ \frac{1}{n} & \text{falls } n \text{ ungerade,} \end{cases}$$

ist unbeschränkt, besitzt aber den Häufungspunkt 0, da die Teilfolge $(a_{2k+1})_{k \in \mathbb{N}}$ gegen 0 konvergiert.

**(5.5)** Für jede konvergente Folge ist der Limes ihr einziger Häufungspunkt.

## Monotone Folgen

**Definition.** Eine Folge $(a_n)_{n \in \mathbb{N}}$ reeller Zahlen heißt

i) *monoton wachsend*, falls $a_n \leqslant a_{n+1}$ für alle $n \in \mathbb{N}$,

ii) *streng monoton wachsend*, falls $a_n < a_{n+1}$ für alle $n \in \mathbb{N}$,

iii) *monoton fallend*, falls $a_n \geqslant a_{n+1}$ für alle $n \in \mathbb{N}$,

iv) *streng monoton fallend*, falls $a_n > a_{n+1}$ für alle $n \in \mathbb{N}$.

**Satz 7.** *Jede beschränkte monotone Folge* $(a_n)$ *reeller Zahlen konvergiert.*

Dies ist ein Konvergenzkriterium, das häufig angewendet werden kann, da in der Praxis viele Folgen monoton sind. Beispielsweise definiert jeder positive (negative) unendliche Dezimalbruch eine beschränkte, monoton wachsende (bzw. fallende) Folge.

*Beweis.* Nach dem Satz von Bolzano-Weierstraß besitzt die Folge $(a_n)$ eine konvergente Teilfolge $(a_{n_k})$. Sei $a$ der Limes dieser Teilfolge. Wir zeigen, dass auch die gesamte Folge gegen $a$ konvergiert. Dabei setzen wir voraus, dass die Folge $(a_n)$ monoton wächst; für monoton fallende Folgen geht der Beweis analog.

Sei $\varepsilon > 0$ vorgegeben. Dann existiert ein $k_0 \in \mathbb{N}$, so dass

$$|a_{n_k} - a| < \varepsilon \quad \text{für alle } k \geqslant k_0.$$

Sei $N := n_{k_0}$. Zu jedem $n \geqslant N$ gibt es ein $k \geqslant k_0$ mit $n_k \leqslant n < n_{k+1}$. Da die Folge $(a_n)$ monoton wächst, folgt daraus

$$a_{n_k} \leqslant a_n \leqslant a_{n_{k+1}} \leqslant a,$$

§ 5 Das Vollständigkeits-Axiom 49

also

$$|a_n - a| \leqslant |a_{n_k} - a| < \varepsilon, \quad \text{q.e.d.}$$

**Schluss-Bemerkung** zu den Axiomen der reellen Zahlen. Mit den Körper-Axiomen, den Anordnungs-Axiomen, dem Archimedischen Axiom und dem Vollständigkeits-Axiom haben wir nun alle Axiome der reellen Zahlen aufgezählt. Ein Körper, in dem diese Axiome erfüllt sind, heißt vollständiger, archimedisch angeordneter Körper. Man kann beweisen, dass jeder vollständige, archimedisch angeordnete Körper dem Körper der reellen Zahlen isomorph ist, dass also die genannten Axiome die reellen Zahlen vollständig charakterisieren.

Wir haben hier die reellen Zahlen als gegeben betrachtet. Man kann aber auch, ausgehend von den natürlichen Zahlen (die nach einem Ausspruch von L. Kronecker vom lieben Gott geschaffen worden sind, während alles andere Menschenwerk sei), nacheinander die ganzen Zahlen, die rationalen Zahlen und die reellen Zahlen konstruieren und dann die Axiome beweisen. Diesen Aufbau des Zahlensystems sollte jeder Mathematik-Student im Laufe seines Studiums kennenlernen. Wir verweisen hierzu auf die Literatur, z.B. [L], [Z].

## ANHANG

### Zur Darstellung reeller Zahlen im Computer

Zahlen werden in heutigen Computern meist *binär*, d.h. bzgl. der Basis 2 dargestellt. Natürlich ist es unmöglich, reelle Zahlen als unendliche 2-adische Brüche zu speichern, sondern man muss sich auf eine endliche Anzahl von Ziffern (*bits = bi*nary dig*its*) beschränken. Um betragsmäßig große und kleine Zahlen mit derselben relativen Genauigkeit darzustellen, verwendet man eine sog. *Gleitpunkt*-Darstellung[1] der Form

$$x = \pm a_0 . a_1 a_2 a_3 \ldots a_m \cdot 2^r,$$

wobei $r$ ein ganzzahliger Exponent ist. Das Vorzeichen wird als $(-1)^s$ durch ein Bit $s \in \{0, 1\}$ dargestellt.

$$\xi := a_0 . a_1 a_2 a_3 \ldots a_m = \sum_{\mu=0}^{m} a_\mu \cdot 2^{-\mu}, \quad a_\mu \in \{0, 1\},$$

---

[1]Statt Gleitpunkt sagt man auch Fließpunkt oder Fließkomma, engl. *floating point.*

ist die sog. *Mantisse*, die man für $x \neq 0$ durch geeignete Wahl des Exponenten im Bereich $1 \leqslant \xi < 2$ annehmen kann, was gleichbedeutend mit $a_0 = 1$ ist. Der Exponent $r$ wird natürlich auch binär mit einer begrenzten Anzahl von Bits gespeichert. Um nicht das Vorzeichen von $r$ eigens abspeichern zu müssen, schreibt man $r$ in der Form $r = e - e_*$ mit einem festen Offset $e_* > 0$ und

$$e = \sum_{\nu=0}^{k-1} e_\nu \cdot 2^\nu \geqslant 0, \quad e_\nu \in \{0,1\}.$$

Häufig werden insgesamt 64 Bits zur Darstellung einer reellen Zahl verwendet (Datentyp DOUBLE PRECISION in FORTRAN oder double float in den Programmiersprachen C, Java, usw.). Dabei wird üblicherweise der IEEE-Standard[2] befolgt, der hierfür $m = 52$, $k = 11$ und $e_* = 1023$ vorsieht[3]. Das Bit $a_0$ wird nicht gespeichert, sondern ist implizit gegeben. Insgesamt wird daher ein double float durch folgenden Bit-Vektor dargestellt:

$$(s, e_{10}, e_9, \ldots, e_0, a_1, a_2, \ldots, a_{52}) \in \{0,1\}^{64}.$$

Der Exponent $e = \sum_{\nu=0}^{10} e_\nu \cdot 2^\nu$ kann Werte im Bereich $0 \leqslant e \leqslant 2^{11} - 1 = 2047$ annehmen. Falls $1 \leqslant e \leqslant 2046$, wird das implizite Bit $a_0 = 1$ gesetzt, es wird also die Zahl

$$x = (-1)^s 2^{e-1023} \Big( 1 + \sum_{\mu=1}^{52} a_\mu \cdot 2^{-\mu} \Big)$$

dargestellt; für $e = 0$ wird vereinbart

$$x = (-1)^s 2^{-1022} \sum_{\mu=1}^{52} a_\mu 2^{-\mu},$$

während der Fall $e = 2047$ der Anzeige von Fehlerbedingungen vorbehalten ist. Die Zahl 0 wird also durch den Bit-Vektor, der aus lauter Nullen besteht, dargestellt. Die kleinste darstellbare positive Zahl ist danach $2^{-1074} \approx 4.94 \cdot 10^{-324}$, die größte Zahl $2^{1023}(2 - 2^{-52}) \approx 1.79 \cdot 10^{308}$. Die arithmetischen Operationen (Addition, Multiplikation, ...) auf Gleitpunktzahlen sind im Allgemeinen mit Fehlern versehen, da das exakte Resultat (falls es nicht überhaupt dem Betrag nach größer als die größte darstellbare Zahl ist, also zu Überlauf führt), noch auf eine mit der gegebenen Mantissenlänge verträgliche Zahl gerundet werden muss. Die Gleitpunkt-Arithmetik wird meist durch

---

[2]IEEE = Institute of Electrical and Electronics Engineers
[3]Bei 32-bit floats sind die entsprechenden Zahlen $m = 23$, $k = 8$ und $e_* = 127$.

§ 5 Das Vollständigkeits-Axiom                                               51

sog. mathematische Coprozessoren unterstützt, die z.B. im Falle der auf PCs
weit verbreiteten Intel-Prozessoren intern mit 80-Bit-Zahlen arbeiten, wobei
64 Bits für die Mantisse, 15 Bits für den Exponenten und ein Vorzeichen-Bit
verwendet werden. Beliebig einstellbare Genauigkeit wird meist nicht direkt
durch die Hardware, sondern durch Software realisiert. Man vergesse aber
nicht, dass die Gleitpunkt-Arithmetik inhärent fehlerbehaftet ist. Selbst so eine einfache Zahl wie $\frac{1}{10}$ wird binär auch bei noch so großer Mantissen-Länge
nicht exakt dargestellt.

## AUFGABEN

**5.1.** Man entwickle die Zahl $x = \frac{1}{7}$ in einen $b$-adischen Bruch für $b = 2, 7,$
10, 16. Im 16-adischen System (= Hexadezimalsystem) verwende man für die
Ziffern 10 bis 15 die Buchstaben A bis F.

**5.2.** Ein $b$-adischer Bruch

$$a_{-k} \ldots a_0 . a_1 a_2 a_3 a_4 \ldots$$

heißt *periodisch*, wenn natürliche Zahlen $r, s \geqslant 1$ existieren, so dass

$$a_{n+s} = a_n \quad \text{für alle } n \geqslant r.$$

Man beweise: Ein $b$-adischer Bruch ist genau dann periodisch, wenn er eine
rationale Zahl darstellt.

**5.3.** Gegeben seien zwei (unendliche) $g$-adische Brüche ($g \geqslant 2$),

$$0.a_1 a_2 a_3 a_4 \ldots ,$$
$$0.b_1 b_2 b_3 b_4 \ldots ,$$

die gegen dieselbe Zahl $x \in \mathbb{R}$ konvergieren. Man zeige: Entweder gilt $a_n = b_n$
für alle $n \geqslant 1$ oder es existiert eine natürliche Zahl $k \geqslant 1$, so dass (nach evtl.
Vertauschung der Rollen von $a$ und $b$) gilt:

$$\begin{cases} a_n - b_n & \text{für alle } n < k, \\ a_k = b_k + 1, \\ a_n = 0 & \text{für alle } n > k, \\ b_n = g - 1 & \text{für alle } n > k. \end{cases}$$

**5.4.** Man bestimme die 64-Bit-IEEE-Darstellung der Zahlen $z_n := 10^n$ für $n =$
$2, 1, 0, -1, -2$.

52                                          § 5  Das Vollständigkeits-Axiom

**5.5.** Es sei $Q_{64} \subset \mathbb{R}$ die Menge aller durch den 64-Bit-IEEE-Standard exakt dargestellten reellen Zahlen (diese sind natürlich alle rational) und $R_{64}$ das Intervall $R_{64} := \{x \in \mathbb{R} : |x| < 2^{1024}\}$. Eine Abbildung

$$\rho : R_{64} \longrightarrow Q_{64}$$

werde wie folgt definiert: Für $x \in R_{64}$ sei $\rho(x)$ die Zahl aus $Q_{64}$, die von $x$ den kleinsten Abstand hat. Falls zwei Elemente aus $Q_{64}$ von $x$ denselben Abstand haben, werde dasjenige gewählt, in deren IEEE-Darstellung das Bit $a_{52} = 0$ ist. Man überlege sich, dass dadurch $\rho$ eindeutig definiert ist. Nunmehr werde eine Addition

$$Q_{64} \times Q_{64} \longrightarrow Q_{64} \cup \{\Diamond\}, \quad (x,y) \mapsto x \boxplus y,$$

durch folgende Vorschrift definiert: Falls $x + y \in R_{64}$, sei

$$x \boxplus y := \rho(x + y).$$

Falls aber $x + y \notin R_{64}$, setze man $x \boxplus y := \Diamond$. Dabei sei $\Diamond$ ein nicht zu $\mathbb{R}$ gehöriges Symbol, das als „undefiniert" gelesen werde. (Seine Verwendung ist nur ein formaler Trick, damit $\boxplus$ ausnahmslos auf $Q_{64} \times Q_{64}$ definiert ist.)

a) Man zeige: Für alle $x, y \in Q_{64}$ gilt

   (i) $x \boxplus y = y \boxplus x$,  (ii) $x \boxplus 0 = x$,  (iii) $x \boxplus -x = 0$.

b) Man zeige durch Angabe von Gegenbeispielen, dass das Assoziativ-Gesetz

   $$(x \boxplus y) \boxplus z = x \boxplus (y \boxplus z)$$

   in $Q_{64}$ im Allgemeinen falsch ist, selbst wenn beide Seiten definiert sind. Man gebe auch ein Beispiel von Zahlen $x, y, z \in Q_{64}$ an, so dass $x \boxplus y$, $(x \boxplus y) \boxplus z$ und $y \boxplus z$ alle zu $Q_{64}$ gehören, aber $x \boxplus (y \boxplus z) = \Diamond$.

**5.6.** Man zeige, dass $+1$ und $-1$ die einzigen Häufungspunkte der in den Beispielen (5.1) und (5.2) angegebenen Folgen sind.

**5.7.** Sei $x$ eine vorgegebene reelle Zahl. Die Folge $(a_n(x))_{n \in \mathbb{N}}$ sei definiert durch

$$a_n(x) := nx - \lfloor nx \rfloor \quad \text{für alle } n \in \mathbb{N}.$$

Man beweise: Ist $x$ rational, so hat die Folge nur endlich viele Häufungspunkte; ist $x$ irrational, so ist jede reelle Zahl $a$ mit $0 \leqslant a \leqslant 1$ Häufungspunkt der Folge $(a_n(x))_{n \in \mathbb{N}}$.

**5.8.** Man beweise: Eine Folge reeller Zahlen konvergiert dann und nur dann, wenn sie beschränkt ist und genau einen Häufungspunkt besitzt.

§ 6 Quadratwurzeln 53

**5.9.** Man beweise: Jede Folge reeller Zahlen enthält eine monotone (wachsende oder fallende) Teilfolge.

**5.10.** Man zeige: Jede monoton wachsende (bzw. fallende) Folge $(a_n)_{n \in \mathbb{N}}$, die nicht konvergiert, divergiert bestimmt gegen $+\infty$ (bzw. $-\infty$).

**5.11.** Man beweise: Aus Satz 7 (jede beschränkte monotone Folge reeller Zahlen konvergiert) lässt sich das Intervallschachtelungs-Prinzip ableiten (ohne das Vollständigkeits-Axiom zu benutzen).

*Hinweis.* Die linken Endpunkte der Intervalle einer Schachtelung bilden eine monoton wachsende Folge.

*Bemerkung.* Damit ergibt sich, dass in einem archimedisch angeordneten Körper auch der Satz über die Konvergenz beschränkter monotoner Folgen zum Vollständigkeits-Axiom äquivalent ist.

# § 6. Quadratwurzeln

In diesem Paragraphen beweisen wir als Anwendung des Vollständigkeits-Axioms die Existenz der Quadratwurzeln positiver reeller Zahlen und geben gleichzeitig ein Iterationsverfahren zu ihrer Berechnung an. Dieses Verfahren, mit dem schon die Babylonier ihre Näherungswerte für die Wurzeln der natürlichen Zahlen bestimmt haben sollen, konvergiert außerordentlich rasch und zählt auch noch heute im Computer-Zeitalter zu den effizientesten Algorithmen.

Sei $a > 0$ eine reelle Zahl, deren Quadratwurzel bestimmt werden soll. Wenn $x > 0$ Quadratwurzel von $a$ ist, d.h. der Gleichung $x^2 = a$ genügt, gilt $x = \frac{a}{x}$, andernfalls ist $x \neq \frac{a}{x}$. Dann wird das arithmetische Mittel

$$x' := \tfrac{1}{2}\left(x + \frac{a}{x}\right)$$

ein besserer Näherungswert für die Wurzel sein und man kann hoffen, durch Wiederholung der Prozedur eine Folge zu erhalten, die gegen die Wurzel aus $a$ konvergiert. Dass dies tatsächlich der Fall ist, beweisen wir jetzt.

**Satz 1.** *Seien $a > 0$ und $x_0 > 0$ reelle Zahlen. Die Folge $(x_n)_{n \in \mathbb{N}}$ sei durch*

$$x_{n+1} := \tfrac{1}{2}\left(x_n + \frac{a}{x_n}\right)$$

*rekursiv definiert. Dann konvergiert die Folge* $(x_n)$ *gegen die Quadratwurzel von a, d.h. gegen die eindeutig bestimmte positive Lösung der Gleichung* $x^2 = a$.

*Beweis.* Wir gehen in mehreren Schritten vor.

1) Ein einfacher Beweis durch vollständige Induktion zeigt, dass $x_n > 0$ für alle $n \geqslant 0$, insbesondere die Division $\frac{a}{x_n}$ immer zulässig ist.

2) Es gilt $x_n^2 \geqslant a$ für alle $n \geqslant 1$, denn

$$
\begin{aligned}
x_n^2 - a &= \frac{1}{4}\left(x_{n-1} + \frac{a}{x_{n-1}}\right)^2 - a \\
&= \frac{1}{4}\left(x_{n-1}^2 + 2a + \frac{a^2}{x_{n-1}^2}\right) - a \\
&= \frac{1}{4}\left(x_{n-1} - \frac{a}{x_{n-1}}\right)^2 \geqslant 0.
\end{aligned}
$$

3) Es gilt $x_{n+1} \leqslant x_n$ für alle $n \geqslant 1$, denn

$$
x_n - x_{n+1} = x_n - \frac{1}{2}\left(x_n + \frac{a}{x_n}\right) = \frac{1}{2x_n}(x_n^2 - a) \geqslant 0.
$$

4) Mit $y_n := \dfrac{a}{x_n}$ gilt $y_n^2 \leqslant a$ für alle $n \geqslant 1$.

Beweis hierfür: Nach 2) ist $\dfrac{1}{x_n^2} \leqslant \dfrac{1}{a}$. Multiplikation mit $a^2$ ergibt

$$
y_n^2 = \frac{a^2}{x_n^2} \leqslant \frac{a^2}{a} = a.
$$

5) Aus 3) folgt $y_n \leqslant y_{n+1}$ für alle $n \geqslant 1$.

6) Es gilt $y_n \leqslant x_n$ für alle $n \geqslant 1$. Denn andernfalls wäre $y_n > x_n > 0$, also $y_n^2 > x_n^2$, was im Widerspruch zu 2) und 4) steht.

7) Nach 3), 5) und 6) ist $(x_n)_{n \geqslant 1}$ eine monoton fallende Folge mit $y_1 \leqslant x_n \leqslant x_1$, also beschränkt. Nach §5, Satz 7 konvergiert die Folge. (Hier geht das Vollständigkeits-Axiom ein, denn es wurde beim Beweis des Satzes über die Konvergenz beschränkter monotoner Folgen benötigt.) Für den Grenzwert $x$ der Folge gilt nach §4, Corollar zu Satz 5, dass $x \geqslant y_1 > 0$.

8) Nach den Regeln über das Rechnen mit Grenzwerten (§4, Sätze 3 und 4) ist

$$
\lim_{n \to \infty} \frac{1}{2}\left(x_n + \frac{a}{x_n}\right) = \frac{1}{2}\left(\lim x_n + \frac{a}{\lim x_n}\right) = \frac{1}{2}\left(x + \frac{a}{x}\right).
$$

§ 6 Quadratwurzeln                                                              55

Andrerseits ist

$$\lim \frac{1}{2}\left(x_n + \frac{a}{x_n}\right) = \lim x_{n+1} = x,$$

also $x = \frac{1}{2}\left(x + \frac{a}{x}\right)$, woraus folgt $x^2 = a$. Damit ist gezeigt, dass die Folge $(x_n)$ gegen eine Quadratwurzel von $a$ konvergiert.

9) Es ist noch die Eindeutigkeit zu zeigen. Sei $x'$ eine weitere positive Lösung der Gleichung $x'^2 = a$. Dann ist

$$0 = x^2 - x'^2 = (x + x')(x - x').$$

Da $x + x' > 0$, muss $x - x' = 0$ sein, also $x = x'$, q.e.d.

**Bezeichnung.** Für eine reelle Zahl $a \geqslant 0$ wird die eindeutig bestimmte nichtnegative Lösung der Gleichung $x^2 = a$ mit

$$\sqrt{a} \quad \text{oder} \quad \text{sqrt}(a)$$

bezeichnet.

*Bemerkung.* Die Gleichung $x^2 = a$ hat für $a = 0$ nur die Lösung $x = 0$ und für $a > 0$ genau zwei Lösungen, nämlich $\sqrt{a}$ und $-\sqrt{a}$. Denn für jedes $x \in \mathbb{R}$ mit $x^2 = a$ gilt

$$(x + \sqrt{a})(x - \sqrt{a}) = x^2 - a = 0,$$

also muss einer der beiden Faktoren gleich 0 sein, d.h. $x = \pm\sqrt{a}$. Für $a < 0$ hat die Gleichung natürlich keine reelle Lösung, weil für jedes $x \in \mathbb{R}$ gilt $x^2 \geqslant 0$.

## Numerisches Beispiel

Zur Illustration des Algorithmus rechnen wir ein Beispiel mit dem Multipräzisions-Interpreter ARIBAS. Durch den Befehl

```
==> set_floatprec(long_float).
-: 128
```

wird die Rechengenauigkeit auf `long_float` eingestellt, d.h. reelle Zahlen werden von ARIBAS mit einer 128-bit Mantisse dargestellt (relative Genauigkeit $2^{-128}$). Wir wollen die Quadratwurzel aus $a := 2$ berechnen und wählen $x_0 = 2$ und $y_0 = a/x_0 = 1$. Es werden die Werte $x_n$ und $y_n = a/x_n$ für $n = 1, \ldots, 6$ berechnet.

```
==> a := 2;
    x := a; y := 1;
    for n := 1 to 6 do
        x := (x + y)/2; y := a/x;
        writeln(n,")");
        writeln(y); writeln(x);
    end.
```

Die Variablen x und y enthalten vor dem Eintritt in den $n$-ten Durchlauf der
for-Schleife die Werte $x_{n-1}$ und $y_{n-1}$; diese werden dann durch $x_n$ und $y_n$ ersetzt und mit writeln ausgegeben. Insgesamt erhält man folgende Ausgabe:

```
1)
1.33333333333333333333333333333333333
1.50000000000000000000000000000000000
2)
1.41176470588235294117647058823529412
1.41666666666666666666666666666666667
3)
1.41421143847487001733102253032928943
1.41421568627450980392156862745098039
4)
1.41421356237150018697708366811492558
1.41421356237468991062629557889013491
5)
1.41421356237309504880168782491686591
1.41421356237309504880168962350253024
6)
1.41421356237309504880168872420969808
1.41421356237309504880168872420969808
```

Man beachte, dass nach Punkt 2) und 4) des Beweises gilt

$$y_n = \frac{a}{x_n} \leqslant \sqrt{a} \leqslant x_n,$$

man hat also bei jedem Schritt eine Fehlerabschätzung für die gesuchte Quadratwurzel; der Wert von $\sqrt{2}$ liegt stets zwischen den unmittelbar untereinander stehenden Zahlen. Man kann gut beobachten, wie die Anzahl der überein-
stimmenden Dezimalstellen mit jedem Schritt steigt. Bereits nach 6 Iterations-
Schritten ist die Wurzel aus 2 auf 35 Dezimalstellen genau bestimmt. (Al-
lerdings kann sich die letzte berechnete Stelle bei Erhöhung der Genauigkeit
noch ändern; tatsächlich ergibt sich statt der letzten 8 genauer 785696 . . . .)

§ 6 Quadratwurzeln                                                          57

**Geschwindigkeit der Konvergenz**

Die in dem Beispiel sichtbare schnelle Konvergenz wollen wir nun im allgemeinen Fall untersuchen. Dazu definieren wir den relativen Fehler $f_n$ im $n$-ten Iterationschritt durch die Gleichung

$$x_n = \sqrt{a}\,(1 + f_n).$$

Es ist $f_n \geqslant 0$ für $n \geqslant 1$. Einsetzen in die Gleichung $x_{n+1} = \frac{1}{2}(x_n + \frac{a}{x_n})$ ergibt nach Kürzung durch $\sqrt{a}$

$$1 + f_{n+1} = \frac{1}{2}\left(1 + f_n + \frac{1}{1 + f_n}\right).$$

Daraus folgt

$$f_{n+1} = \frac{1}{2} \cdot \frac{f_n^2}{1 + f_n} \leqslant \frac{1}{2}\min(f_n, f_n^2).$$

Da Zahlen im Computer meist binär, d.h. bzgl. der Basis 2 dargestellt werden, ist die Multiplikation mit ganzzahligen Potenzen von 2 trivial. So kann man jede positive reelle Zahl $a$ leicht in die Form $a = 2^{2k}a_0$ mit $k \in \mathbb{Z}$, $1 \leqslant a_0 < 4$, bringen. Es ist dann $\sqrt{a} = 2^k\sqrt{a_0}$; also kann man ohne Beschränkung der Allgemeinheit $1 \leqslant a < 4$ voraussetzen. Wählt man dann $x_0 = a$, so ist $\sqrt{a} \leqslant x_0 < 2\sqrt{a}$, d.h. $0 \leqslant f_0 < 1$. Mit der obigen Rekursionsformel für den relativen Fehler ergibt sich $f_1 < 1/4$, $f_2 < 1/40$, $\ldots$, $f_5 < 1.2 \cdot 10^{-15}$, $f_6 < 10^{-30}$ etc. Die Zahl der gültigen Dezimalstellen verdoppelt sich also mit jedem Schritt. Man spricht von *quadratischer* Konvergenz. (Wir werden später in §17 sehen, dass der Algorithmus zum Wurzelziehen Spezialfall eines viel allgemeineren Approximations-Verfahrens von Newton ist.)

Der angegebene Algorithmus zur Wurzelberechnung hat neben seiner schnellen Konvergenz noch den Vorteil, *selbstkorrigierend* zu sein. Denn da der Anfangswert $x_0 > 0$ beliebig vorgegeben werden kann, beginnt nach eventuellen Rechen-, insbesondere Rundungsfehlern, der Algorithmus eben wieder mit dem fehlerhaften Wert von $x_n$ statt mit $x_0$. Wollten wir etwa $\sqrt{2}$ auf 100 Dezimalstellen genau berechnen, so müssten wir nicht die Rechnung von Anfang an mit 100-stelliger Genauigkeit wiederholen, sondern könnten mit dem erhaltenen 35-stelligen Näherungswert beginnen und erhielten nach zwei weiteren Schritten das Ergebnis.

Es sei jedoch bemerkt, dass die Verhältnisse nicht immer so günstig liegen. Bei vielen Näherungs-Verfahren der numerischen Mathematik ist die Fehlerabschätzung viel schwieriger; Rundungsfehler können sich akkumulieren und

58                                                                                          § 6 Quadratwurzeln

aufschaukeln, wodurch manchmal sogar die Konvergenz, die unter der Prämisse der exakten Rechnung bewiesen worden ist, gefährdet wird.

AUFGABEN

**6.1.** Sei $k \geqslant 2$ eine natürliche Zahl und seien $a > 0$ und $x_0 > 0$ reelle Zahlen. Die Folge $(x_n)_{n \in \mathbb{N}}$ werde rekursiv durch

$$x_{n+1} := \frac{1}{k}\left((k-1)x_n + \frac{a}{x_n^{k-1}}\right)$$

definiert. Man zeige, dass die Folge $(x_n)$ gegen die eindeutig bestimmte positive Lösung der Gleichung $x^k = a$ konvergiert.

*Bezeichnung.* Diese Lösung wird mit $\sqrt[k]{a}$ bezeichnet.

**6.2.** a) Man zeige: Für alle natürlichen Zahlen $n \geqslant 1$ gilt

$$\sqrt[n]{n} \leqslant 1 + \frac{2}{\sqrt{n}}.$$

*Anleitung.* Man verwende dazu Aufgabe 3.4.

b) Man folgere aus Teil a)

$$\lim_{n \to \infty} \sqrt[n]{n} = 1.$$

**6.3.** Seien $a > 0$ und $x_0 > 0$ reelle Zahlen mit $ax_0 < 2$. Die Folge $(x_n)_{n \in \mathbb{N}}$ werde rekursiv definiert durch

$$x_{n+1} := x_n(1 + \varepsilon_n), \quad \text{wobei } \varepsilon_n := 1 - ax_n.$$

Man beweise, dass die Folge $(x_n)$ gegen $1/a$ konvergiert.

*Anleitung.* Man zeige dazu: $\varepsilon_{n+1} = \varepsilon_n^2$ für alle $n \geqslant 0$.

*Bemerkung.* Dieser Algorithmus kann benutzt werden, um die Division auf die Multiplikation zurückzuführen.

**6.4.** Man beweise für $a \geqslant 0$, $b \geqslant 0$ die Ungleichung zwischen geometrischem und arithmetischem Mittel

$$\sqrt{ab} \leqslant \tfrac{1}{2}(a + b),$$

wobei Gleichheit genau dann eintritt, wenn $a = b$.

§ 6 Quadratwurzeln                                                                     59

**6.5.** Die drei Folgen $(a_n)_{n\in\mathbb{N}}$, $(b_n)_{n\in\mathbb{N}}$, $(c_n)_{n\in\mathbb{N}}$ seien definiert durch

$$a_n := \sqrt{n+1000} - \sqrt{n},$$

$$b_n := \sqrt{n+\sqrt{n}} - \sqrt{n},$$

$$c_n := \sqrt{n+\tfrac{n}{1000}} - \sqrt{n}.$$

Man zeige: Für alle $n < 10^6$ gilt $a_n > b_n > c_n$, aber

$$\lim_{n\to\infty} a_n = 0, \quad \lim_{n\to\infty} b_n = \tfrac{1}{2}, \quad \lim_{n\to\infty} c_n = \infty.$$

**6.6.** Man berechne

$$\sqrt{1+\sqrt{1+\sqrt{1+\sqrt{1+\ldots}}}},$$

d.h. den Limes der Folge $(a_n)_{n\in\mathbb{N}}$ mit $a_0 := 1$ und $a_{n+1} := \sqrt{1+a_n}$.

**6.7.** Der Wert des unendlichen Kettenbruchs

$$1 + \cfrac{1}{1 + \cfrac{1}{1 + \cfrac{1}{1 + \cfrac{1}{1+\ldots}}}}$$

ist definiert als der Limes der Folge $(a_n)_{n\in\mathbb{N}}$ mit $a_0 := 1$ und $a_{n+1} := 1 + \frac{1}{a_n}$.

a) Man zeige $a_{n-1} = \dfrac{f_{n+1}}{f_n}$ für alle $n \geqslant 1$, wobei $f_n$ die in (4.6) definierten Fibonacci-Zahlen sind.

b) Man beweise $\lim_{n\to\infty} a_n = \dfrac{1+\sqrt{5}}{2}$.

*Bemerkung.* Der Limes ist der berühmte *goldene Schnitt*, der durch

$$g : 1 = 1 : (g-1), \quad g > 1,$$

definiert ist.

# § 7. Konvergenz-Kriterien für Reihen

In diesem Paragraphen beweisen wir die wichtigsten Konvergenz-Kriterien für unendliche Reihen und behandeln einige typische Beispiele.

Wendet man das Vollständigkeits-Axiom über die Konvergenz von Cauchy-Folgen auf Reihen an, so erhält man folgendes Kriterium.

**Satz 1** (Cauchysches Konvergenz-Kriterium). *Sei* $(a_n)_{n \in \mathbb{N}}$ *eine Folge reeller Zahlen. Die Reihe* $\sum_{n=0}^{\infty} a_n$ *konvergiert genau dann, wenn gilt:*

*Zu jedem* $\varepsilon > 0$ *existiert ein* $N \in \mathbb{N}$, *so dass*

$$\left| \sum_{k=m}^{n} a_k \right| < \varepsilon \quad \text{für alle } n \geqslant m \geqslant N .$$

*Beweis.* Wir bezeichnen mit $S_N := \sum_{k=0}^{N} a_k$ die $N$-te Partialsumme. Dann ist

$$S_n - S_{m-1} = \sum_{k=m}^{n} a_k .$$

Die angegebene Bedingung drückt deshalb einfach aus, dass die Folge $(S_n)$ der Partialsummen eine Cauchy-Folge ist, was gleichbedeutend mit ihrer Konvergenz ist.

*Bemerkung.* Aus Satz 1 folgt unmittelbar: Das Konvergenzverhalten einer Reihe ändert sich nicht, wenn man endlich viele Summanden abändert. (Nur die Summe ändert sich.)

**Satz 2.** *Eine notwendige (aber nicht hinreichende) Bedingung für die Konvergenz einer Reihe* $\sum_{n=0}^{\infty} a_n$ *ist, dass*

$$\lim_{n \to \infty} a_n = 0 .$$

*Beweis.* Wenn die Reihe konvergiert, gibt es nach Satz 1 zu vorgegebenem $\varepsilon > 0$ ein $N \in \mathbb{N}$, so dass

$$\left| \sum_{k=m}^{n} a_k \right| < \varepsilon \quad \text{für alle } n \geqslant m \geqslant N .$$

§ 7 Konvergenz-Kriterien für Reihen                                    61

Insbesondere gilt daher (für $n = m$)

$\quad |a_n| < \varepsilon \quad$ für alle $n \geqslant N$.

Daraus folgt $\lim a_n = 0$,  q.e.d.

Beispielsweise divergiert die Reihe $\sum_{n=0}^{\infty}(-1)^n$, da die Reihenglieder nicht gegen 0 konvergieren. Ein Beispiel dafür, dass die Bedingung $\lim a_n = 0$ für die Konvergenz nicht ausreicht, behandeln wir in (7.1) im Anschluss an den nächsten Satz.

**Satz 3.** *Eine Reihe $\sum_{n=0}^{\infty} a_n$ mit $a_n \geqslant 0$ für alle $n \in \mathbb{N}$ konvergiert genau dann, wenn die Reihe (d.h. die Folge der Partialsummen) beschränkt ist.*

*Beweis.* Da $a_n \geqslant 0$, ist die Folge der Partialsummen

$$S_n = \sum_{k=0}^{n} a_k, \quad n \in \mathbb{N},$$

monoton wachsend. Die Behauptung folgt deshalb aus dem Satz über die Konvergenz monotoner beschränkter Folgen.

**Beispiele**

**(7.1)** Die *harmonische* Reihe $\sum_{n=1}^{\infty} \dfrac{1}{n}$ .

Die Reihenglieder konvergieren gegen 0, trotzdem divergiert die Reihe. Dazu betrachten wir die speziellen Partialsummen

$$\begin{aligned}
S_{2^k} &= \sum_{n=1}^{2^k} \frac{1}{n} = 1 + \frac{1}{2} + \sum_{i=1}^{k-1}\left( \sum_{n=2^i+1}^{2^{i+1}} \frac{1}{n} \right) \\
&= 1 + \frac{1}{2} + \left( \frac{1}{3} + \frac{1}{4} \right) \\
&\quad + \left( \frac{1}{5} + \frac{1}{6} + \frac{1}{7} + \frac{1}{8} \right) + \ldots + \left( \frac{1}{2^{k-1}+1} + \ldots + \frac{1}{2^k} \right).
\end{aligned}$$

Da die Summe jeder Klammer $\geqslant \frac{1}{2}$ ist, folgt

$$S_{2^k} \geqslant 1 + \frac{k}{2}.$$

Also ist die Folge der Partialsummen unbeschränkt, d.h. es gilt

$$\sum_{n=1}^{\infty} \frac{1}{n} = \infty.$$

**(7.2)** Die Reihen $\sum_{n=1}^{\infty} \dfrac{1}{n^k}$ für $k > 1$.

Wir beweisen, dass diese Reihen konvergieren, indem wir zeigen, dass die Partialsummen durch $\dfrac{1}{1 - 2^{-k+1}}$ beschränkt sind. Zu beliebigem $N \in \mathbb{N}$ gibt es ein $m \in \mathbb{N}$ mit $N \leqslant 2^{m+1} - 1$. Damit gilt

$$
\begin{aligned}
S_N &\leqslant \sum_{n=1}^{2^{m+1}-1} \frac{1}{n^k} = 1 + \left( \frac{1}{2^k} + \frac{1}{3^k} \right) + \ldots + \left( \sum_{n=2^m}^{2^{m+1}-1} \frac{1}{n^k} \right) \\
&\leqslant \sum_{i=0}^{m} 2^i \frac{1}{(2^i)^k} = \sum_{i=0}^{m} \left( \frac{1}{2^{k-1}} \right)^i \\
&\leqslant \sum_{i=0}^{\infty} (2^{-k+1})^i = \frac{1}{1 - 2^{-k+1}}, \qquad \text{q.e.d.}
\end{aligned}
$$

*Bemerkung.* Für alle geraden ganzen Zahlen $k \geqslant 2$ gibt es explizite Formeln für die Limiten der Reihen $\sum_{n=1}^{\infty} \frac{1}{n^k}$. Z.B. gilt

$$
\sum_{n=1}^{\infty} \frac{1}{n^2} = \frac{\pi^2}{6}, \qquad \sum_{n=1}^{\infty} \frac{1}{n^4} = \frac{\pi^4}{90}, \qquad \sum_{n=1}^{\infty} \frac{1}{n^6} = \frac{\pi^6}{945},
$$

siehe dazu (21.8), (23.2) und Aufgabe 23.6.

Während sich Satz 3 auf Reihen mit lauter nicht-negativen Gliedern bezog, behandeln wir jetzt ein Konvergenz-Kriterium für *alternierende* Reihen, das sind Reihen, deren Glieder abwechselndes Vorzeichen haben.

**Satz 4** (Leibniz'sches Konvergenz-Kriterium). *Sei $(a_n)_{n \in \mathbb{N}}$ eine monoton fallende Folge nicht-negativer Zahlen mit $\lim_{n \to \infty} a_n = 0$. Dann konvergiert die alternierende Reihe*

$$
\sum_{n=0}^{\infty} (-1)^n a_n.
$$

*Beweis.* Wir setzen $s_k := \sum_{n=0}^{k} (-1)^n a_n$. Da $s_{2k+2} - s_{2k} = -a_{2k+1} + a_{2k+2} \leqslant 0$, gilt

$$
s_0 \geqslant s_2 \geqslant s_4 \geqslant \ldots \geqslant s_{2k} \geqslant s_{2k+2} \geqslant \ldots
$$

Entsprechend ist wegen $s_{2k+3} - s_{2k+1} = a_{2k+2} - a_{2k+3} \geqslant 0$

$$
s_1 \leqslant s_3 \leqslant s_5 \leqslant \ldots \leqslant s_{2k+1} \leqslant s_{2k+3} \leqslant \ldots.
$$

§ 7 Konvergenz-Kriterien für Reihen

Außerdem gilt wegen $s_{2k+1} - s_{2k} = -a_{2k+1} \leqslant 0$

$s_{2k+1} \leqslant s_{2k}$ für alle $k \in \mathbb{N}$.

Die Folge $(s_{2k})_{k \in \mathbb{N}}$ ist also monoton fallend und beschränkt, da $s_{2k} \geqslant s_1$ für alle $k$. Nach §5, Satz 7, existiert daher der Limes

$$\lim_{k \to \infty} s_{2k} =: S.$$

Analog ist $(s_{2k+1})_{k \in \mathbb{N}}$ monoton wachsend und beschränkt, also existiert

$$\lim_{k \to \infty} s_{2k+1} =: S'.$$

Wir zeigen nun, dass $S = S'$ und dass die gesamte Folge $(s_n)_{n \in \mathbb{N}}$ gegen $S$ konvergiert. Zunächst ist

$$S - S' = \lim_{k \to \infty} (s_{2k} - s_{2k+1}) = \lim_{k \to \infty} a_{2k+1} = 0.$$

Sei nun $\varepsilon > 0$ vorgegeben. Dann gibt es $N_1, N_2 \in \mathbb{N}$, so dass

$|s_{2k} - S| < \varepsilon$ für $k \geqslant N_1$ und $|s_{2k+1} - S| < \varepsilon$ für $k \geqslant N_2$.

Wir setzen $N := \max(2N_1, 2N_2 + 1)$. Dann gilt

$|s_n - S| < \varepsilon$ für alle $n \geqslant N$, q.e.d.

Das Konvergenzverhalten der alternierenden Reihen lässt sich durch Bild 7.1 veranschaulichen.

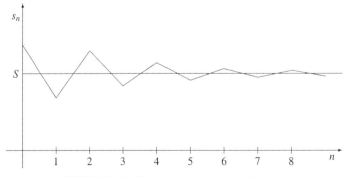

**Bild 7.1** Zum Leibniz'schen Konvergenz-Kriterium

**Beispiele**

**(7.3)** Die *alternierende harmonische* Reihe $\sum\limits_{n=1}^{\infty} \dfrac{(-1)^{n-1}}{n}$ konvergiert nach dem Leibniz'schen Konvergenz-Kriterium. Wir werden in §22 sehen, dass

$$1 - \frac{1}{2} + \frac{1}{3} - \frac{1}{4} + \frac{1}{5} - \frac{1}{6} \pm \ldots = \log 2.$$

Dabei ist $\log 2 = 0.69314718\ldots$ der natürliche Logarithmus von 2.

**(7.4)** Ebenso konvergiert die *Leibniz'sche* Reihe $\sum\limits_{k=0}^{\infty} \dfrac{(-1)^k}{2k+1}$. Für sie zeigte Leibniz, dass

$$1 - \frac{1}{3} + \frac{1}{5} - \frac{1}{7} + \frac{1}{9} - \frac{1}{11} \pm \ldots = \frac{\pi}{4}.$$

Wir werden dies in §22 beweisen.

## Absolute Konvergenz

**Definition.** Eine Reihe $\sum\limits_{n=0}^{\infty} a_n$ heißt *absolut konvergent*, falls die Reihe der Absolutbeträge $\sum\limits_{n=0}^{\infty} |a_n|$ konvergiert.

*Bemerkung.* Da die Partialsummen der Reihe $\sum |a_n|$ monoton wachsen, gilt nach §5, Satz 7: Eine Reihe $\sum a_n$ ist genau dann absolut konvergent, wenn

$$\sum_{n=0}^{\infty} |a_n| < \infty.$$

**Satz 5.** *Eine absolut konvergente Reihe konvergiert auch im gewöhnlichen Sinn.*

*Bemerkung.* Wie das Beispiel der alternierenden harmonischen Reihe (7.3) zeigt, gilt die Umkehrung von Satz 5 nicht. Die absolute Konvergenz ist also eine schärfere Bedingung als die gewöhnliche Konvergenz.

*Beweis.* Sei $\sum_{n=0}^{\infty} a_n$ eine absolut konvergente Reihe. Nach dem Cauchyschen Konvergenz-Kriterium (Satz 1) für die Reihe $\sum |a_n|$ gibt es zu jedem $\varepsilon > 0$ ein $N \in \mathbb{N}$, so dass

$$\sum_{k=m}^{n} |a_k| < \varepsilon \quad \text{für alle } n \geqslant m \geqslant N.$$

§ 7 Konvergenz-Kriterien für Reihen 65

Daraus folgt

$$\left| \sum_{k=m}^{n} a_k \right| \leqslant \sum_{k=m}^{n} |a_k| < \varepsilon \quad \text{für alle } n \geqslant m \geqslant N.$$

Wiederum nach dem Cauchyschen Konvergenz-Kriterium konvergiert daher $\sum_{n=0}^{\infty} a_n$, q.e.d.

**Satz 6** (Majoranten-Kriterium). *Sei $\sum_{n=0}^{\infty} c_n$ eine konvergente Reihe mit lauter nicht-negativen Gliedern und $(a_n)_{n \in \mathbb{N}}$ eine Folge mit*

$$|a_n| \leqslant c_n \quad \text{für alle } n \in \mathbb{N}.$$

*Dann konvergiert die Reihe $\sum_{n=0}^{\infty} a_n$ absolut.*

*Bezeichnung.* Man nennt dann $\sum c_n$ eine *Majorante* von $\sum a_n$.

*Beweis.* Zu vorgegebenem $\varepsilon > 0$ existiert ein $N \in \mathbb{N}$, so dass

$$\left| \sum_{k=m}^{n} c_k \right| < \varepsilon \quad \text{für alle } n \geqslant m \geqslant N.$$

Daher ist

$$\sum_{k=m}^{n} |a_k| \leqslant \sum_{k=m}^{n} c_k < \varepsilon \quad \text{für alle } n \geqslant m \geqslant N.$$

Die Reihe $\sum |a_n|$ erfüllt also das Cauchysche Konvergenz-Kriterium, q.e.d.

**Beispiel**

(7.5) Wir beweisen noch einmal die Konvergenz der Reihen $\sum_{n=1}^{\infty} \frac{1}{n^k}$, $k \geqslant 2$, mithilfe des Majoranten-Kriteriums.

Nach Beispiel (4.9) konvergiert die Reihe $\sum_{n=1}^{\infty} \frac{1}{n(n+1)}$, also auch die Reihe $\sum_{n=1}^{\infty} \frac{2}{n(n+1)}$. Für $k \geqslant 2$ und alle $n \geqslant 1$ gilt

$$\frac{1}{n^k} \leqslant \frac{1}{n^2} \leqslant \frac{2}{n(n+1)},$$

daher ist $\sum \frac{2}{n(n+1)}$ Majorante von $\sum \frac{1}{n^k}$, q.e.d.

*Hinweis.* Wir werden später (in §20) noch ein sehr nützliches, dem Majoranten-Kriterium verwandtes Konvergenz-Kriterium kennenlernen, das Integralvergleichs-Kriterium. Mit diesem lassen sich die Reihen $\sum \frac{1}{n^k}$ besonders elegant behandeln.

*Bemerkung.* Satz 6 impliziert folgendes Divergenz-Kriterium:

Sei $\sum_{n=0}^{\infty} c_n$ eine divergente Reihe mit lauter nicht-negativen Gliedern und $(a_n)_{n \in \mathbb{N}}$ eine Folge mit $a_n \geqslant c_n$ für alle $n$. Dann divergiert auch die Reihe $\sum_{n=0}^{\infty} a_n$.

Denn andernfalls wäre $\sum a_n$ eine konvergente Majorante von $\sum c_n$, also müsste auch $\sum c_n$ konvergieren.

**Satz 7** (Quotienten-Kriterium). *Sei* $\displaystyle\sum_{n=0}^{\infty} a_n$ *eine Reihe mit* $a_n \neq 0$ *für alle* $n \geqslant n_0$. *Es gebe eine reelle Zahl* $\theta$ *mit* $0 < \theta < 1$, *so dass*

$$\left| \frac{a_{n+1}}{a_n} \right| \leqslant \theta \quad \text{für alle } n \geqslant n_0.$$

*Dann konvergiert die Reihe* $\sum a_n$ *absolut.*

*Beweis.* Da ein Abändern endlich vieler Summanden das Konvergenzverhalten nicht ändert, können wir ohne Beschränkung der Allgemeinheit annehmen, dass

$$\left| \frac{a_{n+1}}{a_n} \right| \leqslant \theta \quad \text{für alle } n \in \mathbb{N}.$$

Daraus ergibt sich mit vollständiger Induktion

$$|a_n| \leqslant |a_0|\,\theta^n \quad \text{für alle } n \in \mathbb{N}.$$

Die Reihe $\displaystyle\sum_{n=0}^{\infty} |a_0|\,\theta^n$ ist daher Majorante von $\sum a_n$. Da

$$\sum_{n=0}^{\infty} |a_0|\,\theta^n = |a_0| \sum_{n=0}^{\infty} \theta^n = \frac{|a_0|}{1 - \theta}$$

konvergiert (geometrische Reihe), folgt aus dem Majoranten-Kriterium die Behauptung.

**Beispiele**

**(7.6)** Wir beweisen die Konvergenz der Reihe $\displaystyle\sum_{n=1}^{\infty} \frac{n^2}{2^n}$.

Mit $a_n := \frac{n^2}{2^n}$ gilt für alle $n \geqslant 3$

$$\left| \frac{a_{n+1}}{a_n} \right| = \frac{(n+1)^2\, 2^n}{2^{n+1}\, n^2} = \frac{1}{2}\left(1 + \frac{1}{n}\right)^2$$

§ 7 Konvergenz-Kriterien für Reihen                                67

$$\leqslant \frac{1}{2}\left(1+\frac{1}{3}\right)^2 = \frac{8}{9} =: \theta < 1,$$

das Quotienten-Kriterium ist also erfüllt.

**(7.7)** Man beachte, dass die Bedingung im Quotienten-Kriterium *nicht* lautet

$$\left|\frac{a_{n+1}}{a_n}\right| < 1 \quad \text{für alle } n \geqslant n_0, \tag{$*$}$$

sondern

$$\left|\frac{a_{n+1}}{a_n}\right| \leqslant \theta \quad \text{für alle } n \geqslant n_0$$

mit einem von $n$ unabhängigen $\theta < 1$. Die Quotienten $\left|\frac{a_{n+1}}{a_n}\right|$ dürfen also nicht beliebig nahe an 1 herankommen. Dass die Bedingung $(*)$ nicht ausreicht, zeigt das Beispiel der divergenten harmonischen Reihe $\sum_{n=1}^{\infty} \frac{1}{n}$. Mit $a_n := 1/n$ gilt zwar

$$\left|\frac{a_{n+1}}{a_n}\right| = \frac{n}{n+1} < 1 \quad \text{für alle } n \geqslant 1,$$

wegen $\lim \frac{n}{n+1} = 1$ gibt es jedoch *kein* $\theta < 1$ mit

$$\left|\frac{a_{n+1}}{a_n}\right| \leqslant \theta \quad \text{für alle } n \geqslant n_0 .$$

Das Quotienten-Kriterium ist also nicht anwendbar.

**(7.8)** Für $a_n := 1/n^2$ erhalten wir die Reihe $\sum_{n=1}^{\infty} a_n = \sum_{n=1}^{\infty} \frac{1}{n^2}$. Sie konvergiert, wie wir bereits wissen. Auch hier ist

$$\left|\frac{a_{n+1}}{a_n}\right| = \frac{n^2}{(n+1)^2} < 1 \quad \text{für alle } n \geqslant 1,$$

es gibt aber kein $\theta < 1$ mit

$$\left|\frac{a_{n+1}}{a_n}\right| \leqslant \theta \quad \text{für alle } n \geqslant n_0 .$$

Das Quotienten-Kriterium ist also nicht anwendbar, obwohl die Reihe konvergiert. Das bedeutet, dass das Quotienten-Kriterium nur eine hinreichende, jedoch nicht notwendige Bedingung für die Konvergenz ist.

## Umordnung von Reihen

Sei $\sum_{n=0}^{\infty} a_n$ eine Reihe und $\tau : \mathbb{N} \longrightarrow \mathbb{N}$ eine bijektive Abbildung. Dann nennt man $\sum_{n=0}^{\infty} a_{\tau(n)}$ eine *Umordnung* der gegebenen Reihe. Sie besteht aus denselben Summanden, nur in einer anderen Reihenfolge. Anders als bei endlichen Summen ist es bei konvergenten unendlichen Reihen nicht ohne weiteres klar, dass sie nach Umordnung wieder konvergent mit demselben Grenzwert sind. Für *absolut* konvergente Reihen ist dies jedoch richtig.

**Satz 8** (Umordnungssatz). *Sei $\sum_{n=0}^{\infty} a_n$ eine absolut konvergente Reihe. Dann konvergiert auch jede Umordnung dieser Reihe absolut gegen denselben Grenzwert.*

*Beweis.* Sei $A := \sum_{n=0}^{\infty} a_n$ und $\tau : \mathbb{N} \longrightarrow \mathbb{N}$ eine bijektive Abbildung. Wir müssen zeigen

$$\lim_{m \to \infty} \sum_{k=0}^{m} a_{\tau(k)} = A.$$

Sei $\varepsilon > 0$ vorgegeben. Dann gibt es wegen der Konvergenz von $\sum_{k=0}^{\infty} |a_k|$ ein $n_0 \in \mathbb{N}$, so dass

$$\sum_{k=n_0}^{\infty} |a_k| < \frac{\varepsilon}{2}.$$

Daraus folgt

$$\left| A - \sum_{k=0}^{n_0-1} a_k \right| = \left| \sum_{k=n_0}^{\infty} a_k \right| \leqslant \sum_{k=n_0}^{\infty} |a_k| < \frac{\varepsilon}{2}.$$

Sei $N$ so groß gewählt, dass

$$\{\tau(0), \tau(1), \ldots, \tau(N)\} \supset \{0, 1, 2, \ldots n_0 - 1\}.$$

Dann gilt für alle $m \geqslant N$

$$\left| \sum_{k=0}^{m} a_{\tau(k)} - A \right| \leqslant \left| \sum_{k=0}^{m} a_{\tau(k)} - \sum_{k=0}^{n_0-1} a_k \right| + \left| \sum_{k=0}^{n_0-1} a_k - A \right|$$
$$\leqslant \sum_{k=n_0}^{\infty} |a_k| + \frac{\varepsilon}{2} < \varepsilon,$$

die umgeordnete Reihe konvergiert also gegen denselben Grenwert wie die Ausgangsreihe. Dass die umgeordnete Reihe wieder absolut konvergiert, folgt aus der Anwendung des gerade Bewiesenen auf die Reihe $\sum_{n=0}^{\infty} |a_n|$.

§ 7  Konvergenz-Kriterien für Reihen                                69

**(7.9)** Wir zeigen an einem Beispiel, dass der Satz 8 falsch wird, wenn man nicht verlangt, dass die Reihe absolut konvergiert. Dazu verwenden wir die nach (7.3) konvergente alternierende harmonische Reihe

$$\sum_{n=1}^{\infty} \frac{(-1)^{n-1}}{n} = 1 - \tfrac{1}{2} + \tfrac{1}{3} - \tfrac{1}{4} \pm \dots.$$

*Behauptung.* Es gibt eine Umordnung mit $\sum_{n=1}^{\infty} \frac{(-1)^{\tau(n)-1}}{\tau(n)} = \infty$.

*Beweis.* Wir betrachten die Glieder ungerader Ordnung der gegebenen Reihe von $\frac{1}{2^n+1}$ bis $\frac{1}{2^{n+1}-1}$. Für jedes $n \geqslant 1$ gilt

$$\frac{1}{2^n+1} + \frac{1}{2^n+3} + \dots + \frac{1}{2^{n+1}-1} > 2^{n-1} \cdot \frac{1}{2^{n+1}} = \frac{1}{4}.$$

Deshalb divergiert folgende Reihen-Umordnung bestimmt gegen $+\infty$:

$$1 - \tfrac{1}{2} + \tfrac{1}{3} - \tfrac{1}{4}$$

$$+ \left( \tfrac{1}{5} + \tfrac{1}{7} \right) - \tfrac{1}{6}$$

$$+ \left( \tfrac{1}{9} + \tfrac{1}{11} + \tfrac{1}{13} + \tfrac{1}{15} \right) - \tfrac{1}{8}$$

$$+ \dots$$

$$+ \left( \frac{1}{2^n+1} + \frac{1}{2^n+3} + \dots + \frac{1}{2^{n+1}-1} \right) - \frac{1}{2n+2}$$

$$+ \dots$$

Man beachte, dass in der Umordnung alle mit Minuszeichen behafteten Glieder gerader Ordnung einmal an die Reihe kommen, aber mit immer größerer Verzögerung gegenüber den positiven Gliedern ungerader Ordnung. Deshalb können die Partialsummen über alle Grenzen wachsen.

Dies Gegenbeispiel zeigt also, dass für nicht absolut konvergente unendliche Summen das Kommutativgesetz nicht gilt.

70                                            § 7 Konvergenz-Kriterien für Reihen

AUFGABEN

**7.1.** Man untersuche die folgenden Reihen auf Konvergenz oder Divergenz:

$$\sum_{n=1}^{\infty} \frac{n!}{n^n}, \quad \sum_{n=0}^{\infty} \frac{n^4}{3^n}, \quad \sum_{n=0}^{\infty} \frac{n+4}{n^2-3n+1}, \quad \sum_{n=1}^{\infty} \frac{(n+1)^{n-1}}{(-n)^n}.$$

**7.2.** Sei $(a_n)_{n \geqslant 1}$ eine Folge reeller Zahlen mit $|a_n| \leqslant M$ für alle $n \geqslant 1$. Man zeige:

a) Für jedes $x \in \mathbb{R}$ mit $|x| < 1$ konvergiert die Reihe

$$f(x) := \sum_{n=1}^{\infty} a_n x^n.$$

b) Ist $a_1 \neq 0$, so gilt

$$f(x) \neq 0 \quad \text{für alle } x \in \mathbb{R} \text{ mit } 0 < |x| < \frac{|a_1|}{2M}.$$

**7.3.** Sei $(a_n)_{n \in \mathbb{N}}$ eine Folge reeller Zahlen mit $\lim_{n \to \infty} a_n = 0$. Die Folge $(A_k)_{k \in \mathbb{N}}$ werde definiert durch

$$A_0 := \tfrac{1}{2} a_0,$$
$$A_k := \tfrac{1}{2} a_{2k-2} + a_{2k-1} + \tfrac{1}{2} a_{2k} \quad \text{für } k \geqslant 1.$$

Man beweise: Konvergiert eine der beiden Reihen

$$\sum_{n=0}^{\infty} a_n, \qquad \sum_{k=0}^{\infty} A_k,$$

so konvergiert auch die zweite gegen denselben Grenzwert.

**7.4.** Unter Benutzung der Summe der Leibniz'schen Reihe (7.4) beweise man

$$\pi = 2 + \sum_{k=1}^{\infty} \frac{16}{(4k-3)(16k^2-1)}.$$

Man vergleiche die Konvergenz-Geschwindigkeit der Leibniz'schen Reihe und der obigen Reihe. (Die Reihe eignet sich gut zu kleinen Programmier-Experimenten!)

**7.5.** Die bijektive Abbildung $\tau : \mathbb{N} \longrightarrow \mathbb{N}$ sei eine beschränkte Umordnung, d.h. es gebe ein $d \in \mathbb{N}$, so dass

$$|\tau(n) - n| \leqslant d \quad \text{für alle } n \in \mathbb{N}.$$

§ 8  Die Exponentialreihe                                                                71

Man beweise: Eine Reihe $\sum_{n=0}^{\infty} a_n$ konvergiert genau dann, wenn die Reihe $\sum_{n=0}^{\infty} a_{\tau(n)}$ konvergiert.

**7.6.** Sei $\sum a_n$ eine konvergente, aber nicht absolut konvergente Reihe reeller Zahlen. Man beweise:

a) Zu beliebig vorgegebenem $c \in \mathbb{R}$ gibt es eine Umordnung $\sum a_{\tau(n)}$, die gegen $c$ konvergiert.

b) Es gibt Umordnungen, so dass $\sum a_{\tau(n)}$ bestimmt gegen $+\infty$ bzw. $-\infty$ divergiert.

c) Es gibt Umordnungen, so dass $\sum a_{\tau(n)}$ weder konvergiert noch bestimmt gegen $\pm\infty$ divergiert.

# § 8.  Die Exponentialreihe

Wir behandeln jetzt die Exponentialreihe, die neben der geometrischen Reihe die wichtigste Reihe in der Analysis ist. Die Funktionalgleichung der Exponentialfunktion beweisen wir mithilfe eines allgemeinen Satzes über das sog. Cauchy-Produkt von Reihen.

**Satz 1.** *Für jedes $x \in \mathbb{R}$ ist die* Exponentialreihe

$$\exp(x) := \sum_{n=0}^{\infty} \frac{x^n}{n!}$$

*absolut konvergent.*

*Beweis.* Die Behauptung folgt aus dem Quotienten-Kriterium (§7, Satz 7). Mit $a_n := x^n/n!$ gilt für alle $x \neq 0$ und $n \geqslant 2|x|$

$$\left| \frac{a_{n+1}}{a_n} \right| = \left| \frac{x^{n+1}}{(n+1)!} \cdot \frac{n!}{x^n} \right| = \frac{|x|}{n+1} \leqslant \frac{1}{2}, \quad \text{q.e.d.}$$

Mit der Exponentialreihe definiert man die berühmte *Eulersche Zahl*

$$e := \exp(1) = \sum_{n=0}^{\infty} \frac{1}{n!} = 1 + 1 + \frac{1}{2} + \frac{1}{3!} + \ldots = 2.7182818 \ldots$$

**Satz 2** (Abschätzung des Restglieds). *Es gilt*

$$\exp(x) = \sum_{n=0}^{N} \frac{x^n}{n!} + R_{N+1}(x),$$

*wobei*

$$|R_{N+1}(x)| \leqslant 2\frac{|x|^{N+1}}{(N+1)!} \quad \text{für alle } x \text{ mit } |x| \leqslant 1 + \tfrac{1}{2}N.$$

Bei Abbruch der Reihe ist also der Fehler in dem angegeben $x$-Bereich dem Betrage nach höchstens zweimal so groß wie das erste nicht berücksichtigte Glied.

*Beweis.* Wir schätzen den Rest $R_{N+1}(x) = \sum_{n=N+1}^{\infty} x^n/n!$ mittels der geometrischen Reihe ab. Es ist

$$|R_{N+1}(x)| \leqslant \sum_{n=N+1}^{\infty} \frac{|x|^n}{n!}$$

$$= \frac{|x|^{N+1}}{(N+1)!}\left\{ 1 + \frac{|x|}{N+2} + \frac{|x|^2}{(N+2)(N+3)} + \dots \right\}$$

$$\leqslant \frac{|x|^{N+1}}{(N+1)!}\left\{ 1 + \frac{|x|}{N+2} + \left(\frac{|x|}{N+2}\right)^2 + \left(\frac{|x|}{N+2}\right)^3 + \dots \right\}.$$

Für $|x| \leqslant 1 + \tfrac{1}{2}N$ ist der Ausdruck innerhalb der geschweiften Klammer $\leqslant 1 + \tfrac{1}{2} + \tfrac{1}{4} + \tfrac{1}{8} + \dots = 2$, woraus die Behauptung folgt.

**Numerische Berechnung von** $e$

Wir benutzen die Fehler-Abschätzung, um $e = \exp(1)$ mit hoher Genauigkeit zu berechnen. Aus Satz 2 folgt für $k \geqslant 1$, dass $R_{k+1}(1) \leqslant 1/k!$, d.h. bei Abbruch der Reihe für $e$ ist der Fehler höchstens so groß wie das letzte berücksichtigte Glied. Die Partialsummen $S_k := \sum_{\nu=0}^{k} 1/\nu!$ kann man rekursiv durch

$$S_0 := u_0 := 1, \quad u_k := \frac{u_{k-1}}{k}, S_k := S_{k-1} + u_k, (k > 0),$$

berechnen. Um eine vorgegebene Fehlerschranke $\varepsilon > 0$ zu unterschreiten, braucht man nur solange zu rechnen, bis $u_k < \varepsilon$ wird. Wir schreiben eine ARIBAS-Funktion `euler(n)`, die $e$ auf $n$ Dezimalstellen mit einem Fehler $\leqslant 10^{-n}$ ausrechnet. Dabei verwenden wir Ganzzahl-Arithmetik und multiplizieren alle Größen mit $10^n$. Dann braucht nur bis auf $\varepsilon = 1$ genau gerechnet zu werden. Zur Berücksichtigung von Rundungsfehlern rechnen wir noch mit 5 Stellen mehr.

§ 8 Die Exponentialreihe                                                    73

```
function euler(n: integer): integer;
var
    S, u, k: integer;
begin
    S := u := 10**(n+5);
    k := 0;
    while u > 0 do
        k := k+1;
        u := u div k;
        S := S+u;
    end;
    writeln("Euler number calculated in ",k," steps");
    return (S div 10**5);
end.
```

In diesem Code ist u div k (wie in PASCAL) die Integer-Division, d.h. es
wird die ganze Zahl $\lfloor u/k \rfloor$ berechnet, die vom exakten Ergebnis $u/k$ um weniger
als 1 abweicht. Da u ganzzahlig ist, wird die while-Schleife abgebrochen, sobald $u < 1$ ist, und der gesamte akkumulierte Rundungsfehler ist
höchstens gleich der Anzahl der Schleifen-Durchgänge. Solange diese kleiner als $10^5$ bleibt, wird die angestrebte Genauigkeit erreicht. Testen wir die
Funktion mit $n = 100$, ergibt sich

```
==> euler(100).
Euler number calculated in 73 steps
-: 2_71828_18284_59045_23536_02874_71352_66249_77572_
47093_69995_95749_66967_62772_40766_30353_54759_45713_
82178_52516_64274
```

Dies ist natürlich als $e = 2.71828\ldots$ zu interpretieren. Hier wurde also in 73
Schritten $e$ auf 100 Dezimalstellen genau berechnet. Wir ersparen uns Tests
mit höherer Stellenzahl (etwa $n = 1000$ oder $n = 10000$), die die Leserin leicht
selbst durchführen kann.

**Cauchy-Produkt von Reihen**

Zum Beweis der Funktionalgleichung der Exponentialfunktion benützen wir
folgenden allgemeinen Satz über das Produkt von unendlichen Reihen.

74 § 8 Die Exponentialreihe

**Satz 3** (Cauchy-Produkt von Reihen). *Es seien $\sum_{n=0}^{\infty} a_n$ und $\sum_{n=0}^{\infty} b_n$ absolut konvergente Reihen. Für $n \in \mathbb{N}$ werde definiert*

$$c_n := \sum_{k=0}^{n} a_k b_{n-k} = a_0 b_n + a_1 b_{n-1} + \ldots + a_n b_0.$$

*Dann ist auch die Reihe $\sum_{n=0}^{\infty} c_n$ absolut konvergent mit*

$$\sum_{n=0}^{\infty} c_n = \left( \sum_{n=0}^{\infty} a_n \right) \cdot \left( \sum_{n=0}^{\infty} b_n \right).$$

*Beweis.* Die Definition des Koeffizienten $c_n$ lässt sich auch so schreiben:

$$c_n = \sum \{ a_k b_\ell : k + \ell = n \}.$$

Es wird dabei über alle Indexpaare $(k, \ell)$ summiert, die in $\mathbb{N} \times \mathbb{N}$ auf der Diagonalen $k + \ell = n$ liegen. Deshalb gilt für die Partialsumme

$$C_N := \sum_{n=0}^{N} c_n = \sum \{ a_k b_\ell : (k, \ell) \in \Delta_N \},$$

wobei $\Delta_N$ das wie folgt definierte Dreieck in $\mathbb{N} \times \mathbb{N}$ ist:

$$\Delta_N := \{ (k, \ell) \in \mathbb{N} \times \mathbb{N} : k + \ell \leqslant N \},$$

vgl. Bild 8.1. Multiplizieren wir die Partialsummen

$$A_N := \sum_{n=0}^{N} a_n \quad \text{und} \quad B_N := \sum_{n=0}^{N} b_n$$

aus, erhalten wir als Produkt

$$A_N B_N = \sum \{ a_k b_\ell : (k, \ell) \in Q_N \},$$

wobei $Q_N$ das Quadrat

$$Q_N := \{ (k, \ell) \in \mathbb{N} \times \mathbb{N} : 0 \leqslant k \leqslant N, \, 0 \leqslant \ell \leqslant N \}$$

bezeichnet. Da $\Delta_N \subset Q_N$, können wir schreiben

$$A_N B_N - C_N = \sum \{ a_k b_\ell : (k, \ell) \in Q_N \smallsetminus \Delta_N \}.$$

Für die Partialsummen

$$A_N^{\star} := \sum_{n=0}^{N} |a_n|, \quad B_N^{\star} := \sum_{n=0}^{N} |b_n|$$

§ 8 Die Exponentialreihe

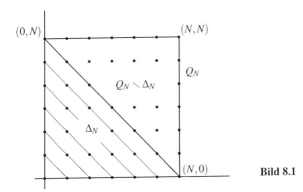

**Bild 8.1**

erhält man wie oben
$$A_N^* B_N^* = \sum\{|a_k||b_\ell| : (k,\ell) \in Q_N\}.$$
Da $Q_{\lfloor N/2 \rfloor} \subset \Delta_N$, folgt $Q_N \smallsetminus \Delta_N \subset Q_N \smallsetminus Q_{\lfloor N/2 \rfloor}$, also
$$|A_N B_N - C_N| \leqslant \sum\{|a_k||b_\ell| : (k,\ell) \in Q_N \smallsetminus Q_{\lfloor N/2 \rfloor}\}$$
$$= A_N^* B_N^* - A_{\lfloor N/2 \rfloor}^* B_{\lfloor N/2 \rfloor}^*.$$

Da die Folge $(A_N^* B_N^*)$ konvergiert, also eine Cauchy-Folge ist, strebt die letzte Differenz für $N \to \infty$ gegen 0, d.h.
$$\lim_{N \to \infty} C_N = \lim_{N \to \infty} A_N B_N = \lim_{N \to \infty} A_N \lim_{N \to \infty} B_N.$$

Damit ist gezeigt, dass $\sum c_n$ konvergiert und die im Satz behauptete Formel über das Cauchy-Produkt gilt. Es ist noch die absolute Konvergenz von $\sum c_n$ zu beweisen. Wegen
$$|c_n| \leqslant \sum_{k=0}^{n} |a_k||b_{n-k}|$$
ergibt sich dies durch Anwendung des bisher Bewiesenen auf die Reihen $\sum |a_n|$ und $\sum |b_n|$.

*Bemerkung.* Die Voraussetzung der absoluten Konvergenz ist wesentlich für die Gültigkeit von Satz 3, vgl. Aufgabe 8.2.

**Satz 4** (Funktionalgleichung der Exponentialfunktion)**.** *Für alle* $x, y \in \mathbb{R}$ *gilt*

$$\exp(x + y) = \exp(x)\exp(y).$$

*Bemerkung.* Diese Funktionalgleichung heißt auch *Additions-Theorem* der Exponentialfunktion.

*Beweis.* Wir bilden das Cauchy-Produkt der absolut konvergenten Reihen $\exp(x) = \sum x^n/n!$ und $\exp(y) = \sum y^n/n!$. Für den $n$-ten Koeffizienten der Produktreihe ergibt sich mit dem binomischen Lehrsatz

$$c_n = \sum_{k=0}^{n} \frac{x^k}{k!} \cdot \frac{y^{n-k}}{(n-k)!} = \frac{1}{n!} \sum_{k=0}^{n} \binom{n}{k} x^k y^{n-k} = \frac{1}{n!}(x+y)^n.$$

Also folgt $\exp(x)\exp(y) = \sum \frac{1}{n!}(x+y)^n = \exp(x+y)$, q.e.d.

**Corollar.** a) *Für alle* $x \in \mathbb{R}$ *gilt* $\exp(x) > 0$.

b) *Für alle* $x \in \mathbb{R}$ *gilt* $\exp(-x) = \dfrac{1}{\exp(x)}$.

c) *Für jede ganze Zahl* $n \in \mathbb{Z}$ *ist* $\exp(n) = e^n$.

*Beweis.* b) Aufgrund der Funktionalgleichung ist

$$\exp(x)\exp(-x) = \exp(x - x) = \exp(0) = 1\,,$$

also insbesondere $\exp(x) \neq 0$ und $\exp(-x) = \exp(x)^{-1}$.

a) Für $x \geqslant 0$ sieht man an der Reihendarstellung, dass

$$\exp(x) = 1 + x + \frac{x^2}{2} + \ldots \geqslant 1 > 0\,.$$

Ist $x < 0$, so folgt $-x > 0$ also $\exp(-x) > 0$ und damit

$$\exp(x) = \exp(-x)^{-1} > 0\,.$$

c) Wir zeigen zunächst mit vollständiger Induktion, dass für alle $n \in \mathbb{N}$ gilt $\exp(n) = e^n$.

*Induktionsanfang* $n = 0$. Es ist $\exp(0) = 1 = e^0$.

*Induktionsschritt* $n \to n + 1$. Mit der Funktionalgleichung und Induktionsvoraussetzung erhält man

$$\exp(n + 1) = \exp(n)\exp(1) = e^n e = e^{n+1}\,.$$

§ 8   Die Exponentialreihe                                          77

Damit ist $\exp(n) = e^n$ für $n \geqslant 0$ bewiesen. Mittels b) ergibt sich daraus

$$\exp(-n) = \frac{1}{\exp(n)} = \frac{1}{e^n} = e^{-n} \quad \text{für alle } n \in \mathbb{N}.$$

Somit gilt $\exp(n) = e^n$ für alle ganzen Zahlen $n$.

*Bemerkung.* Die Formel c) des Corollars motiviert die Bezeichnung Exponentialfunktion. Man kann sagen, dass $\exp(x)$ die Potenzen $e^n$, $n \in \mathbb{Z}$, interpoliert und so auf nicht-ganze Exponenten ausdehnt. Man schreibt deshalb auch suggestiv $e^x$ für $\exp(x)$. Die Formel zeigt auch, dass es genügt, die Werte der Exponentialfunktion im Bereich $-\frac{1}{2} \leqslant x \leqslant \frac{1}{2}$ zu kennen, um sie für alle $x$ zu kennen. Denn jedes $x \in \mathbb{R}$ lässt sich schreiben als $x = n + \xi$ mit $n \in \mathbb{Z}$ und $|\xi| \leqslant \frac{1}{2}$ und es gilt dann

$$\exp(x) = \exp(n + \xi) = e^n \exp(\xi).$$

Da $|\xi|$ klein ist, konvergiert die Exponentialreihe für $\exp(\xi)$ besonders schnell.

AUFGABEN

**8.1.** a) Sei $x \geqslant 1$ eine reelle Zahl. Man zeige, dass die Reihe

$$s(x) := \sum_{n=0}^{\infty} \binom{x}{n}$$

absolut konvergiert. (Die Zahlen $\binom{x}{n}$ wurden in Aufgabe 1.2 definiert.)

b) Man beweise die Funktionalgleichung

$$s(x + y) = s(x)s(y) \quad \text{für alle } x, y \geqslant 1.$$

c) Man berechne $s(n + \frac{1}{2})$ für alle natürlichen Zahlen $n \geqslant 1$.

**8.2.** Für $n \in \mathbb{N}$ sei

$$a_n := b_n := \frac{(-1)^n}{\sqrt{n+1}} \quad \text{und} \quad c_n := \sum_{k=0}^{n} a_{n-k} b_k.$$

Man zeige, dass die Reihen $\sum_{n=0}^{\infty} a_n$ und $\sum_{n=0}^{\infty} b_n$ konvergieren, ihr Cauchy-Produkt $\sum_{n=0}^{\infty} c_n$ aber nicht konvergiert.

**8.3.** Sei $A(n)$ die Anzahl aller Paare $(k, \ell) \in \mathbb{N} \times \mathbb{N}$ mit

$$n = k^2 + \ell^2.$$

Man beweise: Für alle $x$ mit $|x| < 1$ gilt

$$\left( \sum_{n=0}^{\infty} x^{n^2} \right)^2 = \sum_{n=0}^{\infty} A(n) x^n.$$

**8.4.** Sei $M = \{1, 2, 4, 5, 8, 10, 16, 20, 25, \dots\}$ die Menge aller natürlichen Zahlen $\geqslant 1$, die durch keine Primzahl $\neq 2, 5$ teilbar sind. Man betrachte die zu $M$ gehörige Teilreihe der harmonischen Reihe und beweise

$$\sum_{n \in M} \frac{1}{n} = \frac{5}{2}.$$

*Anleitung.* Man bilde das Cauchy-Produkt der geometrischen Reihen $\sum 2^{-n}$ und $\sum 5^{-n}$.

**8.5.** (Verallgemeinerung von Aufgabe 8.4.) Sei $\mathcal{P}$ eine endliche Menge von Primzahlen und $\mathcal{N}(\mathcal{P})$ die Menge aller natürlichen Zahlen $\geqslant 1$, in deren Primfaktor-Zerlegung höchstens Primzahlen aus $\mathcal{P}$ vorkommen (Existenz und Eindeutigkeit der Primfaktor-Zerlegung sei vorausgesetzt.) Man beweise, dass

$$\sum_{n \in \mathcal{N}(\mathcal{P})} \frac{1}{n} = \prod_{p \in \mathcal{P}} \left( 1 - \frac{1}{p} \right)^{-1} < \infty.$$

*Bemerkung.* Ist $\mathcal{P}$ die Menge aller Primzahlen, so besteht $\mathcal{N}(\mathcal{P})$ aus allen natürlichen Zahlen $\geqslant 1$. Daraus kann man nach Euler folgern, dass es unendlich viele Primzahlen gibt. Gäbe es nur endlich viele, würde die harmonische Reihe konvergieren.

# § 9. Punktmengen

In diesem Paragraphen behandeln wir die Begriffe Abzählbarkeit und Überabzählbarkeit und beweisen insbesondere, dass die Menge aller reellen Zahlen nicht abzählbar ist. Weiter beschäftigen wir uns mit dem Supremum und Infimum von Mengen reeller Zahlen und definieren den Limes superior und Limes inferior von Folgen.

**Bezeichnungen.** Wir verwenden folgende Bezeichnungen für Intervalle auf der Zahlengeraden $\mathbb{R}$.

a) *Abgeschlossene Intervalle.* Seien $a, b \in \mathbb{R}, a \leqslant b$. Dann setzt man

$$[a, b] := \{x \in \mathbb{R} : a \leqslant x \leqslant b\}.$$

§ 9 Punktmengen 79

Für $a = b$ besteht $[a, b]$ nur aus einem Punkt.

b) *Offene Intervalle.* Seien $a, b \in \mathbb{R}, a < b$. Man setzt

$$]a, b[ := \{x \in \mathbb{R} : a < x < b\}.$$

c) *Halboffene Intervalle.* Für $a, b \in \mathbb{R}, a < b$ sei

$$[a, b[ := \{x \in \mathbb{R} : a \leqslant x < b\},$$
$$]a, b] := \{x \in \mathbb{R} : a < x \leqslant b\}.$$

d) *Uneigentliche Intervalle.* Sei $a \in \mathbb{R}$. Man definiert

$$[a, +\infty[ := \{x \in \mathbb{R} : x \geqslant a\},$$
$$]a, +\infty[ := \{x \in \mathbb{R} : x > a\},$$
$$]-\infty, a] := \{x \in \mathbb{R} : x \leqslant a\},$$
$$]-\infty, a[ := \{x \in \mathbb{R} : x < a\}.$$

*Weitere Bezeichnungen:*

$$\mathbb{R}_+ := \{x \in \mathbb{R} : x \geqslant 0\},$$
$$\mathbb{R}^* := \{x \in \mathbb{R} : x \neq 0\},$$
$$\mathbb{R}_+^* := \mathbb{R}_+ \cap \mathbb{R}^* = \{x \in \mathbb{R} : x > 0\} = ]0, +\infty[.$$

Die reelle Zahlengerade $\mathbb{R}$ wird manchmal auch mit $]-\infty, +\infty[$ bezeichnet.

**Mengen und Folgen**

Sei $(a_n)_{n \in \mathbb{N}}$ eine Folge reeller Zahlen. Dann heißt die Menge

$$M := \{a_n : n \in \mathbb{N}\}$$

die der Folge $(a_n)_{n \in \mathbb{N}}$ *unterliegende Menge.* Verschiedene Folgen können dieselbe unterliegende Menge haben, wie folgendes Beispiel zeigt:

Die Folgen $(a_n)_{n \in \mathbb{N}}$ und $(b_n)_{n \in \mathbb{N}}$ mit $a_n = (-1)^n$ und $b_n = (-1)^{n+1}$ sind verschieden, sie haben jedoch beide dieselbe unterliegende Menge, nämlich $\{-1, +1\}$.

**Definition** (Abzählbarkeit)**.** Eine nichtleere Menge $D$ heißt *abzählbar,* wenn es eine surjektive Abbildung $\mathbb{N} \to D$ gibt, d.h. wenn eine Folge $(x_n)_{n \in \mathbb{N}}$ existiert, so dass $D = \{x_n : n \in \mathbb{N}\}$. Die leere Menge wird ebenfalls als abzählbar definiert. Eine nichtleere Menge heißt *überabzählbar,* wenn sie nicht abzählbar ist.

*Bemerkung.* Jede endliche Menge $A = \{a_0, \ldots, a_n\}$ ist abzählbar. Eine surjektive Abbildung $\tau : N \to A$ kann man wie folgt definieren: Man setze $\tau(k) := a_k$

für $0 \leqslant k \leqslant n$ und $\tau(k) := a_n$ für $k > n$. Eine nicht-endliche abzählbare Menge nennt man abzählbar unendlich. Man kann sich leicht überlegen, dass es zu jeder abzählbar unendlichen Menge $M$ sogar eine bijektive Abbildung $\mathbb{N} \longrightarrow M$ gibt.

**Beispiele**

**(9.1)** Die Menge $\mathbb{N}$ aller natürlichen Zahlen ist abzählbar, denn die identische Abbildung $\mathbb{N} \to \mathbb{N}$ ist surjektiv. Jede Teilmenge $M \subset \mathbb{N}$ ist entweder endlich oder abzählbar unendlich. Ist $M \subset \mathbb{N}$ eine nicht-endliche Teilmenge, so erhält man eine bijektive Abbildung $\sigma \colon M \to \mathbb{N}$ z.B. so: Für $n \in M$ sei $\sigma(n) = k$, wobei $k$ die Anzahl der Elemente von

$$M_n := \{x \in M \colon x < n\}$$

ist.

**(9.2)** Die Menge $\mathbb{Z}$ aller ganzen Zahlen ist abzählbar. Denn $\mathbb{Z}$ ist unterliegende Menge der Folge

$$(x_0, x_1, x_2, \ldots) := (0, +1, -1, +2, -2, \ldots).$$

(Es ist $x_0 = 0$ und $x_{2k-1} = k$, $x_{2k} = -k$ für $k \geqslant 1$.)

**Satz 1.** *Die Vereinigung abzählbar vieler abzählbarer Mengen $M_n$, $n \in \mathbb{N}$, ist wieder abzählbar.*

*Beweis.* Sei $M_n = \{x_{nm} \colon m \in \mathbb{N}\}$. Wir schreiben die Vereinigungsmenge $\bigcup_{n \in \mathbb{N}} M_n$ in einem quadratisch unendlichen Schema an.

$$
\begin{array}{llllll}
M_0\colon & x_{00} \to x_{01} & x_{02} \to x_{03} & \cdots \\
& \swarrow \quad \nearrow & \swarrow \quad \nearrow \\
M_1\colon & x_{10} & x_{11} & x_{12} & x_{13} & \cdots \\
& \downarrow \quad \nearrow & \swarrow \quad \nearrow \\
M_2\colon & x_{20} & x_{21} & x_{22} & x_{23} & \cdots \\
& \swarrow \quad \nearrow \\
M_3\colon & x_{30} & x_{31} & x_{32} & x_{33} & \cdots \\
\vdots & \downarrow \quad \nearrow \\
& x_{40} \cdots
\end{array}
$$

Die durch die Pfeile angedeutete Abzählungsvorschrift liefert eine Folge

$$(y_0, y_1, y_2, \ldots) := (x_{00}, x_{01}, x_{10}, x_{20}, x_{11}, x_{02}, x_{03}, x_{12}, \ldots),$$

für die $\bigcup_{n \in \mathbb{N}} M_n = \{y_n \colon n \in \mathbb{N}\}$, q.e.d.

§ 9 Punktmengen 81

**Corollar 1.** *Die Menge $\mathbb{Q}$ der rationalen Zahlen ist abzählbar.*

*Beweis.* Da die Menge $\mathbb{Z}$ aller ganzen Zahlen abzählbar ist, ist für jede feste natürliche Zahl $k \geqslant 1$ die Menge

$$A_k := \left\{ \frac{n}{k} : n \in \mathbb{Z} \right\}$$

abzählbar. Da $\mathbb{Q} = \bigcup_{k \geqslant 1} A_k$, ist nach Satz 1 auch $\mathbb{Q}$ abzählbar.

Aus Satz 1 lassen sich weitere interessante Folgerungen ziehen. Betrachten wir etwa die Menge aller in einer gewissen Programmier-Sprache, z.B. in PASCAL, geschriebenen Programme. Jedes einzelne solche Programm kann man darstellen als eine endliche Folge von Bytes. (Natürlich ist nicht jede endliche Byte-Folge ein gültiges PASCAL-Programm.) Daraus folgt, dass die Menge $P_n$ aller PASCAL-Programme, die eine Länge von $n$ Bytes haben, endlich, also auch abzählbar ist. Daher ist die Vereinigung $\bigcup_{n \geqslant 1} P_n$ ebenfalls abzählbar. Damit haben wir bewiesen:

**Corollar 2.** *Die Menge aller möglichen* PASCAL-*Programme ist abzählbar.*

Nennt man eine reelle Zahl $x$ berechenbar, wenn es ein Programm gibt, das bei Eingabe einer natürlichen Zahl $n$ die Zahl $x$ mit einem Fehler $\leqslant 2^{-n}$ berechnet (ähnlich wie wir es in §8 für die Zahl $e$ durchgeführt haben), so folgt, dass es nur abzählbar viele berechenbare reelle Zahlen gibt, was im Kontrast zu dem nachfolgend bewiesenen Satz steht, dass die Menge aller reellen Zahlen überabzählbar ist. Nicht alle reellen Zahlen sind also berechenbar.

*Bemerkung.* Natürlich kann man auf einem konkreten Computer wegen der Endlichkeit des Speicherplatzes i.Allg. eine reelle Zahl nicht mit beliebiger Genauigkeit berechnen. Deshalb legt man in der theoretischen Informatik das Modell der sog. *Turing-Maschine* zugrunde, die zwar nur endlich viele Zustände hat und von einem endlichen Programm gesteuert wird, aber für die Ein- und Ausgabe ein nach zwei Richtungen unendliches Band zur Verfügung hat. Zu jedem Zeitpunkt sind aber nur endlich viele Zellen des Bandes beschrieben. (Eine Definition der Turing-Maschinen findet man in fast allen Lehrbüchern der Theoretischen Informatik, z.B. in [HU]. Dem Leser, der sich für die logischen Aspekte der Berechenbarkeit reeller Zahlen interessiert, sei das Buch [Br] empfohlen.)

**Satz 2.** *Die Menge $\mathbb{R}$ aller reellen Zahlen ist überabzählbar.*

*Beweis.* Wir zeigen, dass sogar das Intervall $I := ]0,1[$ nicht abzählbar ist. Dazu genügt es offenbar, folgendes zu beweisen: Zu jeder Folge $(x_n)_{n \geqslant 1}$ von Zahlen $x_n \in I$ gibt es eine Zahl $z \in I$ mit $z \neq x_n$ für alle $n \geqslant 1$. Zum Beweis verwenden wir das sog. Cantorsche Diagonalverfahren. Die Dezimalbruch-Entwicklungen der Zahlen $x_n$ seien

$$x_1 = 0.a_{11}a_{12}a_{13}\ldots$$
$$x_2 = 0.a_{21}a_{22}a_{23}\ldots$$
$$x_3 = 0.a_{31}a_{32}a_{33}\ldots$$
$$\vdots$$

Wir definieren die Zahl $z \in I$ durch die Dezimalbruch-Entwicklung

$$z = 0.c_1c_2c_3\ldots,$$

wobei

$$c_n := \begin{cases} a_{nn} + 2, & \text{falls } a_{nn} < 5, \\ a_{nn} - 2, & \text{falls } a_{nn} \geqslant 5. \end{cases}$$

Es gilt also $|c_n - a_{nn}| = 2$ für alle $n \geqslant 1$, woraus folgt $|z - x_n| \geqslant 10^{-n}$ für alle $n$, d.h. $z$ ist verschieden von allen Gliedern der Folge $(x_n)$, q.e.d.

*Bemerkung.* Der Beweis zeigt, dass jedes nichtleere offene Intervall $]a,b[$ überabzählbar ist. Denn durch die Zuordnung

$$x \mapsto \frac{x-a}{b-a}$$

wird $]a,b[$ bijektiv auf $]0,1[$ abgebildet.

**Corollar.** *Die Menge der irrationalen Zahlen ist überabzählbar.*

*Beweis.* Angenommen, die Menge $\mathbb{R} \smallsetminus \mathbb{Q}$ der irrationalen Zahlen wäre abzählbar. Da $\mathbb{Q}$ abzählbar ist, wäre nach Satz 1 auch $\mathbb{R} = (\mathbb{R} \smallsetminus \mathbb{Q}) \cup \mathbb{Q}$ abzählbar, Widerspruch!

*Bemerkung.* Ebenso zeigt man, dass die Menge der nicht berechenbaren reellen Zahlen überabzählbar ist, es gibt also mehr nicht berechenbare als berechenbare reelle Zahlen. Zur Beruhigung der Leserin sei jedoch gesagt, dass alle interessanten reellen Zahlen berechenbar sind. (Natürlich ist es eine Frage des Geschmacks, welche Zahlen man als interessant betrachtet, und darüber lässt sich streiten ....)

§ 9 Punktmengen      83

## Supremum und Infimum von Punktmengen

**Definition.** Eine Teilmenge $D \subset \mathbb{R}$ heißt *nach oben* (bzw. *nach unten*) *beschränkt*, wenn es eine Konstante $K \in \mathbb{R}$ gibt, so dass

$$x \leqslant K \quad (\text{bzw. } x \geqslant K) \quad \text{für alle } x \in D.$$

Man nennt dann $K$ obere (bzw. untere) *Schranke* von $D$. Die Menge $D$ heißt beschränkt, wenn sie sowohl nach oben als auch nach unten beschränkt ist.

*Bemerkungen.* a) Eine Teilmenge $D \subset \mathbb{R}$ ist genau dann beschränkt, wenn es eine Konstante $M \geqslant 0$ gibt, so dass $|x| \leqslant M$ für alle $x \in D$.

b) Eine Folge ist genau dann nach oben (bzw. unten) beschränkt, wenn die ihr unterliegende Menge nach oben (bzw. unten) beschränkt ist (vgl. die Definition der Beschränktheit von Folgen in §4).

**Definition.** Sei $D$ eine Teilmenge von $\mathbb{R}$. Eine Zahl $K \in \mathbb{R}$ heißt *Supremum* (bzw. *Infimum*) von $D$, falls $K$ kleinste obere (bzw. größte untere) Schranke von $D$ ist.
Dabei heißt $K$ kleinste obere Schranke von $D$, falls gilt:

i) $K$ ist eine obere Schranke von $D$.

ii) Ist $K'$ eine weitere obere Schranke von $D$, so folgt $K \leqslant K'$.

Analog ist die größte untere Schranke von $D$ definiert.

Es ist klar, dass die kleinste obere Schranke (bzw. größte untere Schranke) im Falle der Existenz eindeutig bestimmt ist. Man bezeichnet sie mit sup($D$) bzw. inf($D$).

**Satz 3.** *Jede nichtleere, nach oben (bzw. unten) beschränkte Teilmenge $D \subset \mathbb{R}$ besitzt ein Supremum (bzw. Infimum).*

*Beweis.* Sei $D \subset \mathbb{R}$ nichtleer und nach oben beschränkt. Dann gibt es ein Element $x_0 \in D$ und eine obere Schranke $K_0$ von $D$. Wir konstruieren jetzt durch Induktion nach $n$ eine Folge von Intervallen

$$[x_0, K_0] \supset [x_1, K_1] \supset \ldots \supset [x_n, K_n] \supset [x_{n+1}, K_{n+1}] \supset \ldots$$

so dass für alle $n$ gilt:

(1)    $x_n \in D$,

(2)    $K_n$ ist obere Schranke von $D$,

(3)    $K_n - x_n \leqslant 2^{-n}(K_0 - x_0)$.

Für $n = 0$ haben wir die Wahl von $x_0$ und $K_0$ schon durchgeführt.

*Induktions-Schritt* $n \to n+1$. Sei $M := (K_n + x_n)/2$ die Mitte des Intervalls $[x_n, K_n]$. Es können zwei Fälle auftreten:

1. Fall: $D \cap \,]M, K_n] = \emptyset$. Dann ist $M$ eine obere Schranke von $D$ und wir definieren $x_{n+1} := x_n$ und $K_{n+1} := M$.

2. Fall: $D \cap \,]M, K_n] \neq \emptyset$. Dann gibt es einen Punkt $x_{n+1} \in D$ mit $x_{n+1} > M$. In diesem Fall setzen wir $K_{n+1} := K_n$.

In jedem der beiden Fälle gelten für $x_{n+1}$ und $K_{n+1}$ wieder die Eigenschaften (1) bis (3).

Nun ist $(K_n)_{n \in \mathbb{N}}$ eine monoton fallende und nach unten beschränkte Folge, konvergiert also nach §5, Satz 7 gegen eine Zahl $K$. Wir zeigen, dass $K$ kleinste obere Schranke von $D$ ist.

i) Für jedes $x \in D$ gilt $x \leqslant K_n$ für alle $n$. Daraus folgt $x \leqslant K$. Dies zeigt, dass $K$ obere Schranke von $D$ ist.

ii) Sei $K'$ eine weitere obere Schranke von $D$. Angenommen, es würde gelten $K' < K$. Da $K - K' > 0$, gibt es ein $n$, so dass

$$K_n - x_n \leqslant 2^{-n}(K_0 - x_0) < K - K' \leqslant K_n - K'.$$

Dann folgt $K' < x_n$, was im Widerspruch dazu steht, dass $K'$ obere Schranke von $D$ ist. Also muss $K \leqslant K'$ sein, d.h. $K$ ist kleinste obere Schranke von $D$. Wir haben somit die Existenz des Supremums von $D$ bewiesen.

Die Existenz des Infimums zeigt man analog.

**Beispiele**

**(9.3)** Für das abgeschlossene Intervall $[a, b]$, $a \leqslant b$, gilt

$$\sup([a,b]) = b \quad \text{und} \quad \inf([a,b]) = a.$$

**(9.4)** Für das offene Intervall $]a, b[$, $a < b$, gilt ebenfalls

$$\sup(]a,b[) = b \quad \text{und} \quad \inf(]a,b[) = a.$$

Wir beweisen, dass $b$ kleinste obere Schranke von $]a,b[$ ist. Zunächst ist klar, dass $b$ obere Schranke ist. Um zu zeigen, dass $b$ sogar kleinste obere Schranke ist, betrachten wir irgend eine obere Schranke $K$ des Intervalls. Die Punkte $x_n := b - 2^{-n}(b - a)$ liegen für $n \geqslant 1$ alle im Intervall $]a, b[$, also ist $x_n \leqslant K$. Da $\lim_{n \to \infty} x_n = b$, folgt $b \leqslant K$. Also ist $b$ kleinste obere Schranke.

§ 9 Punktmengen                                                                 85

**(9.5)** Für $D := \left\{ \dfrac{n}{n+1} : n \in \mathbb{N} \right\}$ gilt $\sup(D) = 1$.

**(9.6)** Für $D := \left\{ \dfrac{n^2}{2^n} : n \in \mathbb{N} \right\}$ gilt $\sup(D) = \dfrac{9}{8}$.

*Beweis.* $\frac{9}{8}$ ist obere Schranke von $D$, denn

$$\frac{n^2}{2^n} \leqslant 1 < \frac{9}{8} \quad \text{für alle } n \neq 3,$$

vgl. Aufgabe 3.1, und $\frac{3^2}{2^3} = \frac{9}{8}$. Außerdem ist $\frac{9}{8}$ kleinste obere Schranke, da $\frac{9}{8} \in D$.

**Maximum, Minimum.** Wie diese Beispiele zeigen, kann es sowohl vorkommen, dass $\sup(D)$ in $D$ liegt, als auch, dass $\sup(D)$ nicht in $D$ liegt. Falls $\sup(D) \in D$, nennt man $\sup(D)$ auch das *Maximum* von $D$. Ebenso heißt $\inf(D)$ das *Minimum* von $D$, falls $\inf(D) \in D$.

In jedem Fall existiert jedoch, wie aus dem Beweis von Satz 3 hervorgeht, eine Folge $x_n \in D$, $n \in \mathbb{N}$, mit $\lim\limits_{n \to \infty} x_n = \sup(D)$ und eine Folge $y_n \in D$, $n \in \mathbb{N}$, mit $\lim\limits_{n \to \infty} y_n = \inf(D)$.

*Bezeichnung.* Falls die Teilmenge $D \subset \mathbb{R}$ nicht nach oben (bzw. nicht nach unten) beschränkt ist, schreibt man

$$\sup(D) = +\infty \quad \text{bzw.} \quad \inf(D) = -\infty.$$

**Limes superior, Limes inferior**

**Definition.** Sei $(a_n)_{n \in \mathbb{N}}$ eine Folge reeller Zahlen. Dann definiert man

$$\limsup_{n \to \infty} a_n := \lim_{n \to \infty} \left( \sup\{ a_k : k \geqslant n \} \right),$$
$$\liminf_{n \to \infty} a_n := \lim_{n \to \infty} \left( \inf\{ a_k : k \geqslant n \} \right).$$

Eine andere Schreibweise ist $\overline{\lim}$ für $\limsup$ und $\underline{\lim}$ für $\liminf$.

*Bemerkung.* Die Folge $(\sup\{ a_k : k \geqslant n \})_{n \in \mathbb{N}}$ ist monoton fallend (oder identisch $+\infty$) und die Folge $(\inf\{ a_k : k \geqslant n \})_{n \in \mathbb{N}}$ ist monoton wachsend (oder identisch $-\infty$). Daher existieren $\limsup a_n$ und $\liminf a_n$ immer eigentlich oder uneigentlich, d.h. sie sind entweder reelle Zahlen oder es gilt $\lim \sup a_n = \pm\infty$ bzw. $\lim \inf a_n = \pm\infty$.

**Beispiele**

**(9.7)** Wir betrachten die Folge $a_n := (-1)^n(1 + \frac{1}{n})$, $n \geqslant 1$. Hier ist

$$\sup\{a_k : k \geqslant n\} = \begin{cases} 1 + \frac{1}{n}, & \text{falls } n \text{ gerade,} \\ 1 + \frac{1}{n+1}, & \text{falls } n \text{ ungerade.} \end{cases}$$

Also gilt $\lim\limits_{n \to \infty} \sup a_n = 1$.

Entsprechend hat man

$$\inf\{a_k : k \geqslant n\} = \begin{cases} -\left(1 + \frac{1}{n}\right), & \text{falls } n \text{ ungerade,} \\ -\left(1 + \frac{1}{n+1}\right), & \text{falls } n \text{ gerade.} \end{cases}$$

Daraus folgt $\lim\limits_{n \to \infty} \inf a_n = -1$.

**(9.8)** Für die Folge $a_n := n$, $n \in \mathbb{N}$, gilt

$$\sup\{a_k : k \geqslant n\} = \infty,$$
$$\inf\{a_k : k \geqslant n\} = n.$$

Daraus folgt $\lim\limits_{n \to \infty} \sup a_n = \infty$ und $\lim\limits_{n \to \infty} \inf a_n = \infty$.

**Satz 4.** *Sei $(a_n)_{n \in \mathbb{N}}$ eine Folge reeller Zahlen und $a \in \mathbb{R}$. Genau dann gilt*

$$\lim\limits_{n \to \infty} \sup a_n = a,$$

*wenn für jedes $\varepsilon > 0$ die folgenden beiden Bedingungen erfüllt sind:*

i) *Für fast alle Indizes $n \in \mathbb{N}$ (d.h. alle bis auf endlich viele) gilt*
$$a_n < a + \varepsilon.$$

ii) *Es gibt unendlich viele Indizes $m \in \mathbb{N}$ mit*
$$a_m > a - \varepsilon.$$

*Beweis.* Wir verwenden die Bezeichnungen

$$A_n := \{a_k : k \geqslant n\} \quad \text{und} \quad s_n := \sup A_n.$$

a) Sei zunächst vorausgesetzt, dass $\lim \sup a_n = a$, d.h. $\lim_{n \to \infty} s_n = a$, und sei $\varepsilon > 0$ vorgegeben. Da die Folge $(s_n)$ monoton fällt, gilt $s_n \geqslant a$ für alle $n$.

§ 9 Punktmengen

Daraus folgt Bedingung ii). Andrerseits gibt es ein $N \in \mathbb{N}$, so dass $s_n < a + \varepsilon$ für alle $n \geqslant N$. Daraus folgt $a_n < a + \varepsilon$ für alle $n \geqslant N$.

b) Seien umgekehrt die Bedingungen i) und ii) erfüllt. Aus ii) folgt, dass $s_n > a - \varepsilon$ für alle $n$ und alle $\varepsilon > 0$, also $\lim_{n \to \infty} s_n \geqslant a$. Wegen i) gibt es zu $\varepsilon > 0$ ein $N \in \mathbb{N}$, so dass $a_n < a + \varepsilon$ für alle $n \geqslant N$, woraus folgt $s_n \leqslant a + \varepsilon$ für $n \geqslant N$. Insgesamt folgt $\lim s_n = a$, q.e.d.

*Bemerkung.* Analog zu Satz 4 gilt folgende Charakterisierung des Limes inferior: $\liminf a_n = a$ genau dann, wenn für jedes $\varepsilon > 0$ gilt: (i) $a_n > a - \varepsilon$ für fast alle $n$, und (ii) $a_n < a + \varepsilon$ für unendlich viele $n \in \mathbb{N}$.

## AUFGABEN

**9.1.** Eine Zahl $x \in \mathbb{R}$ heißt algebraisch, wenn es eine natürliche Zahl $n \geqslant 1$ und rationale Zahlen $a_1, a_2, \ldots, a_n \in \mathbb{Q}$ gibt, so dass

$$x^n + a_1 x^{n-1} + \ldots + a_{n-1} x + a_n = 0.$$

Man beweise: Die Menge $A \subset \mathbb{R}$ aller algebraischen Zahlen ist abzählbar.

*Hinweis.* Man zeige dazu, dass die Menge aller Polynome mit rationalen Koeffizienten abzählbar ist und benutze (ohne Beweis), dass ein Polynom $n$-ten Grades höchstens $n$ Nullstellen hat.

**9.2.** Man beweise:

a) Die Menge aller *endlichen* Teilmengen von $\mathbb{N}$ ist abzählbar.

b) Die Menge *aller* Teilmengen von $\mathbb{N}$ ist überabzählbar.

**9.3.** Man zeige, dass die Abbildung

$$\tau \colon \mathbb{N} \times \mathbb{N} \longrightarrow \mathbb{N}, \quad \tau(n, m) := \tfrac{1}{2}(n + m + 1)(n + m) + n,$$

bijektiv ist.

**9.4.** Es sei $a \subset \mathbb{R}_+^*$. Man zeige

$$\sup\{x \in \mathbb{Q} : x^2 < a\} = \sqrt{a},$$
$$\inf\{x \in \mathbb{Q} : x^2 < a\} = -\sqrt{a}.$$

**9.5.** Sei $(a_n)_{n \in \mathbb{N}}$ eine beschränkte Folge reeller Zahlen. Man zeige: Genau dann gilt

$$\limsup_{n \to \infty} a_n = a,$$

wenn folgende beiden Bedingungen erfüllt sind:

a) Es gibt eine konvergente Teilfolge $(a_{n_k})_{k \in \mathbb{N}}$ von $(a_n)$ mit $\lim\limits_{k \to \infty} a_{n_k} = a$.

b) Für jede konvergente Teilfolge $(a_{m_k})_{k \in \mathbb{N}}$ von $(a_n)$ gilt $\lim\limits_{k \to \infty} a_{m_k} \leqslant a$.

**9.6.** Sei $(a_n)_{n \in \mathbb{N}}$ eine beschränkte Folge reeller Zahlen und $H$ die Menge ihrer Häufungspunkte. Man zeige

$$\lim_{n \to \infty} \sup a_n = \sup H,$$
$$\lim_{n \to \infty} \inf a_n = \inf H.$$

**9.7.** Man beweise: Eine Folge $(a_n)_{n \in \mathbb{N}}$ reeller Zahlen konvergiert genau dann gegen $a \in \mathbb{R}$, wenn

$$\lim_{n \to \infty} \sup a_n = \lim_{n \to \infty} \inf a_n = a.$$

**9.8.** Man untersuche, ob folgende Aussage richtig ist:

Eine Folge $(a_n)_{n \in \mathbb{N}}$ reeller Zahlen konvergiert genau dann gegen $a \in \mathbb{R}$, wenn für jede konvergente Teilfolge $(a_{n_k})$ von $(a_n)$ gilt: $\lim\limits_{k \to \infty} a_{n_k} = a$.

**9.9.** Sei $(a_n)_{n \in \mathbb{N}}$ eine Folge reeller Zahlen. Man zeige:

a) Es gilt $\lim \sup_{n \to \infty} a_n = +\infty$ genau dann, wenn die Folge $(a_n)$ nicht nach oben beschränkt ist.

b) Es gilt $\lim \sup_{n \to \infty} a_n = -\infty$ genau dann, wenn die Folge $(a_n)$ bestimmt gegen $-\infty$ divergiert.

**9.10.** Es seien $(a_n)_{n \in \mathbb{N}}$ und $(b_n)_{n \in \mathbb{N}}$ Folgen reeller Zahlen mit $\lim \sup a_n \neq -\infty$ und $\lim \inf b_n \neq -\infty$. Man zeige:

$$\lim_{n \to \infty} \sup a_n + \lim_{n \to \infty} \inf b_n \leqslant \lim_{n \to \infty} \sup(a_n + b_n) \leqslant \lim_{n \to \infty} \sup a_n + \lim_{n \to \infty} \sup b_n.$$

Dabei werde vereinbart $a + \infty = \infty + a = \infty$ für alle $a \in \mathbb{R} \cup \{\infty\}$.

## § 10. Funktionen. Stetigkeit

Wir kommen jetzt zu einem weiteren zentralen Begriff der Analysis, dem der stetigen Funktion. Wir zeigen, dass Summe, Produkt und Quotient (mit nichtverschwindendem Nenner) stetiger Funktionen sowie die Komposition stetiger Funktionen wieder stetig ist.

**Definition.** Sei $D$ eine Teilmenge von $\mathbb{R}$. Unter einer reellwertigen (reellen) *Funktion* auf $D$ versteht man eine Abbildung $f: D \to \mathbb{R}$. Die Menge $D$ heißt *Definitionsbereich* von $f$. Der *Graph* von $f$ ist die Menge

$$\Gamma_f := \{(x,y) \in D \times \mathbb{R} : y = f(x)\}.$$

**Beispiele**

**(10.1)** Konstante Funktionen. Sei $c \in \mathbb{R}$ vorgegeben.

$f: \mathbb{R} \to \mathbb{R},$

$x \mapsto f(x) = c.$

**(10.2)** Identische Abbildung

$\mathrm{id}_\mathbb{R}: \mathbb{R} \to \mathbb{R},$

$x \mapsto x.$

**(10.3)** Absolutbetrag (Bild 10.1).

$\mathrm{abs}: \mathbb{R} \to \mathbb{R},$

$x \mapsto |x|.$

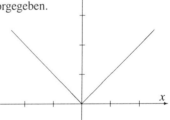

**Bild 10.1** Absolutbetrag

**(10.4)** Die floor-Funktion (Bild 10.2).

$\mathrm{floor}: \mathbb{R} \to \mathbb{R},$

$x \mapsto \lfloor x \rfloor.$

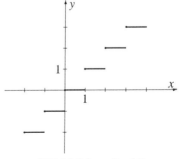

**Bild 10.2** floor-Funktion

**(10.5)** Quadratwurzel (Bild 10.3).

$\text{sqrt}: \mathbb{R}_+ \to \mathbb{R},$
$x \mapsto \sqrt{x}.$

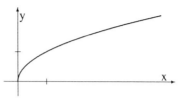

**Bild 10.3** Quadratwurzel

**(10.6)** Exponentialfunktion (Bild 10.4).

$\exp: \mathbb{R} \to \mathbb{R},$
$x \mapsto \exp(x).$

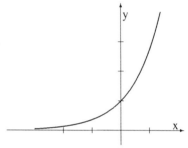

**Bild 10.4** Exponentialfunktion

**(10.7)** Polynomfunktionen. Seien $a_0, a_1, \ldots, a_n \in \mathbb{R}$.

$p: \mathbb{R} \to \mathbb{R},$
$x \mapsto p(x) := a_n x^n + \ldots + a_1 x + a_0.$

**(10.8)** Rationale Funktionen. Seien

$p(x) = a_n x^n + \ldots + a_1 x + a_0,$
$q(x) = b_m x^m + \ldots + b_1 x + b_0$

Polynome und $D := \{x \in \mathbb{R} : q(x) \neq 0\}$. Dann ist rationale Funktion $r = \dfrac{p}{q}$ definiert durch

$r: D \to \mathbb{R}, \quad x \mapsto r(x) = \dfrac{p(x)}{q(x)}.$

Die Polynomfunktionen sind spezielle rationale Funktionen.

**(10.9)** Treppenfunktionen (Bild 10.5). Seien $a < b$ reelle Zahlen. Eine Funktion $\varphi: [a,b] \to \mathbb{R}$ heißt *Treppenfunktion*, wenn es eine Unterteilung

$a = t_0 < t_1 < \ldots < t_{n-1} < t_n = b$

## § 10 Funktionen. Stetigkeit

des Intervalls $[a,b]$ und Konstanten $c_1, c_2, \ldots, c_n \in \mathbb{R}$ gibt, so dass

$$\varphi(x) = c_k \quad \text{für alle } x \in \,]t_{k-1}, t_k[, \quad (1 \leqslant k \leqslant n).$$

Die Funktionswerte $\varphi(t_k)$ in den Teilpunkten $t_k$ sind beliebig.

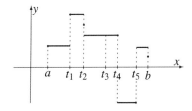

**Bild 10.5** Treppenfunktion

**(10.10)** Es gibt auch Funktionen, deren Graph man nicht zeichnen kann, z.B. die Funktion $f: \mathbb{R} \to \mathbb{R}$ mit

$$f(x) = \begin{cases} 0, & \text{falls } x \text{ rational}, \\ 1, & \text{falls } x \text{ irrational}. \end{cases}$$

**Definition** (Rationale Operationen auf Funktionen). Seien $f, g: D \to \mathbb{R}$ Funktionen und $\lambda \in \mathbb{R}$. Dann sind die Funktionen

$$f + g : D \to \mathbb{R},$$
$$\lambda f : D \to \mathbb{R},$$
$$fg : D \to \mathbb{R}$$

definiert durch

$$(f+g)(x) := f(x) + g(x),$$
$$(\lambda f)(x) := \lambda f(x),$$
$$(fg)(x) := f(x)g(x).$$

Sei $D' := \{x \in D : g(x) \neq 0\}$. Dann ist die Funktion

$$\frac{f}{g} : D' \to \mathbb{R}$$

definiert durch

$$\left(\frac{f}{g}\right)(x) := \frac{f(x)}{g(x)}.$$

*Bemerkung.* Alle rationalen Funktionen entstehen aus $\mathrm{id}_\mathbb{R}$ und der konstanten Funktion 1 durch wiederholte Anwendung dieser Operationen.

Die nächste Definition gibt ein weiteres Verfahren an, aus gegebenen Funktionen neue zu konstruieren.

**Definition** (Komposition von Funktionen). Seien $f\colon D \to \mathbb{R}$ und $g\colon E \to \mathbb{R}$ Funktionen mit $f(D) \subset E$. Dann ist die Funktion

$$g \circ f\colon D \to \mathbb{R}$$

definiert durch $(g \circ f)(x) := g\left(f(x)\right)$ für $x \in D$.

**(10.11) Beispiel.** Sei $q\colon \mathbb{R} \to \mathbb{R}$ die durch $q(x) = x^2$ definierte Funktion. Dann läßt sich die Funktion $\mathrm{abs}\colon \mathbb{R} \to \mathbb{R}$ schreiben als

$$\mathrm{abs} = \mathrm{sqrt} \circ q\,,$$

denn es gilt für alle $x \in \mathbb{R}$

$$(\mathrm{sqrt} \circ q)(x) = \mathrm{sqrt}\left(q(x)\right) = \sqrt{x^2} = |x| = \mathrm{abs}(x)\,.$$

**Grenzwerte bei Funktionen**

Wir verbinden jetzt den Grenzwertbegriff und den Funktionsbegriff.

**Definition.** Sei $D \subset \mathbb{R}$. Ein Punkt $a \in \mathbb{R}$ heißt *Berührpunkt* von $D$, wenn es eine Folge $(a_n)_{n\in\mathbb{N}}$ von Elementen $a_n \in D$ gibt mit $\lim_{n\to\infty} a_n = a$.

Jeder Punkt $a \in D$ ist Berührpunkt von $D$ (man wähle $a_n = a$ für alle $n$), aber auch Punkte, die nicht zu $D$ gehören, können Berührpunkte sein. Z.B. für $D := {]-1, +1[} \smallsetminus \{0\}$ sind außer den Punkten von $D$ noch die Punkte $-1, 0$ und $+1$ Berührpunkte.

**Definition.** Sei $f\colon D \to \mathbb{R}$ eine reelle Funktion auf $D \subset \mathbb{R}$ und $a \in \mathbb{R}$ ein Berührpunkt von $D$. Man schreibt

$$\lim_{x\to a} f(x) = c\,,$$

falls für jede Folge $(x_n)_{n\in\mathbb{N}}$, $x_n \in D$, mit $\lim_{n\to\infty} x_n = a$ gilt:

$$\lim_{n\to\infty} f(x_n) = c\,.$$

Statt $\lim\limits_{x\to a} f(x)$ schreibt man zur Verdeutlichung auch $\lim\limits_{\substack{x\to a \\ x\in D}} f(x)$.

§ 10  Funktionen. Stetigkeit                                                        93

*Weitere Bezeichnungen*

a) $\lim\limits_{x \searrow a} f(x) = c$ bedeutet:

Für jede Folge $(x_n)$ mit $x_n \in D$, $x_n > a$ und $\lim\limits_{n \to \infty} x_n = a$ gilt

$$\lim\limits_{n \to \infty} f(x_n) = c\,.$$

b) $\lim\limits_{x \nearrow a} f(x) = c$ bedeutet:

Für jede Folge $(x_n)$ mit $x_n \in D$, $x_n < a$ und $\lim\limits_{n \to \infty} x_n = a$ gilt

$$\lim\limits_{n \to \infty} f(x_n) = c\,.$$

c) $\lim\limits_{x \to \infty} f(x) = c$ bedeutet:

Der Definitionsbereich $D$ ist nach oben unbeschränkt und für jede Folge $(x_n)$ mit $x_n \in D$ und $\lim\limits_{n \to \infty} x_n = \infty$ gilt

$$\lim\limits_{n \to \infty} f(x_n) = c\,.$$

Analog ist $\lim\limits_{x \to -\infty} f(x)$ definiert.

**Beispiele**

**(10.12)** $\lim\limits_{x \to 0} \exp(x) = 1$.

*Beweis.* Die Restgliedabschätzung aus §8, Satz 2, liefert für $N = 0$:

$$|\exp(x) - 1| \leqslant 2|x| \quad \text{für } |x| \leqslant 1\,.$$

Sei $(x_n)$ eine beliebige Folge mit $\lim x_n = 0$. Dann gilt $|x_n| < 1$ für alle $n \geqslant n_0$, also

$$|\exp(x_n) - 1| \leqslant 2|x_n| \quad \text{für } n \geqslant n_0\,.$$

Daraus folgt $\lim\limits_{n \to \infty} |\exp(x_n) - 1| = 0$, also

$$\lim\limits_{n \to \infty} \exp(x_n) = 1\,, \quad \text{q.e.d.}$$

**(10.13)** Es gilt $\lim\limits_{x \searrow 1} \text{floor}(x) = 1$ und $\lim\limits_{x \nearrow 1} \text{floor}(x) = 0$;

Also existiert $\lim\limits_{x \to 1} \text{floor}(x)$ nicht.

**(10.14)** Es sei $P: \mathbb{R} \to \mathbb{R}$ ein Polynom der Gestalt

$$P(x) = x^k + a_1 x^{k-1} + \ldots + a_{k-1} x + a_k, \quad (k \geqslant 1).$$

Dann gilt

$$\lim_{x \to \infty} P(x) = \infty,$$

$$\lim_{x \to -\infty} P(x) = \begin{cases} +\infty, & \text{falls } k \text{ gerade,} \\ -\infty, & \text{falls } k \text{ ungerade.} \end{cases}$$

*Beweis.* Für $x \neq 0$ gilt $P(x) = x^k g(x)$, wobei

$$g(x) = 1 + \frac{a_1}{x} + \frac{a_2}{x^2} + \ldots + \frac{a_k}{x^k}.$$

Für alle $x \in \mathbb{R}$ mit

$$x \geqslant c := \max(1, 2k|a_1|, 2k|a_2|, \ldots, 2k|a_k|)$$

gilt $g(x) \geqslant \frac{1}{2}$, also $P(x) \geqslant \frac{1}{2} x^k \geqslant \frac{x}{2}$. Sei nun $(x_n)$ eine beliebige Folge reeller Zahlen mit $\lim x_n = \infty$. Dann gilt $x_n \geqslant c$ für alle $n \geqslant n_0$, also $P(x_n) \geqslant \frac{1}{2} x_n$ für $n \geqslant n_0$. Daraus folgt

$$\lim_{n \to \infty} P(x_n) = \infty.$$

Die Behauptung über den Limes für $x \to -\infty$ folgt aus der Tatsache, dass

$$P(-x) = (-1)^k Q(x)$$

mit

$$Q(x) = x^k - a_1 x^{k-1} + \ldots + (-1)^{k-1} a_{k-1} x + (-1)^k a_k.$$

## Stetige Funktionen

**Definition.** Sei $f: D \to \mathbb{R}$ eine Funktion und $a \in D$. Die Funktion $f$ heißt *stetig* im Punkt $a$, falls

$$\lim_{x \to a} f(x) = f(a).$$

$f$ heißt stetig in $D$, falls $f$ in jedem Punkt von $D$ stetig ist.

### Beispiele

**(10.15)** Die konstanten Funktionen und $\mathrm{id}_{\mathbb{R}}$ sind überall stetig.

§ 10 Funktionen. Stetigkeit          95

**(10.16)** Die Exponentialfunktion $\exp\colon \mathbb{R} \to \mathbb{R}$ ist in jedem Punkt stetig.

*Beweis.* Sei $a \in \mathbb{R}$. Wir haben zu zeigen, dass

$$\lim_{x \to a} \exp(x) = \exp(a).$$

Sei $(x_n)$ eine beliebige Folge mit $\lim x_n = a$. Dann gilt $\lim(x_n - a) = 0$, also nach Beispiel (10.12)

$$\lim_{n \to \infty} \exp(x_n - a) = 1\,.$$

Daraus folgt mithilfe der Funktionalgleichung

$$\begin{aligned}
\lim_{n \to \infty} \exp(x_n) &= \lim_{n \to \infty} \left( \exp(a) \exp(x_n - a) \right) \\
&= \exp(a) \lim_{n \to \infty} \exp(x_n - a) = \exp(a)\,, \quad \text{q.e.d.}
\end{aligned}$$

**Satz 1.** *Seien $f, g\colon D \to \mathbb{R}$ Funktionen, die in $a \in D$ stetig sind und sei $\lambda \in \mathbb{R}$. Dann sind auch die Funktionen*

$$f + g\colon D \to \mathbb{R}\,,$$
$$\lambda f\colon D \to \mathbb{R}\,,$$
$$fg\colon D \to \mathbb{R}$$

*im Punkte $a$ stetig. Ist $g(a) \neq 0$, so ist auch die Funktion*

$$\frac{f}{g}\colon D' \to \mathbb{R}$$

*in $a$ stetig. Dabei ist $D' = \{x \in D : g(x) \neq 0\}$.*

*Beweis.* Sei $(x_n)$ eine Folge $x_n \in D$ (bzw. $x_n \in D'$) und $\lim x_n = a$. Es ist zu zeigen:

$$\lim_{n \to \infty} (f + g)(x_n) = (f + g)(a)\,,$$

$$\lim_{n \to \infty} (\lambda f)(x_n) = (\lambda f)(a)\,,$$

$$\lim_{n \to \infty} (fg)(x_n) = (fg)(a)\,, \quad \lim_{n \to \infty} \left( \frac{f}{g} \right)(x_n) = \left( \frac{f}{g} \right)(a)\,.$$

Nach Voraussetzung ist $\lim_{n \to \infty} f(x_n) = f(a)$ und $\lim_{n \to \infty} g(x_n) = g(a)$. Die Behauptung folgt deshalb aus den in §4, Satz 3 bis 4, aufgestellten Rechenregeln für Zahlenfolgen.

**Corollar.** *Alle rationalen Funktionen sind stetig in ihrem Definitionsbereich.*

Dies folgt durch wiederholte Anwendung von Satz 1 auf Beispiel (10.15).

*Bemerkung.* Die Stetigkeit ist eine lokale Eigenschaft in folgendem Sinn: Seien $f, g : D \to \mathbb{R}$ zwei Funktionen, die in einer Umgebung eines Punktes $a \in D$ übereinstimmen, d.h. es gebe ein $\varepsilon > 0$, so dass $f(x) = g(x)$ für alle $x \in D$ mit $|x - a| < \varepsilon$. Dann ist $f$ genau dann in $a$ stetig, wenn $g$ in $a$ stetig ist. Dies folgt unmittelbar aus der Definition.

**(10.17) Beispiel.** Die Funktion abs$: \mathbb{R} \to \mathbb{R}$ ist stetig.

*Beweis.* Sei $a$ ein beliebiger Punkt aus $\mathbb{R}$.

1. Fall: $a > 0$. In der Umgebung $]0, 2a[$ von $a$ gilt $\operatorname{abs}(x) = x = \operatorname{id}_{\mathbb{R}}(x)$. Da $\operatorname{id}_{\mathbb{R}}$ stetig ist, ist auch abs in $a$ stetig.

2. Fall: $a < 0$. In der Umgebung $]2a, 0[$ von $a$ gilt $\operatorname{abs}(x) = -x = -\operatorname{id}_{\mathbb{R}}(x)$. Nach Satz 1 ist $-\operatorname{id}_{\mathbb{R}}$ stetig, also ist auch abs im Punkt $a$ stetig.

3. Fall: $a = 0$. Sei $(x_n)$ eine Folge mit $\lim x_n = 0$. Dann ist

$$\lim(\operatorname{abs}(x_n)) = \lim |x_n| = 0 = \operatorname{abs}(0) \,,$$

also abs in 0 stetig.

**Satz 2.** *Seien $f : D \to \mathbb{R}$ und $g : E \to \mathbb{R}$ Funktionen mit $f(D) \subset E$. Die Funktion $f$ sei in $a \in D$ und $g$ in $b := f(a) \in E$ stetig. Dann ist die Funktion*

$$g \circ f : D \to \mathbb{R}$$

*in $a$ stetig.*

*Beweis.* Sei $(x_n)$ eine Folge mit $x_n \in D$ und $\lim x_n = a$. Wegen der Stetigkeit von $f$ in $a$ gilt $\lim\limits_{n \to \infty} f(x_n) = f(a)$. Nach Voraussetzung ist $y_n := f(x_n) \in E$ und $\lim y_n = b$. Da $g$ in $b$ stetig ist, gilt $\lim\limits_{n \to \infty} g(y_n) = g(b)$. Deshalb folgt

$$\begin{aligned}
\lim_{n \to \infty} (g \circ f)(x_n) &= \lim_{n \to \infty} g(f(x_n)) = \lim_{n \to \infty} g(y_n) = g(b) \\
&= g(f(a)) = (g \circ f)(a) \,, \quad \text{q.e.d.}
\end{aligned}$$

**Beispiele**

**(10.18)** Sei $f : D \to \mathbb{R}$ stetig. Dann ist auch die Funktion

$$|f| : D \to \mathbb{R} \,, \quad x \mapsto |f(x)|$$

stetig. Denn es gilt $|f| = \operatorname{abs} \circ f$.

§ 10 Funktionen. Stetigkeit 97

**(10.19)** Wir gehen aus von den stetigen Funktionen

$$\exp: \mathbb{R} \to \mathbb{R},$$
$$q: \mathbb{R} \to \mathbb{R}, \quad x \mapsto x^2.$$

Nach Satz 2 sind auch die Zusammensetzungen $f := \exp \circ q$ und $\varphi := q \circ \exp$, d.h. die Funktionen

$$f: \mathbb{R} \to \mathbb{R}, \quad x \mapsto \exp(x^2)$$

und

$$\varphi: \mathbb{R} \to \mathbb{R}, \quad x \mapsto (\exp(x))^2$$

stetig.

## AUFGABEN

**10.1.** Die Funktionen

$$\cosh: \mathbb{R} \to \mathbb{R} \quad \text{(Cosinus hyperbolicus)},$$
$$\sinh: \mathbb{R} \to \mathbb{R} \quad \text{(Sinus hyperbolicus)}$$

sind definiert durch

$$\cosh(x) := \tfrac{1}{2}(\exp(x) + \exp(-x)),$$
$$\sinh(x) := \tfrac{1}{2}(\exp(x) - \exp(-x)).$$

Man zeige, dass diese Funktionen stetig sind und beweise für $x, y \in \mathbb{R}$ die Formeln

$$\cosh(x+y) = \cosh(x)\cosh(y) + \sinh(x)\sinh(y),$$
$$\sinh(x+y) = \cosh(x)\sinh(y) + \sinh(x)\cosh(y),$$
$$\cosh^2(x) - \sinh^2(x) = 1.$$

**10.2.** Die Funktionen $g_n: \mathbb{R} \to \mathbb{R}, n \in \mathbb{N}$, seien definiert durch

$$g_n(x) := \frac{nx}{1 + |nx|}.$$

Man zeige, dass alle Funktionen $g_n$ stetig sind. Für welche $x \in \mathbb{R}$ ist die Funktion

$$g(x) := \lim_{n \to \infty} g_n(x)$$

definiert bzw. stetig?

98                                          § 11 Sätze über stetige Funktionen

**10.3.** Die Funktion zack: $\mathbb{R} \to \mathbb{R}$ sei definiert durch

$$\text{zack}(x) := \text{abs}\left(\lfloor x + \tfrac{1}{2} \rfloor - x\right).$$

Man zeichne den Graphen der Funktion zack und zeige:

a) Für $|x| \leqslant \tfrac{1}{2}$ gilt $\text{zack}(x) = \text{abs}(x)$.

b) Für alle $x \in \mathbb{R}$ und $n \in \mathbb{Z}$ gilt $\text{zack}(x+n) = \text{zack}(x)$.

c) Die Funktion zack ist stetig.

**10.4.** Für $p, q \in \mathbb{Z}$ und $x \in \mathbb{R}^*$ sei definiert

$$f_{pq}(x) := |x|^p \text{zack}(x^q).$$

Für welche $p$ und $q$ kann man $f_{pq}(0)$ so definieren, dass eine überall stetige Funktion $f_{pq} \colon \mathbb{R} \to \mathbb{R}$ entsteht?

**10.5.** Man zeige, dass die in Beispiel (10.10) definierte Funktion $f \colon \mathbb{R} \to \mathbb{R}$ in keinem Punkt stetig ist.

**10.6.** Die Funktion $f \colon \mathbb{Q} \to \mathbb{R}$ werde definiert durch

$$f(x) := \begin{cases} 0, \text{ falls } x < \sqrt{2}, \\ 1, \text{ falls } x > \sqrt{2}. \end{cases}$$

Man zeige, dass $f$ auf $\mathbb{Q}$ stetig ist.

**10.7.** Man beweise, dass eine Treppenfunktion $f \colon [a,b] \to \mathbb{R}$ genau dann im ganzen Intervall $[a,b]$ stetig ist, wenn sie konstant ist.

# § 11. Sätze über stetige Funktionen

In diesem Paragraphen beweisen wir die wichtigsten allgemeinen Sätze über stetige Funktionen in abgeschlossenen und beschränkten Intervallen, nämlich den Zwischenwertsatz, den Satz über die Annahme von Maximum und Minimum und die gleichmäßige Stetigkeit.

**Satz 1** (Zwischenwertsatz). *Sei $f \colon [a,b] \to \mathbb{R}$ eine stetige Funktion mit $f(a) < 0$ und $f(b) > 0$ (bzw. $f(a) > 0$ und $f(b) < 0$). Dann existiert ein $p \in [a,b]$ mit $f(p) = 0$.*

§ 11 Sätze über stetige Funktionen 99

*Bemerkung.* Die Aussage des Satzes ist anschaulich klar, vgl. Bild 11.1. Sie bedarf aber natürlich dennoch eines Beweises, da eine Zeichnung keinerlei Beweiskraft hat. Die Aussage wird falsch, wenn man nur innerhalb der rationalen Zahlen arbeitet. Sei etwa $D := \{x \in \mathbb{Q} : 1 \leqslant x \leqslant 2\}$ und $f: D \to \mathbb{R}$ die stetige Funktion $x \mapsto f(x) = x^2 - 2$. Dann ist $f(1) = -1 < 0$ und $f(2) = 2 > 0$, aber es gibt kein $p \in D$ mit $f(p) = 0$, da die Zahl 2 keine rationale Quadratwurzel hat.

**Bild 11.1**

*Beweis.* Wir benutzen die Intervall-Halbierungsmethode. Sei $f(a) < 0$ und $f(b) > 0$. Wir definieren induktiv eine Folge $[a_n, b_n] \subset [a, b]$, $n \in \mathbb{N}$, von Intervallen mit folgenden Eigenschaften:

(1) $[a_n, b_n] \subset [a_{n-1}, b_{n-1}]$ für $n \geqslant 1$,

(2) $b_n - a_n = 2^{-n}(b - a)$,

(3) $f(a_n) \leqslant 0$, $f(b_n) \geqslant 0$.

*Induktionsanfang.* Wir setzen $[a_0, b_0] := [a, b]$.

*Induktionsschritt.* Sei das Intervall $[a_n, b_n]$ bereits definiert und sei $m := (a_n + b_n)/2$ die Mitte des Intervalls. Nun können zwei Fälle auftreten:

1. Fall: $f(m) \geqslant 0$. Dann sei $[a_{n+1}, b_{n+1}] := [a_n, m]$.

2. Fall: $f(m) < 0$. Dann sei $[a_{n+1}, b_{n+1}] := [m, b_n]$.

Offenbar sind wieder die Eigenschaften (1)–(3) für $n + 1$ erfüllt. Es folgt, dass die Folge $(a_n)$ monoton wachsend und beschränkt und die Folge $(b_n)$ monoton fallend und beschränkt ist. Also konvergieren beide Folgen (§5, Satz 7) und wegen (2) gilt

$$\lim_{n \to \infty} a_n = \lim_{n \to \infty} b_n =: p.$$

Aufgrund der Stetigkeit von $f$ ist $\lim f(a_n) = \lim f(b_n) = f(p)$. Aus (3) folgt nach §4, Corollar zu Satz 5, dass

$$f(p) = \lim f(a_n) \leqslant 0 \quad \text{und} \quad f(p) = \lim f(b_n) \geqslant 0.$$

Daher gilt $f(p) = 0$, q.e.d.

**(11.1) Beispiel.** Jedes Polynom ungeraden Grades $f\colon \mathbb{R} \to \mathbb{R}$,

$$f(x) = x^n + c_1 x^{n-1} + \ldots + c_n,$$

besitzt mindestens eine reelle Nullstelle. Denn nach (10.14) gilt

$$\lim_{x \to -\infty} f(x) = -\infty \quad \text{und} \quad \lim_{x \to +\infty} f(x) = \infty,$$

man kann also Stellen $a < b$ finden mit $f(a) < 0$ und $f(b) > 0$. Deshalb gibt es ein $p \in [a,b]$ mit $f(p) = 0$.

*Bemerkung.* Ein Polynom geraden Grades braucht keine reelle Nullstelle zu besitzen, wie das Beispiel $f(x) = x^{2k} + 1$ zeigt.

Das Intervallhalbierungs-Verfahren ist konstruktiv und kann auch zur praktischen Nullstellen-Berechnung verwendet werden. Zur Illustration schreiben wir eine kleine ARIBAS-Funktion findzero, die als Argumente eine Funktion f und zwei Stellen a, b, an denen die Funktion verschiedenes Vorzeichen hat, erwartet, sowie eine positive Fehlerschranke eps.

```
function findzero(f: function; a,b,eps: real): real;
var
    x1,x2,y1,y2,m: real;
begin
    y1 := f(a); y2 := f(b);
    if (y1 > 0 and y2 > 0) or (y1 < 0 and y2 < 0) then
        writeln("bad interval [a,b]");
        halt();
    elsif y1 < 0 then
        x1 := a; x2 := b;
    else
        x1 := b; x2 := a;
    end;
    while abs(x2-x1) > eps do
        m := (x1 + x2)/2;
        if f(m) >= 0 then
            x2 := m;
        else
            x1 := m;
        end;
    end;
    return (x1 + x2)/2;
end.
```

§ 11  Sätze über stetige Funktionen                               101

Die Funktion prüft zuerst die Vorzeichen von f(a) und f(b), und steigt mit
Fehlermeldung aus, falls diese gleich sind. Je nachdem f(a) negativ oder
nicht-negativ ist, wird a der Variablen x1 und b der Variablen x2 zugeordnet, oder umgekehrt. Dann beginnt das Intervall-Halbierungsverfahren, bis die
Länge des Intervalls kleiner-gleich der Fehlerschranke eps wird. Die Mitte
des letzten Intervalls wird ausgegeben. Wir testen findzero für die Funktion $f(x) := x^5 - x - 1$; man sieht unmittelbar, dass $f(0) < 0$ und $f(2) > 0$. Wir
schreiben für $f$ die ARIBAS-Funktion testfun.

```
function testfun(x: real): real
begin
    return x**5 - x - 1;
end.
```

Als Fehlerschranke wählen wir $10^{-7}$.

```
==> eps := 10**-7.
-: 1.00000000E-7

==> x0 := findzero(testfun,0,2,eps).
-: 1.16730395
```

Um zu verifizieren, dass damit eine Nullstelle mit der gewünschten Genauig-
keit gefunden wurde, berechnen wir $f$ an den Stellen $x_0 - \varepsilon/2$ und $x_0 + \varepsilon/2$.

```
==> testfun(x0 - eps/2).
-: -6.50528818E-7

==> testfun(x0 + eps/2).
-: 1.74622983E-7
```

Also haben wir tatsächlich eine Nullstelle von $f$ bis auf einen Fehler $\pm 0.5 \cdot
10^{-7}$ gefunden. In diesem Zusammenhang sei noch auf ein Problem beim
numerischen Rechnen hingewiesen: Ist $f(x)$ sehr nahe bei 0, so ist es wegen
der Rechenungenauigkeit manchmal unmöglich, numerisch zu entscheiden, ob
$f(x)$ größer, kleiner, oder gleich 0 ist. In unserem Beispiel tritt dieses Problem
nicht auf.

**Corollar 1.** *Sei $f : [a,b] \to \mathbb{R}$ eine stetige Funktion und $c$ eine reelle Zahl
zwischen $f(a)$ und $f(b)$. Dann existiert ein $p \in [a,b]$ mit $f(p) = c$.*

102                                    § 11 Sätze über stetige Funktionen

*Beweis.* Sei etwa $f(a) < c < f(b)$. Die Funktion $g: [a,b] \to \mathbb{R}$ sei definiert durch $g(x) := f(x) - c$. Dann ist $g$ stetig und $g(a) < 0 < g(b)$. Nach Satz 1 existiert daher ein $p \in [a,b]$ mit $g(p) = 0$, woraus folgt $f(p) = c$, q.e.d.

**Corollar 2.** *Sei $I \subset \mathbb{R}$ ein (eigentliches oder uneigentliches) Intervall und $f: I \to \mathbb{R}$ eine stetige Funktion. Dann ist auch $f(I) \subset \mathbb{R}$ ein Intervall.*

*Beweis.* Wir setzen

$$B := \sup f(I) \in \mathbb{R} \cup \{+\infty\}, \qquad A := \inf f(I) \in \mathbb{R} \cup \{-\infty\}$$

und zeigen zunächst, dass $]A,B[ \subset f(I)$. Denn sei $y$ irgend eine Zahl mit $A < y < B$. Nach Definition von $A$ und $B$ gibt es dann $a, b \in I$ mit $f(a) < y < f(b)$. Nach Corollar 1 existiert ein $x \in I$ mit $f(x) = y$; also ist $y \in f(I)$. Damit ist $]A,B[ \subset f(I)$ bewiesen. Es folgt, dass $f(I)$ gleich einem der folgenden vier Intervalle ist: $]A,B[$, $]A,B]$, $[A,B[$ oder $[A,B]$.

**Definition.** Eine Funktion $f: D \to \mathbb{R}$ heißt *beschränkt*, wenn die Menge $f(D)$ beschränkt ist, d.h. wenn ein $M \in \mathbb{R}_+$ existiert, so dass

$$|f(x)| \leqslant M \quad \text{für alle } x \in D.$$

**Definition.** Unter einem *kompakten Intervall* versteht man ein abgeschlossenes und beschränktes Intervall $[a,b] \subset \mathbb{R}$.

**Satz 2.** *Jede in einem kompakten Intervall stetige Funktion $f: [a,b] \to \mathbb{R}$ ist beschränkt und nimmt ihr Maximum und Minimum an, d.h. es existiert ein $p \in [a,b]$, so dass*

$$f(p) = \sup\{f(x) : x \in [a,b]\}$$

*und ein $q \in [a,b]$, so dass*

$$f(q) = \inf\{f(x) : x \in [a,b]\}.$$

*Bemerkung.* Satz 2 gilt nicht in offenen, halboffenen oder uneigentlichen Intervallen. Z.B. ist die Funktion $f: ]0,1] \to \mathbb{R}$, $f(x) := 1/x$, in $]0,1]$ stetig, aber nicht beschränkt. Die Funktion $g: ]0,1[ \to \mathbb{R}$, $g(x) := x$, ist stetig und beschränkt, nimmt aber weder ihr Infimum 0 noch ihr Supremum 1 an.

*Beweis.* Wir geben nur den Beweis für das Maximum. Der Übergang von $f$ zu $-f$ liefert dann die Behauptung für das Minimum. Sei

$$A := \sup\{f(x) : x \in [a,b]\} \in \mathbb{R} \cup \{\infty\}.$$

§ 11 Sätze über stetige Funktionen                                        103

(Es gilt $A = \infty$, falls $f$ nicht nach oben beschränkt ist.) Dann existiert eine
Folge $x_n \in [a,b]$, $n \in \mathbb{N}$, so dass

$$\lim_{n \to \infty} f(x_n) = A.$$

Da die Folge $(x_n)$ beschränkt ist, besitzt sie nach dem Satz von Bolzano-
Weierstraß eine konvergente Teilfolge $(x_{n_k})_{k \in \mathbb{N}}$ mit

$$\lim_{k \to \infty} x_{n_k} =: p \in [a,b].$$

Aus der Stetigkeit von $f$ folgt

$$f(p) = \lim_{k \to \infty} f(x_{n_k}) = A,$$

insbesondere $A \in \mathbb{R}$, also ist $f$ nach oben beschränkt und nimmt in $p$ ihr Maximum an.

Der folgende Satz gibt eine Umformulierung der Definition der Stetigkeit.

**Satz 3** ($\varepsilon$-$\delta$-Definition der Stetigkeit). *Sei $D \subset \mathbb{R}$ und $f \colon D \to \mathbb{R}$ eine Funktion.
$f$ ist genau dann in $p \in D$ stetig, wenn es zu jedem $\varepsilon > 0$ ein $\delta > 0$ gibt, so
dass*

$$|f(x) - f(p)| < \varepsilon \quad \text{für alle } x \in D \text{ mit } |x - p| < \delta.$$

Man kann dies in Worten auch so ausdrücken: $f$ ist genau dann in $p$ stetig,
wenn gilt: Der Funktionswert $f(x)$ weicht beliebig wenig von $f(p)$ ab, falls
nur $x$ hinreichend nahe bei $p$ liegt.

*Beweis.* 1) Es gebe zu jedem $\varepsilon > 0$ ein $\delta > 0$, so dass $|f(x) - f(p)| < \varepsilon$ für alle
$x \in D$ mit $|x - p| < \delta$.

Es ist zu zeigen, dass für jede Folge $(x_n)$ mit $x_n \in D$ und $\lim x_n = p$ gilt
$\lim f(x_n) = f(p)$.

Sei $\varepsilon > 0$ vorgegeben und sei $\delta > 0$ gemäß Voraussetzung. Wegen $\lim x_n = p$
existiert ein $N \in \mathbb{N}$, so dass $|x_n - p| < \delta$ für alle $n \geqslant N$.

Nach Voraussetzung ist daher $|f(x_n) - f(p)| < \varepsilon$ für alle $n \geqslant N$. Also gilt
$\lim_{n \to \infty} f(x_n) = f(p)$.

2) Für jede Folge $x_n \in D$ mit $\lim x_n = p$ gelte $\lim_{n \to \infty} f(x_n) = f(p)$. Es ist zu
zeigen: Zu jedem $\varepsilon > 0$ existiert ein $\delta > 0$, so dass

$$|f(x) - f(p)| < \varepsilon \quad \text{für alle } x \in D \text{ mit } |x - p| < \delta.$$

Angenommen, dies sei nicht der Fall. Dann gibt es ein $\varepsilon > 0$, so dass kein $\delta > 0$ existiert mit $|f(x) - f(p)| < \varepsilon$ für alle $x \in D$ mit $|x - p| < \delta$. Es existiert also zu jedem $\delta > 0$ wenigstens ein $x \in D$ mit $|x - p| < \delta$, aber $|f(x) - f(p)| \geqslant \varepsilon$. Insbesondere gibt es dann für jede natürliche Zahl $n \geqslant 1$ ein $x_n \in D$ mit

$$|x_n - p| < \tfrac{1}{n} \quad \text{und} \quad |f(x) - f(p)| \geqslant \varepsilon.$$

Folglich ist $\lim x_n = p$ und daher nach Voraussetzung $\lim f(x_n) = f(p)$. Dies steht aber im Widerspruch zu $|f(x_n) - f(p)| \geqslant \varepsilon$ für alle $n \geqslant 1$.

**Corollar.** *Sei $f\colon D \to \mathbb{R}$ stetig im Punkt $p \in D$ und $f(p) \neq 0$. Dann ist $f(x) \neq 0$ für alle $x$ in einer Umgebung von $p$, d.h. es existiert ein $\delta > 0$, so dass*

$$f(x) \neq 0 \quad \text{für alle } x \in D \text{ mit } |x - p| < \delta.$$

*Beweis.* Zu $\varepsilon := |f(p)| > 0$ existiert nach Satz 3 ein $\delta > 0$, so dass

$$|f(x) - f(p)| < \varepsilon \quad \text{für alle } x \in D \text{ mit } |x - p| < \delta.$$

Daraus folgt $|f(x)| \geqslant |f(p)| - |f(x) - f(p)| > 0$ für alle $x \in D$ mit $|x - p| < \delta$, q.e.d.

**Definition.** Eine Funktion $f\colon D \to \mathbb{R}$ heißt in $D$ *gleichmäßig stetig*, wenn gilt:

Zu jedem $\varepsilon > 0$ existiert ein $\delta > 0$, so dass
$|f(x) - f(x')| < \varepsilon$ für alle $x, x' \in D$ mit $|x - x'| < \delta$.

*Bemerkung.* Eine gleichmäßig stetige Funktion $f\colon D \to \mathbb{R}$ ist in jedem Punkt $p \in D$ stetig. Die Umkehrung gilt aber i.Allg. nicht. Betrachten wir etwa die Funktion

$$f\colon {]0,1]} \to \mathbb{R}\,, \quad x \mapsto \frac{1}{x}\,.$$

Sei $p \in {]0,1]}$ und $\varepsilon > 0$ vorgegeben. Wir setzen

$$\delta := \min\left(\frac{p}{2}, \frac{p^2\varepsilon}{2}\right).$$

Dann gilt für alle $x$ mit $|x - p| < \delta$

$$|f(x) - f(p)| = \left|\frac{1}{x} - \frac{1}{p}\right| = \left|\frac{x - p}{xp}\right| \leqslant \frac{2|x - p|}{p^2} < \frac{2\delta}{p^2} \leqslant \varepsilon.$$

§ 11 Sätze über stetige Funktionen 105

Die Funktion $f$ ist also in $p$ stetig. Sie ist aber in $]0,1]$ nicht gleichmäßig stetig, da man $\delta$ nicht unabhängig von $p$ wählen kann. Wäre $f$ gleichmäßig stetig, gäbe es insbesondere zu $\varepsilon = 1$ ein $\delta > 0$, so dass

$$|f(x) - f(x')| < 1 \quad \text{für alle } x, x' \in \,]0, 1] \text{ mit } |x - x'| < \delta.$$

Es gibt aber ein $n \geqslant 1$ mit

$$\left| \frac{1}{n} - \frac{1}{2n} \right| < \delta \quad \text{und} \quad \left| f\left(\frac{1}{n}\right) - f\left(\frac{1}{2n}\right) \right| = n \geqslant 1.$$

**Satz 4.** *Jede auf einem kompakten Intervall stetige Funktion $f : [a, b] \to \mathbb{R}$ ist dort gleichmäßig stetig.*

*Beweis.* Angenommen, $f$ sei nicht gleichmäßig stetig. Dann gibt es ein $\varepsilon > 0$ derart, dass zu jedem $n \geqslant 1$ Punkte $x_n, x'_n \in [a, b]$ existieren mit

$$|x_n - x'_n| < \frac{1}{n} \quad \text{und} \quad |f(x_n) - f(x'_n)| \geqslant \varepsilon.$$

Nach dem Satz von Bolzano-Weierstraß besitzt die beschränkte Folge $(x_n)$ eine konvergente Teilfolge $(x_{n_k})$. Für ihren Grenzwert gilt (nach §4, Corollar zu Satz 5)

$$\lim_{k \to \infty} x_{n_k} =: p \in [a, b].$$

Wegen $|x_{n_k} - x'_{n_k}| < \frac{1}{n_k}$ ist auch $\lim x'_{n_k} = p$. Da $f$ stetig ist, folgt daraus

$$\lim_{k \to \infty} \left( f(x_{n_k}) - f(x'_{n_k}) \right) = f(p) - f(p) = 0.$$

Dies ist ein Widerspruch zu $\left| f(x_{n_k}) - f(x'_{n_k}) \right| \geqslant \varepsilon$ für alle $k$. Also ist die Annahme falsch und $f$ gleichmäßig stetig.

Eine Folgerung aus der gleichmäßigen Stetigkeit ist der nächste Satz über die Approximierbarkeit stetiger Funktionen durch Treppenfunktionen, den wir später in der Integrationstheorie brauchen.

**Satz 5.** *Sei $f : [a, b] \to \mathbb{R}$ eine stetige Funktion. Dann gibt es zu jedem $\varepsilon > 0$ Treppenfunktionen $\varphi, \psi : [a, b] \to \mathbb{R}$ mit folgenden Eigenschaften:*

a) $\varphi(x) \leqslant f(x) \leqslant \psi(x)$ *für alle $x \in [a, b]$,*

b) $|\varphi(x) - \psi(x)| \leqslant \varepsilon$ *für alle $x \in [a, b]$.*

Das Bild 11.2 veranschaulicht die Aussage von Satz 5.

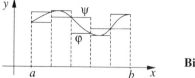

**Bild 11.2**

*Beweis.* Nach Satz 4 ist $f$ gleichmäßig stetig. Zu $\varepsilon > 0$ existiert daher ein $\delta > 0$, so dass

$$|f(x) - f(x')| < \varepsilon \quad \text{für alle } x, x' \in [a, b] \text{ mit } |x - x'| < \delta.$$

Sei $n$ so groß, dass $(b-a)/n < \delta$ und sei

$$t_k := a + k\frac{b-a}{n} \quad \text{für } k = 0, \ldots, n.$$

Wir erhalten so eine (äquidistante) Intervallunterteilung

$$a = t_0 < t_1 < \ldots < t_{n-1} < t_n = b.$$

mit $t_k - t_{k-1} < \delta$. Für $1 \leqslant k \leqslant n$ setzen wir

$$c_k := \sup\{f(x) : t_{k-1} \leqslant x \leqslant t_k\},$$
$$c'_k := \inf\{f(x) : t_{k-1} \leqslant x \leqslant t_k\}.$$

Da nach Satz 2 gilt $c_k = f(\xi_k)$ und $c'_k = f(\xi'_k)$ für gewisse Punkte $\xi_k, \xi'_k \in [t_{k-1}, t_k]$ und $|\xi_k - \xi'_k| < \delta$, folgt

$$|c_k - c'_k| < \varepsilon \quad \text{für alle } k.$$

Wir definieren nun Treppenfunktionen $\varphi, \psi \colon [a, b] \to \mathbb{R}$ wie folgt:

$\varphi(a) := \psi(a) := f(a)$;
$\varphi(x) := c'_k, \quad \psi(x) := c_k \quad \text{für } t_{k-1} < x \leqslant t_k, \quad (1 \leqslant k \leqslant n)$.

Damit sind die Bedingungen a) und b) erfüllt, q.e.d.

## Aufgaben

**11.1.** Es sei $F \colon [a, b] \to \mathbb{R}$ eine stetige Funktion mit $F([a,b]) \subset [a,b]$. Man zeige, dass $F$ mindestens einen Fixpunkt hat, d.h. es ein $x_0 \in [a, b]$ gibt mit $F(x_0) = x_0$.

§ 12   Logarithmus und allgemeine Potenz                                    107

**11.2.** Man zeige, dass die Funktion sqrt: $\mathbb{R}_+ \to \mathbb{R}$ gleichmäßig stetig, die Funktion $f: \mathbb{R}_+ \to \mathbb{R}, f(x) := x^2$, aber nicht gleichmäßig stetig ist.

**11.3.** Eine auf einer Teilmenge $D \subset \mathbb{R}$ definierte Funktion $f: D \to \mathbb{R}$ heißt *Lipschitz-stetig* mit Lipschitz-Konstante $L \in \mathbb{R}_+$ falls

$$|f(x) - f(x')| \leqslant L|x - x'| \quad \text{für alle } x, x' \in D.$$

a) Man zeige: Jede Lipschitz-stetige Funktion $f: D \to \mathbb{R}$ ist gleichmäßig stetig.

b) Die Funktion $f: [0,1] \to \mathbb{R}, x \mapsto \sqrt{x}$ ist gleichmäßig stetig, aber nicht Lipschitz-stetig.

**11.4.** Man konstruiere ein Beispiel einer stetigen und beschränkten Funktion $f: [0, 1[ \to \mathbb{R}$, die nicht gleichmäßig stetig ist.

**11.5.** Sei $f: [a,b] \to \mathbb{R}$ eine stetige Funktion. Der *Stetigkeitsmodul* $\omega_f: \mathbb{R}_+ \to \mathbb{R}$ von $f$ ist wie folgt definiert:

$$\omega_f(\delta) := \sup \left\{ |f(x) - f(x')| : x, x' \in [a,b], |x - x'| \leqslant \delta \right\}.$$

Man beweise:

i) $\omega_f$ ist stetig auf $\mathbb{R}_+$, insbesondere gilt $\lim_{\delta \searrow 0} \omega_f(\delta) = 0$.

ii) Für $0 < \delta \leqslant \delta'$ gilt $\omega_f(\delta) \leqslant \omega_f(\delta')$.

iii) Für alle $\delta, \delta' \in \mathbb{R}_+$ gilt $\omega_f(\delta + \delta') \leqslant \omega_f(\delta) + \omega_f(\delta')$.

# § 12.   **Logarithmus und allgemeine Potenz**

In diesem Paragraphen beweisen wir zunächst einen allgemeinen Satz über Umkehrfunktionen, den wir dann anwenden, um die Wurzeln und den Logarithmus zu definieren. Mithilfe des Logarithmus und der Exponentialfunktion wird dann die allgemeine Potenz $a^x$ mit beliebiger positiver Basis $a$ und reellem Exponenten $x$ definiert.

**Definition** (Monotone Funktionen). Sei $D \subset \mathbb{R}$ und $f: D \to \mathbb{R}$ eine Funktion.

$$f \text{ heißt} \left\{ \begin{array}{c} \text{monoton wachsend} \\ \text{streng monoton wachsend} \\ \text{monoton fallend} \\ \text{streng monoton fallend} \end{array} \right\}, \text{ falls} \left\{ \begin{array}{c} f(x) \leqslant f(x') \\ f(x) < f(x') \\ f(x) \geqslant f(x') \\ f(x) > f(x') \end{array} \right\}$$

für alle $x, x' \in D$ mit $x < x'$.

**Satz 1.** *Sei $D \subset \mathbb{R}$ ein Intervall und $f : D \longrightarrow \mathbb{R}$ eine stetige, streng monoton wachsende (oder fallende) Funktion. Dann bildet $f$ das Intervall $D$ bijektiv auf das Intervall $D' := f(D)$ ab, und die Umkehrfunktion*

$$f^{-1} : D' \longrightarrow \mathbb{R}$$

*ist ebenfalls stetig und streng monoton wachsend (bzw. fallend).*

**Bemerkung.** Die Umkehrfunktion ist genau genommen die Abbildung $f^{-1} : D' \to D$, definiert durch die Eigenschaft

$$f^{-1}(y) = x \quad \Longleftrightarrow \quad f(x) = y.$$

Wir können aber $f^{-1}$ unter Beibehaltung der Bezeichnung auch als Funktion $D' \to \mathbb{R}$ auffassen.

**Vorsicht!** Man verwechsle die Umkehrfunktion nicht mit der Funktion $x \mapsto 1/f(x)$.

*Beweis* von Satz 1. Wir haben bereits in §11 als Folgerung aus dem Zwischenwertsatz bewiesen, dass $D' = f(D)$ wieder ein Intervall ist. Als streng monotone Funktion ist $f$ trivialerweise injektiv, bildet also $D$ bijektiv auf $D'$ ab, und die Umkehrabbildung ist wieder streng monoton (wachsend bzw. fallend). Es ist also nur noch die Stetigkeit von $f^{-1}$ zu beweisen. Wir nehmen an, dass $f$ streng monoton wächst (für streng monoton fallende Funktionen ist der Beweis analog zu führen). Sei $b \in D'$ ein gegebener Punkt und $a := f^{-1}(b)$, d.h. $b = f(a)$. Wir zeigen, dass $f^{-1}$ im Punkt $b$ stetig ist. Wir behandeln zunächst den Fall, dass $b$ weder rechter oder linker Randpunkt von $D'$ ist, also auch $a$ kein Randpunkt von $D$ ist. Sei $\varepsilon > 0$ beliebig vorgegeben. Wir dürfen ohne Beschränkung der Allgemeinheit annehmen, dass $\varepsilon$ so klein ist, dass das Intervall $[a - \varepsilon, a + \varepsilon]$ ganz in $D$ liegt. Sei $b_1 := f(a - \varepsilon)$ und $b_2 := f(a + \varepsilon)$. Dann ist $b_1 < b < b_2$, und $f$ bildet $[a - \varepsilon, a + \varepsilon]$ bijektiv auf das Intervall $[b_1, b_2]$ ab. Sei $\delta := \min(b - b_1, b_2 - b)$. Dann gilt

$$f^{-1}(]b - \delta, b + \delta[) \subset {]a - \varepsilon, a + \varepsilon[},$$

Dies zeigt (nach dem $\varepsilon$-$\delta$-Kriterium), dass $f^{-1}$ in $b$ stetig ist. Ist $b \in D'$ rechter (bzw. linker) Randpunkt, so ist $a = f^{-1}(b)$ rechter (bzw. linker) Randpunkt von $D$ und der Beweis verläuft ähnlich wie oben durch Betrachtung der Abbildung des Intervalls $[a - \varepsilon, a]$ (bzw. $[a, a + \varepsilon]$).

§ 12 Logarithmus und allgemeine Potenz                                              109

**Wurzeln**

**Satz 2 und Definition.** *Sei k eine natürliche Zahl $\geqslant 2$. Die Funktion*

$$f: \mathbb{R}_+ \longrightarrow \mathbb{R}, \quad x \mapsto x^k,$$

*ist streng monoton wachsend und bildet $\mathbb{R}_+$ bijektiv auf $\mathbb{R}_+$ ab. Die Umkehrfunktion*

$$f^{-1}: \mathbb{R}_+ \longrightarrow \mathbb{R}, \quad x \mapsto \sqrt[k]{x},$$

*ist stetig und streng monoton wachsend und wird als k-te Wurzel bezeichnet.*

*Beweis.* Es ist klar, dass $f$ streng monoton wächst und das Intervall $[0, +\infty[$ stetig und bijektiv auf $[0, +\infty[$ abbildet. Somit folgt Satz 2 unmittelbar aus Satz 1.

*Bemerkung.* Falls $k$ ungerade ist, ist die Funktion

$$f: \mathbb{R} \longrightarrow \mathbb{R}, \quad x \mapsto x^k,$$

streng monoton und bijektiv. In diesem Fall kann also die $k$-te Wurzel als Funktion

$$\mathbb{R} \longrightarrow \mathbb{R}, \quad x \mapsto \sqrt[k]{x},$$

auf ganz $\mathbb{R}$ definiert werden.

**Natürlicher Logarithmus**

**Satz 3 und Definition.** *Die Exponentialfunktion* $\exp: \mathbb{R} \to \mathbb{R}$ *ist streng monoton wachsend und bildet $\mathbb{R}$ bijektiv auf $\mathbb{R}_+^*$ ab. Die Umkehrfunktion*

$$\log: \mathbb{R}_+^* \longrightarrow \mathbb{R}$$

*ist stetig und streng mononton wachsend und heißt natürlicher Logarithmus (Bild 12.1). Es gilt die Funktionalgleichung*

$$\log(xy) = \log x + \log y \qquad \text{für alle } x, y \in \mathbb{R}_+^*.$$

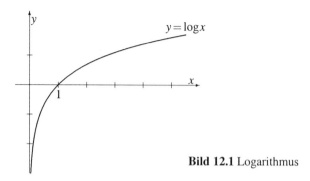

**Bild 12.1** Logarithmus

*Bemerkung.* Statt log ist auch (wie in früheren Auflagen dieses Buches) die Bezeichnung ln gebräuchlich.

*Beweis.* a) Wir zeigen zunächst, dass die Funktion exp streng monoton wächst. Für $\xi > 0$ gilt

$$\exp(\xi) = 1 + \xi + \frac{\xi^2}{2} + \ldots > 1.$$

Sei $x < x'$. Dann ist $\xi := x' - x > 0$, also $\exp(\xi) > 1$. Daraus folgt

$$\exp(x') = \exp(x + \xi) = \exp(x)\exp(\xi) > \exp(x),$$

d.h. exp ist streng monoton wachsend.

b) Für alle $n \in \mathbb{N}$ gilt

$$\exp(n) \geqslant 1 + n$$

und

$$\exp(-n) = \frac{1}{\exp(n)} \leqslant \frac{1}{1+n}.$$

Daraus folgt

$$\lim_{n \to \infty} \exp(n) = \infty \quad \text{und} \quad \lim_{n \to \infty} \exp(-n) = 0.$$

Also gilt $\exp(\mathbb{R}) = ]0, \infty[ = \mathbb{R}_+^*$ und nach Satz 1 ist die Umkehrfunktion $\log: \mathbb{R}_+^* \to \mathbb{R}$ stetig und streng monoton wachsend.

§ 12 Logarithmus und allgemeine Potenz                                        111

c) Zum Beweis der Funktionalgleichung setzen wir $\xi := \log(x)$ und $\eta := \log(y)$. Dann ist nach Definition $\exp(\xi) = x$ und $\exp(\eta) = y$. Aus der Funktionalgleichung der Exponentialfunktion folgt

$$\exp(\xi + \eta) = \exp(\xi)\exp(\eta) = xy.$$

Wieder nach Definition der Umkehrfunktion ist daher

$$\log(xy) = \xi + \eta = \log(x) + \log(y), \quad \text{q.e.d.}$$

**Definition** (Exponentialfunktion zur Basis $a$). Für $a > 0$ sei die Funktion $\exp_a : \mathbb{R} \longrightarrow \mathbb{R}$ definiert durch

$$\exp_a(x) := \exp(x \log a).$$

**Satz 4.** *Die Funktion* $\exp_a : \mathbb{R} \longrightarrow \mathbb{R}$ *ist stetig und es gilt:*

   i) $\exp_a(x + y) = \exp_a(x)\exp_a(y)$ *für alle* $x, y \in \mathbb{R}$.

  ii) $\exp_a(n) = a^n$ *für alle* $n \in \mathbb{Z}$.

 iii) $\exp_a\left(\frac{p}{q}\right) = \sqrt[q]{a^p}$ *für alle* $p \in \mathbb{Z}$ *und* $q \in \mathbb{N}$ *mit* $q \geqslant 2$.

*Beweis.* a) Die Funktion $\exp_a$ ist die Komposition der stetigen Funktionen $x \mapsto x \log a$ und $y \mapsto \exp(y)$, also nach §10, Satz 2, selbst stetig.

b) Die Behauptung i) folgt unmittelbar aus der Funktionalgleichung der Exponentialfunktion. Aus i) ergibt sich, wenn man $y = -x$ setzt, insbesondere

$$\exp_a(-x) = \frac{1}{\exp_a(x)}.$$

c) Durch vollständige Induktion zeigt man

$$\exp_a(nx) = (\exp_a(x))^n \quad \text{für alle} \ \ n \in \mathbb{N} \ \text{und} \ x \in \mathbb{R}.$$

Da $\exp_a(1) = \exp(\log a) = a$ und $\exp_a(-1) = 1/a$, folgt daraus mit $x = 1$ bzw. $x = -1$

$$\exp_a(n) = a^n \quad \text{und} \quad \exp_a(-n) = a^{-n}.$$

Damit ist ii) bewiesen. Weiter ergibt sich

$$a^p = \exp_a(p) = \exp_a\left(q \cdot \frac{p}{q}\right) = \left(\exp_a\left(\frac{p}{q}\right)\right)^q,$$

also durch Ziehen der $q$-ten Wurzel die Behauptung iii).

**Corollar.** *Für alle $a > 0$ gilt $\lim\limits_{n \to \infty} \sqrt[n]{a} = 1$.*

**Beweis.** Dies folgt aus der Stetigkeit der Funktion $\exp_a$:

$$\lim_{n \to \infty} \sqrt[n]{a} = \lim_{n \to \infty} \exp_a\left(\frac{1}{n}\right) = \exp_a(0) = 1.$$

**Bezeichnung.** Satz 4 rechtfertigt die Bezeichnung

$$a^x := \exp_a(x) = \exp(x \log a).$$

Da $\log e = 1$, ist insbesondere $e^x = \exp(x) = \exp_e(x)$.

Die für ganzzahlige Potenzen bekannten Rechenregeln gelten auch für die allgemeine Potenz.

**Satz 5.** *Für alle $a, b \in \mathbb{R}_+^*$ und $x, y \in \mathbb{R}$ gilt:*

i)   $a^x a^y = a^{x+y}$,

ii)  $(a^x)^y = a^{xy}$,

iii) $a^x b^x = (ab)^x$,

iv)  $(1/a)^x = a^{-x}$.

**Beweis.** Die Regel i) ist nur eine andere Schreibweise von Satz 4 i).

Zu ii) Da $a^x = \exp(x \log a)$, ist $\log(a^x) = x \log a$, also

$$(a^x)^y = \exp(y \log(a^x)) = \exp(yx \log a) = a^{xy}.$$

Die Behauptungen iii) und iv) sind ebenso einfach zu beweisen.

Wir zeigen jetzt, dass die Funktionalgleichung $a^{x+y} = a^x a^y$ charakteristisch für die allgemeine Potenz ist.

**Satz 6.** *Sei $F: \mathbb{R} \longrightarrow \mathbb{R}$ eine stetige Funktion mit*

$$F(x+y) = F(x)F(y) \quad \text{für alle } x, y \in \mathbb{R}.$$

*Dann ist entweder $F(x) = 0$ für alle $x \in \mathbb{R}$ oder es ist $a := F(1) > 0$ und*

$$F(x) = a^x \quad \text{für alle } x \in \mathbb{R}.$$

**Beweis.** Da $F(1) = F(\frac{1}{2})^2$, gilt in jedem Fall $F(1) \geqslant 0$.

a) Setzen wir zunächst voraus, dass $a := F(1) > 0$. Da

$$a = F(1+0) = F(1)F(0) = aF(0),$$

§ 12 Logarithmus und allgemeine Potenz 113

folgt daraus $F(0) = 1$. Man beweist nun wie in Satz 4 allein mithilfe der Funktionalgleichung

$$F(n) = a^n \quad \text{für alle } n \in \mathbb{Z},$$
$$F\left(\tfrac{p}{q}\right) = \sqrt[q]{a^p} \quad \text{für alle } p \in \mathbb{Z} \text{ und } q \in \mathbb{N} \text{ mit } q \geqslant 2.$$

Es gilt also $F(x) = a^x$ für alle rationalen Zahlen $x$. Sei nun $x$ eine beliebige reelle Zahl. Dann gibt es eine Folge $(x_n)_{n \in \mathbb{N}}$ rationaler Zahlen mit $\lim_{n \to \infty} x_n = x$. Wegen der Stetigkeit der Funktionen $F$ und $\exp_a$ folgt daraus

$$F(x) = \lim_{n \to \infty} F(x_n) = \lim_{n \to \infty} a^{x_n} = a^x.$$

b) Es bleibt noch der Fall $F(1) = 0$ zu untersuchen. Wir haben zu zeigen, dass dann $F(x) = 0$ für alle $x \in \mathbb{R}$. Dies sieht man so:

$$F(x) = F(1 + (x-1)) = F(1)F(x-1) = 0 \cdot F(x-1) = 0, \quad \text{q.e.d.}$$

*Bemerkung.* Die Definition $a^x := \exp(x \log a)$ mag zunächst künstlich erscheinen. Wenn man aber die Definition so treffen will, dass $a^{x+y} = a^x a^y$ für alle $x, y \in \mathbb{R}$ sowie $a^1 = a$, und dass $a^x$ stetig von $x$ abhängt, so sagt Satz 6, dass notwendig $a^x = \exp(x \log a)$ ist.

**Berechnung einiger Grenzwerte**

Wir beweisen jetzt einige wichtige Aussagen über das Verhalten des Logarithmus und der Potenzfunktionen für $x \to \infty$ und $x \to 0$.

**(12.1)** Für alle $k \in \mathbb{N}$ gilt $\lim\limits_{x \to \infty} \dfrac{e^x}{x^k} = \infty$.

Man drückt dies auch so aus: $e^x$ wächst für $x \to \infty$ schneller gegen Unendlich, als jede Potenz von $x$.

*Beweis.* Für alle $x > 0$ ist

$$e^x = \sum_{n=0}^{\infty} \frac{x^n}{n!} > \frac{x^{k+1}}{(k+1)!},$$

also $\dfrac{e^x}{x^k} > \dfrac{x}{(k+1)!}$. Daraus folgt die Behauptung.

**(12.2)** Für alle $k \in \mathbb{N}$ gilt

$$\lim_{x \to \infty} x^k e^{-x} = 0 \qquad \text{und} \qquad \lim_{x \searrow 0} x^k e^{1/x} = \infty.$$

114                                          § 12 Logarithmus und allgemeine Potenz

*Beweis.* Die erste Aussage folgt aus (12.1), da $x^k e^{-x} = \left(\frac{e^x}{x^k}\right)^{-1}$. Die zweite
Aussage folgt ebenfalls aus (12.1), denn

$$\lim_{x \searrow 0} x^k e^{1/x} = \lim_{y \to \infty} \left(\frac{1}{y}\right)^k e^y = \lim_{y \to \infty} \frac{e^y}{y^k} = \infty.$$

**(12.3)**   $\displaystyle\lim_{x \to \infty} \log x = \infty$   und   $\displaystyle\lim_{x \searrow 0} \log x = -\infty.$

*Beweis.* Sei $K \in \mathbb{R}$ beliebig vorgegeben. Da die Funktion $\log$ streng monoton
wächst, gilt $\log x > K$ für alle $x > e^K$. Also ist $\lim_{x \to \infty} \log x = \infty$. Daraus folgt
die zweite Behauptung, da

$$\lim_{x \searrow 0} \log x = \lim_{y \to \infty} \log(1/y) = -\lim_{y \to \infty} \log y = -\infty.$$

**(12.4)** Für jede reelle Zahl $\alpha > 0$ gilt

$$\lim_{x \searrow 0} x^\alpha = 0 \qquad \text{und} \qquad \lim_{x \searrow 0} x^{-\alpha} = \infty.$$

*Beweis.* Sei $(x_n)_{n \in \mathbb{N}}$ eine Folge reeller Zahlen mit $x_n > 0$ und $\lim_{n \to \infty} x_n = 0$. Mit
(12.3) folgt

$$\lim_{n \to \infty} \alpha \log x_n = -\infty.$$

Da nach (12.2) gilt $\lim_{y \to -\infty} e^y = 0$, folgt

$$\lim_{n \to \infty} x_n^\alpha = \lim_{n \to \infty} e^{\alpha \log x_n} = 0,$$

also $\lim_{x \searrow 0} x^\alpha = 0$. Die zweite Behauptung gilt wegen $x^{-\alpha} = \dfrac{1}{x^\alpha}$.

*Bemerkung.* Wegen (12.4) definiert man

$$0^\alpha := 0 \quad \text{für alle } \alpha > 0.$$

Man erhält dann eine auf ganz $\mathbb{R}_+ = [0, \infty[$ stetige Funktion

$$\mathbb{R}_+ \longrightarrow \mathbb{R}, \quad x \mapsto x^\alpha.$$

**(12.5)** Für alle $\alpha > 0$ gilt   $\displaystyle\lim_{x \to \infty} \frac{\log x}{x^\alpha} = 0.$

Anders ausgedrückt: Der Logarithmus wächst für $x \to \infty$ langsamer gegen
Unendlich, als jede positive Potenz von $x$.

§ 12 Logarithmus und allgemeine Potenz  115

*Beweis.* Sei $(x_n)$ eine Folge positiver Zahlen mit $\lim x_n = \infty$. Für die Folge $y_n := \alpha \log x_n$ gilt wegen (12.3) dann ebenfalls $\lim y_n = \infty$. Da $x_n^\alpha = e^{y_n}$, erhalten wir unter Verwendung von (12.2)

$$\lim_{n \to \infty} \frac{\log x_n}{x_n^\alpha} = \lim_{n \to \infty} \frac{1}{\alpha} y_n e^{-y_n} = 0, \quad \text{q.e.d.}$$

**(12.6)** Für alle $\alpha > 0$ gilt $\quad \lim_{x \searrow 0} x^\alpha \log x = 0$.

Dies folgt aus (12.5), da $x^\alpha \log x = -\dfrac{\log(1/x)}{(1/x)^\alpha}$.

**(12.7)** $\quad \lim_{\substack{x \to 0 \\ x \neq 0}} \dfrac{e^x - 1}{x} = 1$.

*Beweis.* Nach §8, Satz 2, gilt

$$|e^x - (1+x)| \leqslant |x|^2 \quad \text{für } |x| \leqslant \tfrac{3}{2}.$$

Division durch $|x|$ ergibt für $0 < |x| \leqslant \tfrac{3}{2}$

$$\left| \frac{e^x - 1}{x} - 1 \right| = \left| \frac{e^x - (1+x)}{x} \right| \leqslant |x|.$$

Daraus folgt die Behauptung.

## Die Landau-Symbole $O$ und $o$

E. Landau hat zum Vergleich des Wachstums von Funktionen suggestive Bezeichnungen eingeführt, die wir jetzt vorstellen. Gegeben seien zwei Funktionen

$$f, g \colon ]a, \infty[ \longrightarrow \mathbb{R}$$

Dann schreibt man

$$f(x) = o(g(x)) \quad \text{für } x \to \infty,$$

(gesprochen: $f(x)$ gleich klein-oh von $g(x)$), wenn zu jedem $\varepsilon > 0$ ein $R > a$ existiert, so dass

$$|f(x)| \leqslant \varepsilon |g(x)| \quad \text{für alle } x \geqslant R.$$

Ist $g(x) \neq 0$ für $x \geqslant R_0$, so ist dies äquivalent zu

$$\lim_{x \to \infty} \frac{f(x)}{g(x)} = 0.$$

**116**                                   § 12 Logarithmus und allgemeine Potenz

Die Bedingung $f(x) = o(g(x))$ sagt also anschaulich, dass $f$ asymptotisch für
$x \to \infty$ im Vergleich zu $g$ verschwindend klein ist. Damit lässt sich z.B. nach
(12.2) und (12.5) schreiben

$$e^{-x} = o(x^{-n}) \qquad \text{für } x \to \infty$$

für alle $n \in \mathbb{N}$ und

$$\log x = o(x^{\alpha}), \qquad (\alpha > 0, \; x \to \infty).$$

Man beachte jedoch, dass das Gleichheitszeichen in $f(x) = o(g(x))$ nicht eine
Gleichheit von Funktionen bedeutet, sondern nur eine Eigenschaft der Funktion $f$ im Vergleich zu $g$ ausdrückt. So folgt natürlich aus $f_1(x) = o(g(x))$ und
$f_2(x) = o(g(x))$ nicht, dass $f_1 = f_2$, aber z.B.

$$f_1(x) - f_2(x) = o(g(x)) \quad \text{und} \quad f_1(x) + f_2(x) = o(g(x)).$$

Das Symbol $O$ ist für zwei Funktionen $f, g : ]a, \infty[ \to \mathbb{R}$ so definiert: Man
schreibt

$$f(x) = O(g(x)) \qquad \text{für } x \to \infty,$$

wenn Konstanten $K \in \mathbb{R}_+$ und $R > a$ existieren, so dass

$$|f(x)| \leqslant K|g(x)| \qquad \text{für alle } x \geqslant R.$$

Falls $g(x) \neq 0$ für $x \geqslant R_0$, ist dies äquivalent mit

$$\limsup_{x \to \infty} \left| \frac{f(x)}{g(x)} \right| < \infty.$$

Anschaulich bedeutet das, dass asymptotisch für $x \to \infty$ die Funktion $f$ höchstens
von gleicher Größenordnung wie $g$ ist. Z.B. gilt für jedes Polynom $n$-ten Grades

$$P(x) = a_0 + a_1 x + \ldots a_{n-1} x^{n-1} + a_n x^n,$$

dass $P(x) = O(x^n)$ für $x \to \infty$.

Die Landau-Symbole $o$ und $O$ sind nicht nur für den Grenzübergang
$x \to \infty$, sondern auch für andere Grenzübergänge $x \to x_0$ definiert. Seien etwa
$f, g : D \to \mathbb{R}$ zwei auf der Teilmenge $D \subset \mathbb{R}$ definierte Funktionen und $x_0$ ein
Berührpunkt von $D$. Dann schreibt man

$$f(x) = o(g(x)) \qquad \text{für } x \to x_0, \; x \in D,$$

falls zu jedem $\varepsilon > 0$ ein $\delta > 0$ existiert, so dass

$$|f(x)| \leqslant \varepsilon |g(x)| \qquad \text{für alle } x \in D \text{ mit } |x - x_0| < \delta.$$

§ 12 Logarithmus und allgemeine Potenz 117

Falls $g(x) \neq 0$ in $D$, ist dies wieder gleichbedeutend mit

$$\lim_{\substack{x \to x_0 \\ x \in D}} \frac{f(x)}{g(x)} = 0.$$

Damit schreibt sich (12.6) als

$$\log x = o\left(\frac{1}{x^\alpha}\right) \qquad (\alpha > 0,\, x \searrow 0),$$

und aus (12.2) folgt für alle $n \in \mathbb{N}$

$$e^{-1/x} = o(x^n) \qquad \text{für } x \searrow 0.$$

Manchmal ist folgende Erweiterung der Schreibweise nützlich:

$$f_1(x) = f_2(x) + o(g(x)) \qquad \text{für } x \to x_0$$

bedeute $f_1(x) - f_2(x) = o(g(x))$. Sei beispielsweise $f \colon D \to \mathbb{R}$ eine Funktion und $x_0 \in D$. Dann ist

$$f(x) = f(x_0) + o(1) \qquad \text{für } x \to x_0$$

gleichbedeutend mit $\lim_{x \to x_0}(f(x) - f(x_0)) = 0$, also mit der Stetigkeit von $f$ in $x_0$. Analoge Schreibweisen führt man für das Symbol $O$ ein. Z.B. gilt, vgl. (12.7),

$$e^x = 1 + x + O(x^2) \qquad \text{für } x \to 0.$$

## AUFGABEN

**12.1.** Man zeige: Die Funktion $\exp_a \colon \mathbb{R} \longrightarrow \mathbb{R}$, $x \mapsto a^x$, ist für $a > 1$ streng monoton wachsend und für $0 < a < 1$ streng monoton fallend. In beiden Fällen wird $\mathbb{R}$ bijektiv auf $\mathbb{R}_+^*$ abgebildet. Die Umkehrfunktion

$$^a\!\log : \mathbb{R}_+^* \longrightarrow \mathbb{R}$$

(Logarithmus zur Basis $a$) ist stetig und es gilt

$$^a\!\log x = \frac{\log x}{\log a} \qquad \text{für alle } x \in \mathbb{R}_+^*.$$

**12.2.** Man zeige: Die Funktion $\sinh$ bildet $\mathbb{R}$ bijektiv auf $\mathbb{R}$ ab; die Funktion $\cosh$ bildet $\mathbb{R}_+$ bijektiv auf $[1, \infty[$ ab. (Die Funktionen $\sinh$ und $\cosh$ wurden in Aufgabe 10.1 definiert.) Für die Umkehrfunktionen

$$\text{Ar}\sinh : \mathbb{R} \longrightarrow \mathbb{R} \qquad (\text{Area sinus hyperbolici}),$$
$$\text{Ar}\cosh : [1, \infty[ \longrightarrow \mathbb{R} \qquad (\text{Area cosinus hyperbolici})$$

gelten die Beziehungen

$$\operatorname{Ar\,sinh} x = \log(x + \sqrt{x^2 + 1}),$$
$$\operatorname{Ar\,cosh} x = \log(x + \sqrt{x^2 - 1}).$$

**12.3.** Sei $D \subset \mathbb{R}$ ein Intervall und $f: D \longrightarrow \mathbb{R}$ eine streng monotone Funktion (nicht notwendig stetig). Sei $D' := f(D)$. Man beweise: Die Umkehrfunktion $f^{-1}: D' \longrightarrow D \subset \mathbb{R}$ ist stetig.

**12.4.** Man beweise: $\lim\limits_{x \searrow 0} x^x = 1$ und $\lim\limits_{n \to \infty} \sqrt[n]{n} = 1$.

**12.5.** Sei $a > 0$. Die Folgen $(x_n)$ und $(y_n)$ seien definiert durch

$$x_0 := a, \quad x_{n+1} := \sqrt{x_n},$$
$$y_n := 2^n(x_n - 1).$$

Man beweise $\lim\limits_{n \to \infty} y_n = \log a$.

*Hinweis.* Man verwende $\lim\limits_{x \to 0} \dfrac{e^x - 1}{x} = 1$.

**12.6.** Man bestimme alle stetigen Funktionen, die folgenden Funktionalgleichungen genügen:

  i)   $f: \mathbb{R} \longrightarrow \mathbb{R}, \quad f(x + y) = f(x) + f(y),$

  ii)   $g: \mathbb{R}_+^* \longrightarrow \mathbb{R}, \quad g(xy) = g(x) + g(y),$

 iii)   $h: \mathbb{R}_+^* \longrightarrow \mathbb{R}, \quad h(xy) = h(x)h(y).$

**12.7.** Seien $f_1, f_2, g_1, g_2 : ]a, \infty[ \longrightarrow \mathbb{R}$ Funktionen mit

$$f_1(x) = o(g_1(x)) \quad \text{und} \quad f_2(x) = O(g_2(x)) \qquad \text{für } x \to \infty.$$

Man zeige $f_1(x)f_2(x) = o(g_1(x)g_2(x))$ für $x \to \infty$.

**12.8.** Man zeige: Für alle $n \in \mathbb{N}$ und alle $\alpha > 0$ gilt für $x \to \infty$:

  i)   $x(\log x)^n = o(x^{1+\alpha})$,

  ii)   $x^n = o(e^{\sqrt{x}})$,

 iii)   $e^{\sqrt{x}} = o(e^{\alpha x})$.

**12.9.** Man beweise:

$$\log(1 + x) = x + o(|x|) \quad \text{für } x \to 0.$$

§ 13 Die Exponentialfunktion im Komplexen 119

# § 13. Die Exponentialfunktion im Komplexen

Wir wollen im nächsten Paragraphen die trigonometrischen Funktionen vermöge der Eulerschen Formel $e^{ix} = \cos x + i \sin x$ einführen. Zu diesem Zweck brauchen wir die Exponentialfunktion für komplexe Argumente. Sie ist wie im Reellen durch die Exponentialreihe definiert. Dazu müssen wir einige Sätze über die Konvergenz von Folgen und Reihen ins Komplexe übertragen, was eine gute Gelegenheit zur Wiederholung dieser Begriffe gibt.

**Der Körper der komplexen Zahlen**

Die Menge $\mathbb{R} \times \mathbb{R}$ aller (geordneten) Paare reeller Zahlen bildet zusammen mit der Addition und Multiplikation

$$(x_1, y_1) + (x_2, y_2) := (x_1 + x_2, y_1 + y_2),$$
$$(x_1, y_1) \cdot (x_2, y_2) := (x_1 x_2 - y_1 y_2, x_1 y_2 + y_1 x_2),$$

einen Körper. Das Nullelement ist $(0,0)$, das Einselement $(1,0)$. Das Inverse eines Elements $(x, y) \neq (0,0)$ ist

$$(x, y)^{-1} = \left( \frac{x}{x^2 + y^2}, \frac{-y}{x^2 + y^2} \right).$$

Man prüft leicht alle Körper-Axiome nach. Nur die Verifikation des Assoziativ-Gesetzes der Multiplikation und des Distributiv-Gesetzes erfordert eine etwas längere (aber einfache) Rechnung. Wir führen dies für das Assoziativ-Gesetz durch:

$$((x_1, y_1)(x_2, y_2))(x_3, y_3) = (x_1 x_2 - y_1 y_2, x_1 y_2 + y_1 x_2)(x_3, y_3) =$$
$$((x_1 x_2 - y_1 y_2)x_3 - (x_1 y_2 + y_1 x_2)y_3, (x_1 x_2 - y_1 y_2)y_3 + (x_1 y_2 + y_1 x_2)x_3).$$

Andrerseits ist

$$(x_1, y_1)((x_2, y_2)(x_3, y_3)) = (x_1, y_1)(x_2 x_3 - y_2 y_3, x_2 y_3 + y_2 x_3) =$$
$$(x_1(x_2 x_3 - y_2 y_3) - y_1(x_2 y_3 + y_2 x_3), x_1(x_2 y_3 + y_2 x_3) + y_1(x_2 x_3 - y_2 y_3)).$$

Aufgrund des Assoziativ- und Distributiv-Gesetzes für den Körper $\mathbb{R}$ sieht man, dass beide Ausdrücke gleich sind.

Der entstandene Körper heißt Körper der komplexen Zahlen und wird mit $\mathbb{C}$ bezeichnet. Für die speziellen komplexen Zahlen der Gestalt $(x, 0)$ gilt

$$(x_1, 0) + (x_2, 0) = (x_1 + x_2, 0),$$
$$(x_1, 0) \cdot (x_2, 0) = (x_1 x_2, 0),$$

sie werden also genau so wie die entsprechenden reellen Zahlen addiert und multipliziert; wir dürfen deshalb die reelle Zahl $x$ mit der komplexen Zahl $(x,0)$ identifizieren. $\mathbb{R}$ wird so eine Teilmenge von $\mathbb{C}$. Eine wichtige komplexe Zahl ist die sog. *imaginäre Einheit* $i := (0,1)$; für sie gilt

$$i^2 = (0,1)(0,1) = (-1,0) = -1,$$

sie löst also die Gleichung $z^2 + 1 = 0$ in $\mathbb{C}$. Mithilfe von $i$ erhält man die gebräuchliche Schreibweise für die komplexen Zahlen

$$z = (x,y) = (x,0) + (0,1)(y,0) = x + iy, \quad x,y \in \mathbb{R}.$$

Man veranschaulicht sich die komplexen Zahlen in der *Gauß'schen Zahlenebene* (Bild 13.1). Die Addition zweier komplexer Zahlen wird dann die gewöhnliche Vektoraddition (Bild 13.2). Eine geometrische Deutung der Multiplikation werden wir im nächsten Paragraphen kennenlernen.

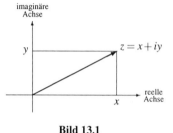

**Bild 13.1**            **Bild 13.2**

Für eine komplexe Zahl $z = x + iy$, $(x, y \in \mathbb{R})$, werden *Realteil* und *Imaginärteil* wie folgt definiert:

$$\text{Re}(z) := x, \quad \text{und} \quad \text{Im}(z) := y.$$

Zwei komplexe Zahlen $z, z'$ sind also genau dann gleich, wenn

$$\text{Re}(z) = \text{Re}(z') \quad \text{und} \quad \text{Im}(z) = \text{Im}(z').$$

*Komplexe Konjugation.* Für eine komplexe Zahl $z = x + iy$, $(x, y \in \mathbb{R})$, definiert man die konjugiert komplexe Zahl durch

$$\bar{z} := x - iy.$$

In der Gauß'schen Zahlenebene entsteht $\bar{z}$ aus $z$ durch Spiegelung an der reellen Achse. Offenbar gilt $\bar{z} = z$ genau dann, wenn $z$ reell ist. Aus der Definition folgt

$$\text{Re}(z) = \tfrac{1}{2}(z + \bar{z}), \quad \text{Im}(z) = \tfrac{1}{2i}(z - \bar{z}).$$

## § 13 Die Exponentialfunktion im Komplexen 121

Einfach nachzurechnen sind folgende Rechenregeln für die Konjugation: Für alle $z, w \in \mathbb{C}$ gilt

a) $\overline{\overline{z}} = z$,
b) $\overline{z + w} = \overline{z} + \overline{w}$,
c) $\overline{z \cdot w} = \overline{z} \cdot \overline{w}$.

**Betrag** einer komplexen Zahl. Sei $z = x + iy \in \mathbb{C}$. Dann ist

$$z\overline{z} = (x + iy)(x - iy) = x^2 + y^2$$

eine nicht-negative reelle Zahl. Man setzt

$$|z| := \sqrt{z\overline{z}} \in \mathbb{R}_+.$$

$|z|$ heißt der Betrag von $z$. Da $|z| = \sqrt{x^2 + y^2}$, ist der Betrag von $z$ gleich dem Abstand des Punktes $z$ vom Nullpunkt der Gauß'schen Zahlenebene bzgl. der gewöhnlichen euklidischen Metrik.

Für $z \in \mathbb{R}$ stimmt der Betrag mit dem Betrag für reelle Zahlen überein. Für alle $z \in \mathbb{C}$ gilt $|z| = |\overline{z}|$.

**Satz 1.** *Der Betrag in $\mathbb{C}$ hat folgende Eigenschaften:*

a) *Es ist $|z| \geqslant 0$ für alle $z \in \mathbb{C}$ und*
$$|z| = 0 \iff z = 0.$$

b) (Multiplikativität)
$$|z_1 z_2| = |z_1| \cdot |z_2| \quad \text{für alle } z_1, z_2 \in \mathbb{C}.$$

c) (Dreiecks-Ungleichung)
$$|z_1 + z_2| \leqslant |z_1| + |z_2| \quad \text{für alle } z_1, z_2 \in \mathbb{C}.$$

*Bemerkungen.* Satz 1 sagt, dass $\mathbb{C}$ durch den Betrag $z \mapsto |z|$ zu einem bewerteten Körper wird, vgl. die Bemerkung zu §3, Satz 1.

Die Dreiecks-Ungleichung drückt aus, dass in dem Dreieck mit den Ecken $0, z_1, z_1 + z_2$ (vgl. Bild 13.2) die Länge der Seite von 0 nach $z_1 + z_2$ kleinergleich der Summe der Längen der beiden anderen Seiten ist.

*Beweis von Satz 1.* Die Behauptung a) ist trivial.

Zu b) Nach Definition des Betrages ist

$$|z_1 z_2|^2 = (z_1 z_2)(\overline{z_1 z_2}) = z_1 z_2 \overline{z_1} \overline{z_2} = (z_1 \overline{z_1})(z_2 \overline{z_2}) = |z_1|^2 |z_2|^2.$$

Indem man die Wurzel zieht, erhält man die Behauptung.

122　　　　　　　　　　　　§ 13 Die Exponentialfunktion im Komplexen

Zu c) Da für jede komplexe Zahl gilt $\mathrm{Re}(z) \leqslant |z|$, folgt

$$\mathrm{Re}(z_1 \bar{z}_2) \leqslant |z_1 \bar{z}_2| = |z_1||\bar{z}_2| = |z_1||z_2|.$$

Nun ist

$$\begin{aligned}
|z_1 + z_2|^2 &= (z_1 + z_2)(\bar{z}_1 + \bar{z}_2) = z_1\bar{z}_1 + z_1\bar{z}_2 + z_2\bar{z}_1 + z_2\bar{z}_2 \\
&= |z_1|^2 + 2\mathrm{Re}(z_1\bar{z}_2) + |z_2|^2 \\
&\leqslant |z_1|^2 + 2|z_1||z_2| + |z_2|^2 = (|z_1| + |z_2|)^2,
\end{aligned}$$

also $|z_1 + z_2| \leqslant |z_1| + |z_2|$, q.e.d.

Wir übertragen nun die wichtigsten Begriffe und Sätze aus §4, §5, §7 über Konvergenz auf Folgen und Reihen komplexer Zahlen.

**Definition.** Eine Folge $(c_n)_{n\in\mathbb{N}}$ komplexer Zahlen heißt *konvergent* gegen eine komplexe Zahl $c$, falls zu jedem $\varepsilon > 0$ ein $N \in \mathbb{N}$ existiert, so dass

$$|c_n - c| < \varepsilon \quad \text{für alle } n \geqslant N.$$

Wir schreiben dann $\lim_{n\to\infty} c_n = c$.

**Satz 2.** *Sei $(c_n)_{n\in\mathbb{N}}$ eine Folge komplexer Zahlen. Die Folge konvergiert genau dann, wenn die beiden reellen Folgen $(\mathrm{Re}(c_n))_{n\in\mathbb{N}}$ und $(\mathrm{Im}(c_n))_{n\in\mathbb{N}}$ konvergieren. Im Falle der Konvergenz gilt*

$$\lim_{n\to\infty} c_n = \lim_{n\to\infty} \mathrm{Re}(c_n) + i \lim_{n\to\infty} \mathrm{Im}(c_n).$$

*Beweis.* Wir setzen $c_n = a_n + ib_n$, wobei $a_n, b_n \in \mathbb{R}$.

a) Die Folge $(c_n)_{n\in\mathbb{N}}$ konvergiere gegen $c = a + ib$, $a, b \in \mathbb{R}$. Dann existiert zu jedem $\varepsilon > 0$ ein $N \in \mathbb{N}$, so dass

$$|c_n - c| < \varepsilon \quad \text{für alle } n \geqslant N.$$

Daraus folgt für alle $n \geqslant N$

$$\begin{aligned}
|a_n - a| &= |\mathrm{Re}(c_n - c)| \leqslant |c_n - c| < \varepsilon, \\
|b_n - b| &= |\mathrm{Im}(c_n - c)| \leqslant |c_n - c| < \varepsilon.
\end{aligned}$$

Also konvergieren die beiden Folgen $(a_n)$ und $(b_n)$ gegen $a = \mathrm{Re}(c)$ bzw. $b = \mathrm{Im}(c)$.

b) Sei jetzt umgekehrt vorausgesetzt, dass die beiden Folgen $(a_n)$ und $(b_n)$ gegen $a$ bzw. $b$ konvergieren. Zu vorgegebenem $\varepsilon > 0$ existieren dann $N_1, N_2 \in \mathbb{N}$, so dass

$$|a_n - a| < \frac{\varepsilon}{2} \quad \text{für } n \geqslant N_1 \quad \text{und} \quad |b_n - b| < \frac{\varepsilon}{2} \quad \text{für } n \geqslant N_2.$$

§ 13 Die Exponentialfunktion im Komplexen    123

Sei $c := a + ib$ und $N := \max(N_1, N_2)$. Dann gilt für alle $n \geqslant N$

$$|c_n - c| = |(a_n - a) + i(b_n - b)| \leqslant |a_n - a| + |b_n - b| < \frac{\varepsilon}{2} + \frac{\varepsilon}{2} = \varepsilon.$$

Also konvergiert die Folge $(c_n)$ gegen $c = a + ib$.

**Corollar.** *Sei $(c_n)_{n \in \mathbb{N}}$ eine konvergente Folge komplexer Zahlen. Dann konvergiert auch die konjugiert-komplexe Folge $(\bar{c}_n)_{n \in \mathbb{N}}$ und es gilt*

$$\lim_{n \to \infty} \bar{c}_n = \overline{\lim_{n \to \infty} c_n}.$$

*Beweis.* Dies folgt daraus, dass $\operatorname{Re}(\bar{c}_n) = \operatorname{Re}(c_n)$ und $\operatorname{Im}(\bar{c}_n) = -\operatorname{Im}(c_n)$.

**Definition.** Eine Folge komplexer Zahlen heißt *Cauchy-Folge*, wenn zu jedem $\varepsilon > 0$ ein $N \in \mathbb{N}$ existiert, so dass

$$|c_n - c_m| < \varepsilon \qquad \text{für alle } n, m \geqslant N.$$

Man beachte, dass diese Definition völlig mit der entsprechenden Definition für reelle Folgen aus §5 übereinstimmt.

Ähnlich wie Satz 2 beweist man

**Satz 3.** *Eine Folge $(c_n)_{n \in \mathbb{N}}$ komplexer Zahlen ist genau dann eine Cauchy-Folge, wenn die beiden reellen Folgen $(\operatorname{Re}(c_n))_{n \in \mathbb{N}}$ und $(\operatorname{Im}(c_n))_{n \in \mathbb{N}}$ Cauchy-Folgen sind.*

Da in $\mathbb{R}$ jede Cauchy-Folge konvergiert, folgt daraus

**Satz 4.** *In $\mathbb{C}$ konvergiert jede Cauchy-Folge.*

*Bemerkung.* Satz 4 besagt, dass $\mathbb{C}$ ein *vollständiger*, bewerteter Körper ist.

**Satz 5.** *Seien $(c_n)_{n \in \mathbb{N}}$ und $(d_n)_{n \in \mathbb{N}}$ konvergente Folgen komplexer Zahlen. Dann konvergieren auch die Summenfolge $(c_n + d_n)_{n \in \mathbb{N}}$ und die Produktfolge $(c_n d_n)_{n \in \mathbb{N}}$ und es gilt*

$$\lim_{n \to \infty} (c_n + d_n) = \left( \lim_{n \to \infty} c_n \right) + \left( \lim_{n \to \infty} d_n \right),$$
$$\lim_{n \to \infty} (c_n d_n) = \left( \lim_{n \to \infty} c_n \right) \left( \lim_{n \to \infty} d_n \right).$$

*Ist außerdem $\lim d_n \neq 0$, so gilt $d_n \neq 0$ für $n \geqslant n_0$ und die Folge $(c_n/d_n)_{n \geqslant n_0}$ konvergiert. Für ihren Grenzwert gilt*

$$\lim_{n \to \infty} \frac{c_n}{d_n} = \frac{\lim c_n}{\lim d_n}.$$

Der Beweis kann fast wörtlich aus §4 (Satz 3 und 4) übernommen werden.

**Definition.** Eine Reihe $\sum_{n=0}^{\infty} c_n$ komplexer Zahlen heißt *konvergent*, wenn die Folge der Partialsummen $s_n := \sum_{k=0}^{n} c_k$, $n \in \mathbb{N}$, konvergiert. Sie heißt *absolut konvergent*, wenn die Reihe $\sum_{n=0}^{\infty} |c_n|$ der Absolut-Beträge konvergiert.

Das Majoranten- und das Quotienten-Kriterium für komplexe Zahlen können genau so wie im reellen Fall (siehe §7) bewiesen werden.

**Majoranten-Kriterium.** *Sei $\sum a_n$ eine konvergente Reihe nicht-negativer reeller Zahlen $a_n$. Weiter sei $(c_n)_{n \in \mathbb{N}}$ eine Folge komplexer Zahlen mit $|c_n| \leqslant a_n$ für alle $n \in \mathbb{N}$. Dann konvergiert die Reihe $\sum_{n=0}^{\infty} c_n$ absolut.*

**Quotienten-Kriterium.** *Sei $\sum_{n=0}^{\infty} c_n$ eine Reihe komplexer Zahlen mit $c_n \neq 0$ für $n \geqslant n_0$. Es gebe ein $\theta \in \mathbb{R}$ mit $0 < \theta < 1$, so dass*

$$\left| \frac{c_{n+1}}{c_n} \right| \leqslant \theta \qquad \text{für alle } n \geqslant n_0.$$

*Dann konvergiert die Reihe $\sum_{n=0}^{\infty} c_n$ absolut.*

**Satz 6.** *Für jedes $z \in \mathbb{C}$ ist die Exponentialreihe*

$$\exp(z) := \sum_{n=0}^{\infty} \frac{z^n}{n!}$$

*absolut konvergent.*

*Beweis.* Sei $z \neq 0$. Mit $c_n := z^n/n!$ gilt für alle $n \geqslant 2|z|$

$$\left| \frac{c_{n+1}}{c_n} \right| = \left| \frac{z^{n+1}}{(n+1)!} \cdot \frac{n!}{z^n} \right| = \frac{|z|}{n+1} \leqslant \frac{1}{2}.$$

Die Behauptung folgt deshalb aus dem Quotienten-Kriterium.

Wie in §8, Satz 2, zeigt man die

**Abschätzung des Restglieds.** Es gilt

$$\exp(z) = \sum_{n=0}^{N} \frac{z^n}{n!} + R_{N+1}(z),$$

wobei $|R_{N+1}(z)| \leqslant 2 \dfrac{|z|^{N+1}}{(N+1)!}$ für alle $z$ mit $|z| \leqslant 1 + \frac{1}{2}N$.

**Satz 7** (Funktionalgleichung der Exponentialfunktion). *Für alle $z_1, z_2 \in \mathbb{C}$ gilt*

$$\exp(z_1 + z_2) = \exp(z_1) \exp(z_2).$$

§ 13 Die Exponentialfunktion im Komplexen                    125

*Beweis.* Dies wird wie Satz 4 aus §8 bewiesen. Das ist möglich, da der dort vorangehende Satz 3 über das Cauchy-Produkt von Reihen richtig bleibt, wenn man $\sum a_n$ und $\sum b_n$ durch absolut konvergente Reihen komplexer Zahlen ersetzt. Der Beweis muss nicht abgeändert werden.

**Corollar.** *Für alle $z \in \mathbb{C}$ gilt* $\exp(z) \neq 0$.

*Beweis.* Es gilt $\exp(z)\exp(-z) = \exp(z-z) = \exp(0) = 1$. Wäre $\exp(z) = 0$, ergäbe sich daraus der Widerspruch $0 = 1$.

*Bemerkung.* Im Reellen hatten wir $\exp(x) > 0$ für alle $x \in \mathbb{R}$ bewiesen. Dies gilt natürlich im Komplexen nicht, da $\exp(z)$ im Allgemeinen nicht reell ist. Aber selbst wenn $\exp(z)$ reell ist, braucht es nicht positiv zu sein. So werden wir z.B. im nächsten Paragraphen beweisen, dass $\exp(i\pi) = -1$.

**Satz 8.** *Für jedes $z \in \mathbb{C}$ gilt* $\exp(\bar{z}) = \overline{\exp(z)}$.

*Beweis.* Sei $s_n(z) := \sum_{k=0}^{n} \dfrac{z^k}{k!}$ und $s_n^*(z) := \sum_{k=0}^{n} \dfrac{\bar{z}^k}{k!}$.

Nach den Rechenregeln für die Konjugation gilt für alle $n \in \mathbb{N}$

$$\overline{s_n(z)} = \overline{\sum_{k=0}^{n} \frac{z^k}{k!}} = \sum_{k=0}^{n} \overline{\left(\frac{z^k}{k!}\right)} = \sum_{k=0}^{n} \frac{\bar{z}^k}{k!} = s_n^*(z).$$

Aus dem Corollar zu Satz 2 folgt daher

$$\exp(\bar{z}) = \lim_{n \to \infty} s_n^*(z) = \lim_{n \to \infty} \overline{s_n(z)} = \overline{\lim_{n \to \infty} s_n(z)} = \overline{\exp(z)}, \quad \text{q.e.d.}$$

**Definition.** Sei $D$ eine Teilmenge von $\mathbb{C}$. Eine Funktion $f \colon D \to \mathbb{C}$ heißt stetig in einem Punkt $p \in D$, falls

$$\lim_{\substack{z \to p \\ z \in D}} f(z) = f(p),$$

d.h. wenn für jede Folge $(z_n)_{n \in \mathbb{N}}$ von Punkten $z_n \in D$ mit $\lim z_n = p$ gilt $\lim_{n \to \infty} f(z_n) = f(p)$. Die Funktion $f$ heißt stetig in $D$, wenn sie in jedem Punkt $p \in D$ stetig ist.

**Satz 9.** *Die Exponentialfunktion*

$$\exp \colon \mathbb{C} \longrightarrow \mathbb{C}, \quad z \mapsto \exp(z),$$

*ist in ganz $\mathbb{C}$ stetig.*

126                                    § 13 Die Exponentialfunktion im Komplexen

*Beweis.* Die Abschätzung des Restglieds der Exponentialreihe liefert für $N = 0$:

$$|\exp(z) - 1| \leqslant 2|z| \quad \text{für } |z| \leqslant 1.$$

Sei nun $p \in \mathbb{C}$ und $(z_n)$ eine Folge komplexer Zahlen mit $\lim z_n = p$, also $\lim(z_n - p) = 0$. Aus der obigen Abschätzung folgt daher

$$\lim_{n \to \infty} \exp(z_n - p) = 1.$$

Mithilfe der Funktionalgleichung erhalten wir daraus

$$\lim_{n \to \infty} \exp(z_n) = \lim_{n \to \infty} \exp(p) \exp(z_n - p) = \exp(p), \quad \text{q.e.d.}$$

## AUFGABEN

**13.1.** Sei $c$ eine komplexe Zahl ungleich 0. Man beweise: Die Gleichung $z^2 = c$ besitzt genau zwei Lösungen. Für eine der beiden Lösungen gilt

$$\text{Re}(z) = \sqrt{\frac{|c| + \text{Re}(c)}{2}}, \quad \text{Im}(z) = \sigma \sqrt{\frac{|c| - \text{Re}(c)}{2}},$$

wobei

$$\sigma := \begin{cases} +1, & \text{falls } \text{Im}(c) \geqslant 0, \\ -1, & \text{falls } \text{Im}(c) < 0. \end{cases}$$

Die andere Lösung ist das Negative davon.

**13.2.** (Die elementare analytische Geometrie der Ebene sei vorausgesetzt.) Man zeige: Für jedes $c \in \mathbb{C} \smallsetminus \{0\}$ und jedes $\alpha \in \mathbb{R}$ ist

$$\{z \in \mathbb{C} : \text{Re}(cz) = \alpha\}$$

eine Gerade in $\mathbb{C}$. Umgekehrt lässt sich jede Gerade in der komplexen Ebene $\mathbb{C}$ so darstellen.

**13.3.** Sei $z_1 := -1 - i$ und $z_2 := 3 + 2i$. Man bestimme eine Zahl $z_3 \in \mathbb{C}$, so dass $z_1, z_2, z_3$ die Ecken eines gleichseitigen Dreiecks bilden.

**13.4.** Man zeige:

a) Für jede Zahl $\zeta \in \mathbb{C} \smallsetminus \{0\}$ gilt $|\overline{\zeta}/\zeta| = 1$.

b) Zu jeder Zahl $z \in \mathbb{C}$ mit $|z| = 1$ gibt es ein $\zeta \in \mathbb{C}$ mit $z = \overline{\zeta}/\zeta$.

**13.5.** Man untersuche die folgenden Reihen auf Konvergenz:

$$\sum_{n=1}^{\infty} \frac{i^n}{n}, \qquad \sum_{n=0}^{\infty} \left(\frac{1-i}{1+i}\right)^n, \qquad \sum_{n=2}^{\infty} \frac{1}{\log(n)} \left(\frac{1-i}{1+i}\right)^n, \qquad \sum_{n=2}^{\infty} n^2 \left(\frac{1-i}{2+i}\right)^n.$$

§ 14 Trigonometrische Funktionen 127

**13.6.** Es sei $k \geqslant 1$ eine natürliche Zahl und für $n \in \mathbb{N}$ seien

$$A_n \in \mathrm{M}(k \times k, \mathbb{C}), \quad A_n = (a_{ij}^{(n)}),$$

komplexe $k \times k$–Matrizen. Man sagt, die Folge $(A_n)_{n \in \mathbb{N}}$ konvergiere gegen die Matrix $A = (a_{ij}) \in \mathrm{M}(k \times k, \mathbb{C})$, falls für jedes Paar $(i, j) \in \{1, \ldots, k\}^2$ gilt

$$\lim_{n \to \infty} a_{ij}^{(n)} = a_{ij}.$$

Man beweise:

i) Für jede Matrix $A \in \mathrm{M}(k \times k, \mathbb{C})$ konvergiert die Reihe

$$\exp(A) := \sum_{n=0}^{\infty} \frac{1}{n!} A^n.$$

ii) Seien $A, B \in \mathrm{M}(k \times k, \mathbb{C})$ Matrizen mit $AB = BA$. Dann gilt
$\exp(A + B) = \exp(A) \exp(B)$.

# § 14. **Trigonometrische Funktionen**

Wie bereits angekündigt, führen wir nun die trigonometrischen Funktionen mithilfe der Eulerschen Formel $e^{ix} = \cos x + i \sin x$ ein. Ihre wichtigsten Eigenschaften, wie Reihenentwicklung, Additionstheoreme und Periodizität ergeben sich daraus in einfacher Weise. Außerdem behandeln wir in diesem Paragraphen die Arcus-Funktionen, die Umkehrfunktionen der trigonometrischen Funktionen.

**Definition** (Cosinus, Sinus). Für $x \in \mathbb{R}$ sei

$$\cos x := \mathrm{Re}(e^{ix}),$$

$$\sin x := \mathrm{Im}(e^{ix}).$$

Es ist also $e^{ix} = \cos x + i \sin x$ (*Eulersche Formel*).

**Geometrische Deutung** von Cosinus und Sinus in der Gaußschen Zahlenebene. Für alle $x \in \mathbb{R}$ ist $|e^{ix}| = 1$, denn nach §13, Satz 8, gilt

$$\left| e^{ix} \right|^2 = e^{ix} \overline{e^{ix}} = e^{ix} e^{-ix} = e^0 = 1.$$

$e^{ix}$ ist also ein Punkt des Einheitskreises der Gaußschen Ebene und $\cos x$ bzw. $\sin x$ sind die Projektionen dieses Punktes auf die reelle bzw. imaginäre Achse (Bild 14.1).

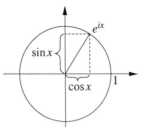

**Bild 14.1**

Nach Aufgabe 14.1 kann man $x$ als orientierte Länge des Bogens von 1 nach $e^{ix}$ mit Parameterdarstellung $t \mapsto e^{ix}$, $0 \leqslant t \leqslant x$, (bzw. $0 \geqslant t \geqslant x$, falls $x$ negativ ist) deuten.

**Satz 1.** *Für alle $x \in \mathbb{R}$ gilt:*

a) $\cos x = \frac{1}{2}\left(e^{ix} + e^{-ix}\right), \quad \sin x = \frac{1}{2i}\left(e^{ix} - e^{-ix}\right)$.

b) $\cos(-x) = \cos x, \quad \sin(-x) = -\sin x$.

c) $\cos^2 x + \sin^2 x = 1$.

Die Behauptungen ergeben sich unmittelbar aus der Definition.

**Satz 2.** *Die Funktionen* $\cos \colon \mathbb{R} \to \mathbb{R}$ *und* $\sin \colon \mathbb{R} \to \mathbb{R}$ *sind auf ganz $\mathbb{R}$ stetig.*

*Beweis.* Sei $a \in \mathbb{R}$ und $(x_n)$ eine Folge reeller Zahlen mit $\lim x_n = a$. Daraus folgt $\lim(ix_n) = ia$, also wegen der Stetigkeit der Exponentialfunktion

$$\lim e^{ix_n} = e^{ia}.$$

Nach §13, Satz 2, gilt nun

$$\lim \cos x_n = \lim \operatorname{Re}\left(e^{ix_n}\right) = \operatorname{Re}\left(e^{ia}\right) = \cos a,$$

$$\lim \sin x_n = \lim \operatorname{Im}\left(e^{ix_n}\right) = \operatorname{Im}\left(e^{ia}\right) = \sin a.$$

Also sind cos und sin in $a$ stetig.

**Satz 3** (Additionstheoreme). *Für alle $x, y \in \mathbb{R}$ gilt*

$$\cos(x+y) = \cos x \cos y - \sin x \sin y,$$

$$\sin(x+y) = \sin x \cos y + \cos x \sin y.$$

§ 14 Trigonometrische Funktionen                                             129

*Beweis.* Aus der Funktionalgleichung der Exponentialfunktion

$$e^{i(x+y)} = e^{ix+iy} = e^{ix}e^{iy}$$

ergibt sich mit der Eulerschen Formel

$$\cos(x+y) + i\sin(x+y) = (\cos x + i\sin x)(\cos y + i\sin y)$$

$$= (\cos x\cos y - \sin x\sin y) + i(\sin x\cos y + \cos x\sin y).$$

Vergleicht man Real- und Imaginärteil, erhält man die Behauptung.

**Corollar.** *Für alle* $x, y \in \mathbb{R}$ *gilt*

$$\sin x - \sin y = 2\cos\frac{x+y}{2}\sin\frac{x-y}{2},$$

$$\cos x - \cos y = -2\sin\frac{x+y}{2}\sin\frac{x-y}{2}.$$

*Beweis.* Setzen wir $u := \frac{x+y}{2}$, $v := \frac{x-y}{2}$, so ist $x = u+v$ und $y = u-v$. Aus Satz 3 folgt

$$\sin x - \sin y = \sin(u+v) - \sin(u-v)$$

$$= (\sin u\cos v + \cos u\sin v) - (\sin u\cos(-v) + \cos u\sin(-v))$$

$$= 2\cos u\sin v = 2\cos\frac{x+y}{2}\sin\frac{x-y}{2}.$$

Die zweite Gleichung ist analog zu beweisen.

**Satz 4.** *Für alle* $x \in \mathbb{R}$ *gilt*

$$\cos x = \sum_{k=0}^{\infty}(-1)^k\frac{x^{2k}}{(2k)!} = 1 - \frac{x^2}{2!} + \frac{x^4}{4!} \mp \cdots,$$

$$\sin x = \sum_{k=0}^{\infty}(-1)^k\frac{x^{2k+1}}{(2k+1)!} = x - \frac{x^3}{3!} + \frac{x^5}{5!} \mp \cdots.$$

*Diese Reihen konvergieren absolut für alle* $x \in \mathbb{R}$.

*Beweis.* Die absolute Konvergenz folgt unmittelbar aus der absoluten Konvergenz der Exponentialreihe.

Für die Potenzen von $i$ gilt

$$i^n = \begin{cases} 1\,, \text{ falls } n = 4m\,, \\ i\,, \text{ falls } n = 4m+1\,, \\ -1\,, \text{ falls } n = 4m+2\,, \\ -i\,, \text{ falls } n = 4m+3\,, \end{cases} \quad (m \in \mathbb{N})\,.$$

Damit erhält man aus der Exponentialreihe

$$e^{ix} = \sum_{n=0}^{\infty} \frac{(ix)^n}{n!} = \sum_{n=0}^{\infty} i^n \frac{x^n}{n!}$$
$$= \sum_{k=0}^{\infty} (-1)^k \frac{x^{2k}}{(2k)!} + i \sum_{k=0}^{\infty} (-1)^k \frac{x^{2k+1}}{(2k+1)!}\,.$$

Da $\cos x = \mathrm{Re}\left(e^{ix}\right)$ und $\sin x = \mathrm{Im}\left(e^{ix}\right)$, folgt die Behauptung.

**Satz 5** (Abschätzung der Restglieder). *Es gilt*

$$\cos x = \sum_{k=0}^{n} (-1)^k \frac{x^{2k}}{(2k)!} + r_{2n+2}(x)\,,$$

$$\sin x = \sum_{k=0}^{n} (-1)^k \frac{x^{2k+1}}{(2k+1)!} + r_{2n+3}(x)\,,$$

*wobei*

$$|r_{2n+2}(x)| \leqslant \frac{|x|^{2n+2}}{(2n+2)!} \quad \text{für } |x| \leqslant 2n+3\,,$$

$$|r_{2n+3}(x)| \leqslant \frac{|x|^{2n+3}}{(2n+3)!} \quad \text{für } |x| \leqslant 2n+4\,.$$

*Bemerkung.* Die Restgliedabschätzungen sind sogar für alle $x \in \mathbb{R}$ gültig, wie später (§22) aus der Taylor-Formel folgt.

*Beweis.* Es ist

$$r_{2n+2}(x) = \pm \frac{x^{2n+2}}{(2n+2)!} \left( 1 - \frac{x^2}{(2n+3)(2n+4)} \pm \dots \right)\,.$$

Für $k \geqslant 1$ sei

$$a_k := \frac{x^{2k}}{(2n+3)(2n+4) \cdot \dots \cdot (2n+2(k+1))}\,.$$

§ 14 Trigonometrische Funktionen 131

Damit ist

$$r_{2n+2}(x) = \pm \frac{x^{2n+2}}{(2n+2)!}(1 - a_1 + a_2 - a_3 \pm \ldots).$$

Da

$$a_k = a_{k-1} \frac{x^2}{(2n+2k+1)(2n+2k+2)},$$

gilt für $|x| \leqslant 2n+3$

$$1 > a_1 > a_2 > a_3 > \ldots.$$

Wie beim Beweis des Leibniz'schen Konvergenzkriteriums (§7, Satz 4) folgt daraus

$$0 \leqslant 1 - a_1 + a_2 - a_3 \pm \ldots \leqslant 1.$$

Deswegen ist $|r_{2n+2}(x)| \leqslant \frac{|x|^{2n+2}}{(2n+2)!}$.

Die Abschätzung des Restglieds von $\sin x$ ist analog zu beweisen.

**Corollar.** $\displaystyle\lim_{\substack{x \to 0 \\ x \neq 0}} \frac{\sin x}{x} = 1.$

*Beweis.* Wir verwenden das Restglied 3. Ordnung:

$$\sin x = x + r_3(x), \quad \text{wobei } |r_3(x)| \leqslant \frac{|x|^3}{3!} \text{ für } |x| \leqslant 4,$$

d.h.

$$|\sin x - x| \leqslant \frac{|x|^3}{6} \quad \text{für } |x| \leqslant 4.$$

Division durch $x$ ergibt

$$\left| \frac{\sin x}{x} - 1 \right| \leqslant \frac{|x|^2}{6} \quad \text{für } 0 < |x| \leqslant 4.$$

Daraus folgt die Behauptung.

## Die Zahl $\pi$

**Satz 6.** *Die Funktion* cos *hat im Intervall* $[0,2]$ *genau eine Nullstelle.*

Zum Beweis benötigen wir drei Hilfssätze.

**Hilfssatz 1.** $\cos 2 \leqslant -\frac{1}{3}$.

*Beweis.* Es ist

$$\cos x = 1 - \frac{x^2}{2} + r_4(x) \quad \text{mit} \quad |r_4(x)| \leqslant \frac{|x|^4}{24} \quad \text{für } |x| \leqslant 5 \,.$$

Speziell für $x = 2$ ergibt sich

$$\cos 2 = 1 - 2 + r_4(2) \quad \text{mit} \quad |r_4(2)| \leqslant \frac{16}{24} = \frac{2}{3} \,,$$

also

$$\cos 2 \leqslant 1 - 2 + \frac{2}{3} = -\frac{1}{3} \,, \quad \text{q.e.d.}$$

**Hilfssatz 2.** $\sin x > 0$ *für alle* $x \in \, ]0, 2]$.

*Beweis.* Für $x \neq 0$ können wir schreiben

$$\sin x = x + r_3(x) = x \left( 1 + \frac{r_3(x)}{x} \right) \,.$$

Nach Satz 5 ist

$$\left| \frac{r_3(x)}{x} \right| \leqslant \frac{|x|^2}{6} \leqslant \frac{4}{6} = \frac{2}{3} \quad \text{für alle } x \in \, ]0, 2] \,,$$

also

$$\sin x \geqslant x \left( 1 - \frac{2}{3} \right) = \frac{x}{3} > 0 \quad \text{für alle } x \in \, ]0, 2] \,.$$

**Hilfssatz 3.** *Die Funktion* cos *ist im Intervall* $[0, 2]$ *streng monoton fallend.*

*Beweis.* Sei $0 \leqslant x < x' \leqslant 2$. Dann folgt aus Hilfssatz 2 und dem Corollar zu Satz 3

$$\cos x' - \cos x = -2 \sin \frac{x' + x}{2} \sin \frac{x' - x}{2} < 0 \,, \quad \text{q.e.d.}$$

*Beweis von Satz 6.* Da $\cos 0 = 1$ und $\cos 2 \leqslant -\frac{1}{3}$, besitzt die Funktion cos nach dem Zwischenwertsatz im Intervall $[0, 2]$ mindestens eine Nullstelle. Nach Hilfssatz 3 gibt es nicht mehr als eine Nullstelle.

Wie können nun die Zahl $\pi$ definieren.

**Definition.** $\frac{\pi}{2}$ ist die (eindeutig bestimmte) Nullstelle der Funktion cos im Intervall $[0, 2]$.

§ 14 Trigonometrische Funktionen

**Näherungsweise Berechnung von $\pi$**

Obwohl es effizientere Methoden zur Berechnung von $\pi$ gibt (eine davon ist in Aufgabe 22.5 beschrieben), lässt sich die obige Definition auch direkt zur näherungsweisen Berechnung von $\pi$ benutzen. Wir schreiben dazu eine ARIBAS-Funktion cos20, die den Cosinus durch den Anfang seiner Reihen-Entwicklung bis einschließlich des Gliedes der Ordnung 20 berechnet. Der Fehler ist dann nach Satz 5 kleiner als $|x|^{22}/22! < 10^{-21}|x|^{22}$.

```
function cos20(x: real): real;
var
    z, u, xx: real;
    k: integer;
begin
    z := u := 1.0;
    xx := -x*x;
    for k := 1 to 10 do
        u := u*xx/((2*k-1)*2*k);
        z := z + u;
    end;
    return z;
end.
```

Mit der Funktion findzero aus §11 berechnen wir nun ein Intervall der Länge $10^{-15}$, in dem $\pi/2$ liegt. Dazu muss zuerst die Rechengenauigkeit auf double_float eingestellt werden (das entspricht in ARIBAS einer Mantissenlänge von 64 Bit; es ist $2^{-64} \approx 5.4 \cdot 10^{-21}$).

```
==> set_floatprec(double_float).
-: 64

==> eps := 10**-15.
-: 1.00000000000000000E-15

==> x0 := findzero(cos20,0,2,eps).
 : 1.57079632679489700

==> cos20(x0-eps/2).
-: 1.35479697569886180E-16

--> cos20(x0+eps/2).
-: -8.64512190806724724E-16
```

134                                                    § 14 Trigonometrische Funktionen

Da $1.6^{22}/22! < 3 \cdot 10^{-17}$, ist damit $\pi/2$ mit einer Genauigkeit $\pm 0.5 \cdot 10^{-15}$ ausgerechnet, und man erhält

$$\pi = 3.1415926535889794 \pm 10^{-15}.$$

**Satz 7** (Spezielle Werte der Exponentialfunktion).

$$e^{i\frac{\pi}{2}} = i, \quad e^{i\pi} = -1, \quad e^{i\frac{3\pi}{2}} = -i, \quad e^{2\pi i} = 1.$$

*Beweis.* Da $\cos\frac{\pi}{2} = 0$, ist

$$\sin^2 \frac{\pi}{2} = 1 - \cos^2 \frac{\pi}{2} = 1.$$

Nach Hilfssatz 2 ist daher $\sin\frac{\pi}{2} = +1$, also

$$e^{i\frac{\pi}{2}} = \cos\frac{\pi}{2} + i\sin\frac{\pi}{2} = i.$$

Die restlichen Behauptungen folgen wegen $e^{i\frac{n\pi}{2}} = i^n$.

Aus Satz 7 ergibt sich folgende Wertetabelle für sin und cos.

| $x$ | 0 | $\frac{\pi}{2}$ | $\pi$ | $\frac{3\pi}{2}$ | $2\pi$ |
|---|---|---|---|---|---|
| $\sin x$ | 0 | 1 | 0 | $-1$ | 0 |
| $\cos x$ | 1 | 0 | $-1$ | 0 | 1 |

**Corollar 1.** *Für alle $x \in \mathbb{R}$ gilt*

a)    $\cos(x + 2\pi) = \cos x, \qquad \sin(x + 2\pi) = \sin x.$

b)    $\cos(x + \pi) = -\cos x, \qquad \sin(x + \pi) = -\sin x.$

c)    $\cos x = \sin\left(\frac{\pi}{2} - x\right), \qquad \sin x = \cos\left(\frac{\pi}{2} - x\right).$

Dies folgt unmittelbar aus den Additionstheoremen und der obigen Wertetabelle.

*Bemerkung.* Aus dem Corollar folgt, dass man die Funktionen cos und sin nur im Intervall $[0, \frac{\pi}{4}]$ zu kennen braucht, um den Gesamtverlauf der Funktionen cos und sin zu kennen. Die Graphen von cos und sin sind in Bild 14.2 dargestellt.

§ 14 Trigonometrische Funktionen

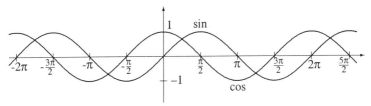

**Bild 14.2** Graphen von Sinus und Cosinus

**Corollar 2** (Nullstellen von Sinus und Cosinus).

a) $\{x \in \mathbb{R} : \sin x = 0\} = \{k\pi : k \in \mathbb{Z}\}$,

b) $\{x \in \mathbb{R} : \cos x = 0\} = \{\frac{\pi}{2} + k\pi : k \in \mathbb{Z}\}$.

*Beweis.* a) Nach Definition von $\frac{\pi}{2}$ und wegen $\cos(-x) = \cos x$ gilt $\cos x > 0$ für $-\frac{\pi}{2} < x < \frac{\pi}{2}$.
Da $\sin x = \cos\left(\frac{\pi}{2} - x\right)$, folgt daraus

$$\sin x > 0 \quad \text{für } 0 < x < \pi.$$

Wegen $\sin(x + \pi) = -\sin x$ gilt

$$\sin x < 0 \quad \text{für } \pi < x < 2\pi.$$

Daraus folgt, dass $0$ und $\pi$ die einzigen Nullstellen von $\sin$ im Intervall $[0, 2\pi[$ sind. Sei nun $x$ eine beliebige reelle Zahl mit $\sin x = 0$ und $m := \lfloor x/2\pi \rfloor$. Dann gilt

$$x = 2m\pi + \xi \quad \text{mit} \quad 0 \leqslant \xi < 2\pi$$

und $\sin \xi = \sin(x - 2m\pi) = \sin x = 0$. Also ist $\xi = 0$ oder $\pi$, d.h. $x = 2m\pi$ oder $x = (2m+1)\pi$.

Umgekehrt gilt natürlich $\sin k\pi = 0$ für alle $k \in \mathbb{Z}$.

b) Dies folgt aus a) wegen $\cos x = -\sin\left(x - \frac{\pi}{2}\right)$.

**Corollar 3.** *Für $x \in \mathbb{R}$ gilt $e^{ix} = 1$ genau dann, wenn $x$ ein ganzzahliges Vielfaches von $2\pi$ ist.*

*Beweis.* Wegen

$$\sin \frac{x}{2} = \frac{1}{2i}\left(e^{i\frac{x}{2}} - e^{-i\frac{x}{2}}\right) = \frac{e^{-i\frac{x}{2}}}{2i}\left(e^{ix} - 1\right)$$

gilt $e^{ix} = 1$ genau dann, wenn $\sin\frac{x}{2} = 0$. Die Behauptung folgt deshalb aus Corollar 2 a).

**Definition** (Tangens). Für $x \in \mathbb{R} \smallsetminus \left\{\frac{\pi}{2} + k\pi : k \in \mathbb{Z}\right\}$ setzt man

$$\tan x := \frac{\sin x}{\cos x}.$$

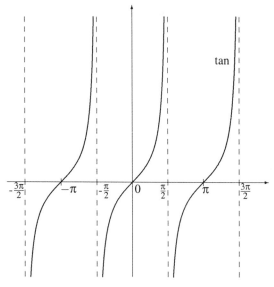

**Bild 14.3** Tangens

**Umkehrfunktionen der trigonometrischen Funktionen**

**Satz 8 und Definition.**

*a) Die Funktion* cos *ist im Intervall* $[0,\pi]$ *streng monoton fallend und bildet dieses Intervall bijektiv auf* $[-1,1]$ *ab. Die Umkehrfunktion*

$\arccos : [-1,1] \to \mathbb{R}$

*heißt* Arcus-Cosinus.

*b) Die Funktion* sin *ist im Intervall* $\left[-\frac{\pi}{2}, \frac{\pi}{2}\right]$ *streng monoton wachsend und bildet dieses Intervall bijektiv auf* $[-1,1]$ *ab. Die Umkehrfunktion*

$\arcsin : [-1,1] \to \mathbb{R}$

§ 14 Trigonometrische Funktionen · 137

*heißt Arcus-Sinus.*

*c) Die Funktion* tan *ist im Intervall* $\left]-\frac{\pi}{2}, \frac{\pi}{2}\right[$ *streng monoton wachsend und bildet dieses Intervall bijektiv auf* $\mathbb{R}$ *ab. Die Umkehrfunktion*

$$\arctan: \mathbb{R} \to \mathbb{R}$$

*heißt Arcus-Tangens.*

*Beweis*

a) Nach Hilfssatz 3 ist cos in $[0,2]$, insbesondere in $\left[0, \frac{\pi}{2}\right]$ streng monoton fallend. Da $\cos x = -\cos(\pi - x)$, ist cos auch in $\left[\frac{\pi}{2}, \pi\right]$ streng monoton fallend. Nach §12, Satz 1, bildet daher cos das Intervall $[0,\pi]$ bijektiv auf $[\cos\pi, \cos 0] = [-1,1]$ ab.

b) Da $\sin x = \cos\left(\frac{\pi}{2} - x\right)$, folgt aus a), dass sin im Intervall $\left[-\frac{\pi}{2}, \frac{\pi}{2}\right]$ streng monoton wächst und daher dieses Intervall bijektiv auf $\left[\sin\left(-\frac{\pi}{2}\right), \sin\left(\frac{\pi}{2}\right)\right] = [-1,1]$ abbildet.

c) i) Sei $0 \leqslant x < x' < \frac{\pi}{2}$. Dann gilt $\sin x < \sin x'$ und $\cos x > \cos x' > 0$. Daraus folgt

$$\tan x = \frac{\sin x}{\cos x} < \frac{\sin x'}{\cos x'} = \tan x',$$

tan ist also in $\left[0, \frac{\pi}{2}\right[$ streng monoton wachsend. Weil $\tan(-x) = -\tan x$, wächst tan auch in $\left]-\frac{\pi}{2}, 0\right]$, d.h. im ganzen Intervall $\left]-\frac{\pi}{2}, \frac{\pi}{2}\right[$ streng monoton.

ii) Wir zeigen jetzt, dass $\lim_{x \nearrow \frac{\pi}{2}} \tan x = \infty$.

Sei $(x_n)_{n\in\mathbb{N}}$ eine Folge mit $x_n < \frac{\pi}{2}$ und $\lim x_n = \frac{\pi}{2}$. Wir dürfen annehmen, dass $x_n > 0$ für alle $n$. Dann ist auch

$$y_n := \frac{\cos x_n}{\sin x_n} > 0 \quad \text{für alle } n \in \mathbb{N}$$

und

$$\lim y_n = \frac{\lim \cos x_n}{\lim \sin x_n} = \frac{\cos \frac{\pi}{2}}{\sin \frac{\pi}{2}} = \frac{0}{1} = 0.$$

Daraus folgt (§4, Satz 9)

$$\lim \tan x_n = \lim \frac{1}{y_n} = \infty, \quad \text{q.e.d.}$$

iii) Wegen $\tan(-x) = -\tan x$ folgt aus ii)

$$\lim_{x \searrow -\frac{\pi}{2}} \tan x = -\infty.$$

iv) Mithilfe von §12, Satz 1, ergibt sich aus i)–iii), dass tan das Intervall $]-\frac{\pi}{2},\frac{\pi}{2}[$ bijektiv auf $\mathbb{R}$ abbildet.

Die Graphen der Arcus-Funktionen sind in den Bildern 14.4–14.6 dargestellt.

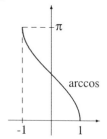

**Bild 14.4** Arcus cosinus          **Bild 14.5** Arcus sinus

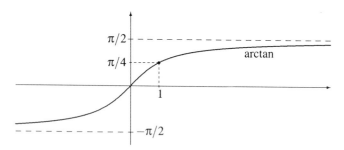

**Bild 14.6** Arcus tangens

*Bemerkung.* Die in Satz 8 definierten Funktionen nennt man auch die *Hauptzweige* von arccos, arcsin und arctan. Für beliebiges $k \in \mathbb{Z}$ gilt:

a) cos bildet $[k\pi,(k+1)\pi]$ bijektiv auf $[-1,1]$ ab,

b) sin bildet $\left[-\frac{\pi}{2}+k\pi,\frac{\pi}{2}+k\pi\right]$ bijektiv auf $[-1,1]$ ab,

c) tan bildet $\left]-\frac{\pi}{2}+k\pi,\frac{\pi}{2}+k\pi\right[$ bijektiv auf $\mathbb{R}$ ab.

Die zugehörigen Umkehrfunktionen

$\arccos_k\colon [-1,1] \to \mathbb{R}\,,$

$\arcsin_k\colon [-1,1] \to \mathbb{R}\,,$

§ 14 Trigonometrische Funktionen

arctan$_k$: $\mathbb{R} \to \mathbb{R}$

heißen für $k \neq 0$ *Nebenzweige* von arccos, arcsin bzw. arctan.

**Satz 9** (Polarkoordinaten). *Jede komplexe Zahl $z$ lässt sich schreiben als*

$$z = r \cdot e^{i\varphi},$$

*wobei $\varphi \in \mathbb{R}$ und $r = |z| \in \mathbb{R}_+$. Für $z \neq 0$ ist $\varphi$ bis auf ein ganzzahliges Vielfaches von $2\pi$ eindeutig bestimmt.*

*Bemerkung.* Die Zahl $\varphi$ gibt den Winkel (im Bogenmaß) zwischen der positiven reellen Achse und dem Ortsvektor von $z$ (Bild 14.7). Man nennt $\varphi$ auch das *Argument* der komplexen Zahl $z = r \cdot e^{i\varphi}$.

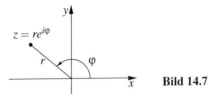

**Bild 14.7**

*Beweis.* Für $z = 0$ ist $z = 0 \cdot e^{i\varphi}$ mit beliebigem $\varphi$. Sei jetzt $z \neq 0$, $r := |z|$ und $\zeta := \frac{z}{r}$. Dann ist $|\zeta| = 1$. Sind $\xi$ und $\eta$ Real- und Imaginärteil von $\zeta$, d.h. $\zeta = \xi + i\eta$, so gilt also $\xi^2 + \eta^2 = 1$ und $|\xi| \leqslant 1$. Deshalb ist

$$\alpha := \arccos \xi$$

definiert. Da $\cos \alpha = \xi$, folgt

$$\sin \alpha = \pm\sqrt{1 - \xi^2} = \pm \eta\,.$$

Wir setzen $\varphi := \alpha$, falls $\sin \alpha = \eta$ und $\varphi := -\alpha$, falls $\sin \alpha = -\eta$. In jedem Fall ist dann

$$e^{i\varphi} = \cos \varphi + i \sin \varphi = \xi + i\eta = \zeta.$$

Damit gilt $z = re^{i\varphi}$. Die Eindeutigkeit von $\varphi$ bis auf ein Vielfaches von $2\pi$ folgt aus Corollar 3 zu Satz 7. Denn $e^{i\varphi} = e^{i\psi} = \zeta$ impliziert $e^{i(\varphi - \psi)} = 1$, also $\varphi - \psi = 2k\pi$ mit einer ganzen Zahl $k$.

*Bemerkung.* Satz 9 erlaubt eine einfache Interpretation der Multiplikation komplexer Zahlen. Sei $z = r_1 e^{i\varphi}$ und $w = r_2 e^{i\psi}$. Dann ist $zw = r_1 r_2 e^{i(\varphi + \psi)}$. Man erhält also das Produkt zweier komplexer Zahlen, indem man ihre Beträge multipliziert und ihre Argumente addiert (Bild 14.8).

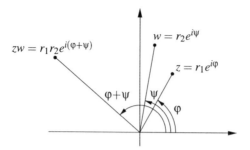

**Bild 14.8** Zur Multiplikation komplexer Zahlen

**Corollar** (*n*-te Einheitswurzeln). *Sei n eine natürliche Zahl $\geq 2$. Die Gleichung $z^n = 1$ hat genau n komplexe Lösungen, nämlich $z = \zeta_k$, wobei*

$$\zeta_k = e^{i\frac{2k\pi}{n}}, \quad k = 0, 1, \ldots, n-1.$$

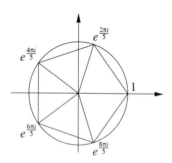

**Bild 14.9** Fünfte Einheitswurzeln

*Beweis des Corollars.* Die Zahl $z \in \mathbb{C}$ genüge der Gleichung $z^n = 1$. Wir können $z$ darstellen als $z = re^{i\varphi}$ mit $0 \leq \varphi < 2\pi$ und $r \geq 0$. Da

$$1 = |z^n| = |z|^n = r^n,$$

ist $r = 1$, also

$$z^n = \left(e^{i\varphi}\right)^n = e^{in\varphi} = 1.$$

Nach Corollar 3 zu Satz 7 existiert ein $k \in \mathbb{Z}$ mit $n\varphi = 2k\pi$, d.h. $\varphi = \frac{2k\pi}{n}$. Wegen $0 \leq \varphi < 2\pi$ ist $0 \leq k < n$ und $z = \zeta_k$.

§ 14 Trigonometrische Funktionen 141

Umgekehrt gilt für jedes $k$

$$\zeta_k^n = \left(e^{i\frac{2k\pi}{n}}\right)^n = e^{i2k\pi} = 1.$$

## AUFGABEN

**14.1.** Sei $x$ eine reelle Zahl und $n$ eine natürliche Zahl $\geqslant 1$. Die Punkte $A_k^{(n)}$ auf dem Einheitskreis der komplexen Ebene seien wie folgt definiert:

$$A_k^{(n)} := e^{i\frac{k}{n}x}, \quad k = 0, 1, \ldots, n.$$

Sei $L_n$ die Länge des Polygonzugs $A_0^{(n)}A_1^{(n)}\ldots A_n^{(n)}$, d.h.

$$L_n = \sum_{k=1}^{n} \left| A_k^{(n)} - A_{k-1}^{(n)} \right|.$$

Man beweise:

a) $L_n = 2n \left| \sin \dfrac{x}{2n} \right|$,

b) $\lim\limits_{n \to \infty} 2n \sin \dfrac{x}{2n} = x$.

**14.2.** Man beweise für alle $x, y \in \mathbb{R}$, für die $\tan x$, $\tan y$ und $\tan(x+y)$ definiert sind, das Additionstheorem des Tangens

$$\tan(x+y) = \frac{\tan x + \tan y}{1 - \tan x \tan y}.$$

**14.3.** Man berechne mithilfe der Additionstheoreme (die exakten Werte von) $\sin x$, $\cos x$, $\tan x$ an den Stellen $x = \frac{\pi}{3}, \frac{\pi}{4}, \frac{\pi}{5}, \frac{\pi}{6}$.

**14.4.** Sei $x$ eine reelle Zahl. Man beweise

$$\frac{1 + ix}{1 - ix} = e^{2i\varphi},$$

wobei $\varphi = \arctan x$.

**14.5.** (Vgl. Aufgabe 13.6) Man zeige, dass für alle $t \in \mathbb{R}$ gilt

$$\exp \begin{pmatrix} 0 & t \\ -t & 0 \end{pmatrix} = \begin{pmatrix} \cos t & \sin t \\ -\sin t & \cos t \end{pmatrix}.$$

142                                                          § 15 Differentiation

# § 15.  Differentiation

Wir definieren jetzt den Differentialquotienten (oder die Ableitung) einer Funktion
als Limes der Differenzenquotienten und beweisen die wichtigsten Rechenregeln für
die Ableitung, wie Produkt-, Quotienten- und Ketten-Regel sowie die Formel für die
Ableitung der Umkehrfunktion. Damit ist es dann ein leichtes, die Ableitungen aller
bisher besprochenen Funktionen zu berechnen.

**Definition.** Sei $D \subset \mathbb{R}$ und $f \colon D \longrightarrow \mathbb{R}$ eine Funktion. $f$ heißt in einem Punkt
$x \in D$ *differenzierbar*, falls der Grenzwert

$$f'(x) := \lim_{\substack{\xi \to x \\ \xi \in D \smallsetminus \{x\}}} \frac{f(\xi) - f(x)}{\xi - x}$$

existiert. (Insbesondere wird vorausgesetzt, dass es mindestens eine Folge
$\xi_n \in D \smallsetminus \{x\}$ mit $\lim_{n \to \infty} \xi_n = x$ gibt. Dies ist z.B. stets der Fall, wenn $D$
ein Intervall ist, das aus mehr als einem Punkt besteht.)

Der Grenzwert $f'(x)$ heißt *Differentialquotient* oder *Ableitung* von $f$ im Punkte $x$. Die Funktion $f$ heißt differenzierbar in $D$, falls $f$ in jedem Punkt $x \in D$
differenzierbar ist.

*Bemerkung.* Man kann den Differentialquotienten auch darstellen als

$$f'(x) = \lim_{h \to 0} \frac{f(x+h) - f(x)}{h}.$$

Dabei sind natürlich bei der Limesbildung nur solche Folgen $(h_n)$ mit
$\lim h_n = 0$ zugelassen, für die $h_n \neq 0$ und $x + h_n \in D$ für alle $n$.

### Geometrische Interpretation des Differentialquotienten

Der *Differenzenquotient* $\frac{f(\xi) - f(x)}{\xi - x}$ ist die Steigung der Sekante des Graphen
von $f$ durch die Punkte $(x, f(x))$ und $(\xi, f(\xi))$, vgl. Bild 15.1. Beim Grenzübergang $\xi \to x$ geht die Sekante in die Tangente an den Graphen von $f$ im
Punkt $(x, f(x))$ über. $f'(x)$ ist also (im Falle der Existenz) die Steigung der
Tangente im Punkt $(x, f(x))$.

## § 15 Differentiation

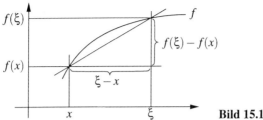

**Bild 15.1**

*Zur Schreibweise.* Man schreibt auch $\frac{df(x)}{dx}$ für $f'(x)$. Diese Schreibweise ist jedoch nicht ganz unproblematisch, da die zwei Buchstaben $x$ eine verschiedene Bedeutung haben. Ist z.B. $x = 0$, so kann man $f'(0)$, aber nicht $\frac{df(0)}{d0}$ schreiben. In diesem Fall verwendet man die Schreibweise $\frac{df}{dx}(0)$ oder $\frac{df(x)}{dx}\big|_{x=0}$.

### Beispiele

**(15.1)** Für eine konstante Funktion $f\colon \mathbb{R} \to \mathbb{R}$, $f(x) = c$, gilt

$$f'(x) = \lim_{\substack{\xi \to x \\ \xi \neq x}} \frac{f(\xi) - f(x)}{\xi - x} = \lim_{\substack{\xi \to x \\ \xi \neq x}} \frac{c - c}{\xi - x} = 0.$$

**(15.2)** $f\colon \mathbb{R} \to \mathbb{R}$, $f(x) = cx$, $(c \in \mathbb{R})$.

$$f'(x) = \lim_{\substack{\xi \to x \\ \xi \neq x}} \frac{f(\xi) - f(x)}{\xi - x} = \lim_{\substack{\xi \to x \\ \xi \neq x}} \frac{c\xi - cx}{\xi - x} = c.$$

**(15.3)** $f\colon \mathbb{R} \to \mathbb{R}$, $f(x) = x^2$.

$$f'(x) = \lim_{h \to 0} \frac{f(x+h) - f(x)}{h} = \lim_{h \to 0} \frac{(x+h)^2 - x^2}{h}$$
$$= \lim_{h \to 0} \frac{2xh + h^2}{h} = \lim_{h \to 0} (2x + h) = 2x.$$

**(15.4)** $f\colon \mathbb{R}^* \to \mathbb{R}$, $f(x) = \frac{1}{x}$.

$$f'(x) = \lim_{h \to 0} \frac{f(x+h) - f(x)}{h} = \lim_{h \to 0} \frac{1}{h}\left(\frac{1}{x+h} - \frac{1}{x}\right)$$
$$= \lim_{h \to 0} \frac{x - (x+h)}{h(x+h)x} = \lim_{h \to 0} \frac{-1}{(x+h)x} = -\frac{1}{x^2}.$$

144                                                                    § 15 Differentiation

**(15.5)** exp: $\mathbb{R} \to \mathbb{R}$.

Unter Benutzung von Beispiel (12.7) erhält man

$$\exp'(x) = \lim_{h \to 0} \frac{\exp(x+h) - \exp(x)}{h} = \lim_{h \to 0} \exp(x) \frac{\exp(h) - 1}{h}$$

$$= \exp(x) \lim_{h \to 0} \frac{\exp(h) - 1}{h} = \exp(x).$$

Die Exponentialfunktion besitzt also die merkwürdige Eigenschaft, sich bei Differentiation zu reproduzieren.

**(15.6)** sin: $\mathbb{R} \to \mathbb{R}$.

Mithilfe von §14, Corollar zu Satz 3 erhalten wir

$$\sin'(x) = \lim_{h \to 0} \frac{\sin(x+h) - \sin x}{h} = \lim_{h \to 0} \frac{2\cos(x + \frac{h}{2})\sin\frac{h}{2}}{h}$$

$$= \left( \lim_{h \to 0} \cos(x + \tfrac{h}{2}) \right) \left( \lim_{h \to 0} \frac{\sin\frac{h}{2}}{\frac{h}{2}} \right).$$

Da cos stetig ist, gilt $\lim_{h \to 0} \cos\left(x + \frac{h}{2}\right) = \cos x$ und nach §14, Corollar zu Satz 5,

ist $\lim_{h \to 0} \dfrac{\sin\frac{h}{2}}{\frac{h}{2}} = 1$. Damit folgt

$$\sin'(x) = \cos x.$$

**(15.7)** cos: $\mathbb{R} \to \mathbb{R}$.

Analog zum vorigen Beispiel schließt man

$$\cos'(x) = \lim_{h \to 0} \frac{\cos(x+h) - \cos(x)}{h} = \lim_{h \to 0} \frac{-2\sin(x + \frac{h}{2})\sin\frac{h}{2}}{h}$$

$$= -\left( \lim_{h \to 0} \sin(x + \tfrac{h}{2}) \right) \left( \lim_{h \to 0} \frac{\sin\frac{h}{2}}{\frac{h}{2}} \right) = -\sin x.$$

**(15.8)** Wir betrachten die Funktion abs: $\mathbb{R} \to \mathbb{R}$ (vgl. Bild 10.1).
*Behauptung.* $\mathrm{abs}'(0)$ existiert nicht.

*Beweis.* Sei $h_n = (-1)^n \frac{1}{n}$, $(n \geqslant 1)$. Es gilt $\lim h_n = 0$.

$$q_n := \frac{\mathrm{abs}(0 + h_n) - \mathrm{abs}(0)}{h_n} = \frac{\frac{1}{n} - 0}{(-1)^n \frac{1}{n}} = (-1)^n.$$

§ 15 Differentiation                                                      145

$\lim_{n\to\infty} q_n$ existiert nicht, also ist die Funktion abs im Nullpunkt nicht differenzierbar.

*Bemerkung.* Sei $x \in D \subset \mathbb{R}$ und $f : D \to \mathbb{R}$ eine Funktion. $f$ heißt im Punkt $x$
*von rechts differenzierbar,* falls der Grenzwert

$$f'_+(x) := \lim_{\xi \searrow x} \frac{f(\xi) - f(x)}{\xi - x}$$

existiert.

Die Funktion $f$ heißt in $x$ von *links differenzierbar,* falls

$$f'_-(x) := \lim_{\xi \nearrow x} \frac{f(\xi) - f(x)}{\xi - x}$$

existiert.

Die Funktion abs ist im Nullpunkt von rechts und von links differenzierbar,
und zwar gilt $\mathrm{abs}'_+(0) = +1$, $\mathrm{abs}'_-(0) = -1$.

**Satz 1.** *Sei $D \subset \mathbb{R}$ und $a \in D$ ein Punkt derart, dass mindestens eine Folge
$x_n \in D \setminus \{a\}$, $n \in \mathbb{N}$, existiert mit $\lim x_n = a$. Eine Funktion $f : D \to \mathbb{R}$ ist
genau dann im Punkt $a$ differenzierbar, wenn es eine Konstante $c \in \mathbb{R}$ gibt, so
dass*

$$f(x) = f(a) + c(x - a) + \varphi(x), \quad (x \in D),$$

*wobei $\varphi$ eine Funktion ist, für die gilt*

$$\lim_{\substack{x \to a \\ x \neq a}} \frac{\varphi(x)}{x - a} = 0.$$

*In diesem Fall ist $c = f'(a)$.*

*Bemerkung.* Der Satz drückt aus, dass die Differenzierbarkeit von $f$ im Punkt
$a$ gleichbedeutend mit der Approximierbarkeit durch eine affin-lineare Funktion ist. Mit den obigen Bezeichnungen ist diese affin-lineare Funktion

$$L(x) = f(a) + c(x - a).$$

Der Graph von $L$ ist die Tangente an den Graphen von $f$ im Punkt $(a, f(a))$,
siehe Bild 15.2. Unter Benutzung des Landauschen $o$-Symbols (definiert in
§ 12) lässt sich schreiben

$$f(x) = f(a) + c(x - a) + o(|x - a|) \quad \text{für } x \to a$$

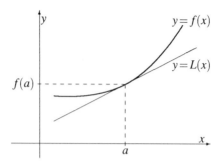

**Bild 15.2** Affin-lineare Approximation

*Beweis.*
a) Sei zunächst vorausgesetzt, dass $f$ in $a$ differenzierbar ist und $c := f'(a)$. Wir definieren die Funktion $\varphi$ durch

$$f(x) = f(a) + c(x-a) + \varphi(x).$$

Dann gilt

$$\frac{\varphi(x)}{x-a} = \frac{f(x)-f(a)}{x-a} - f'(a),$$

also $\lim_{x \to a} \frac{\varphi(x)}{x-a} = 0$.

b) Es sei nun umgekehrt vorausgesetzt, dass für $f$ die Darstellung

$$f(x) = f(a) + c(x-a) + \varphi(x)$$

mit $\lim_{x \to a} \frac{\varphi(x)}{x-a} = 0$ besteht. Dann ist

$$\lim_{x \to a} \left( \frac{f(x)-f(a)}{x-a} - c \right) = \lim_{x \to a} \frac{\varphi(x)}{x-a} = 0,$$

also

$$\lim_{x \to a} \frac{f(x)-f(a)}{x-a} = c,$$

d.h. $f$ ist in $a$ differenzierbar und $f'(a) = c$.

**Corollar.** *Ist die Funktion $f \colon D \to \mathbb{R}$ im Punkt $a \in D$ differenzierbar, so ist sie in $a$ auch stetig.*

§ 15 Differentiation                                                             147

*Beweis.* Wir benutzen die Darstellung von $f$ aus Satz 1. Es gilt $\lim\limits_{x\to a}\varphi(x)=0$, also

$$\lim_{x\to a}f(x)=f(a)+\lim_{x\to a}\big(c(x-a)+\varphi(x)\big)=f(a)\,,\quad\text{q.e.d.}$$

**Satz 2.** *Seien $f,g\colon D\to\mathbb{R}$ in $x\in D$ differenzierbare Funktionen und $\lambda\in\mathbb{R}$. Dann sind auch die Funktionen*

$$f+g\,,\quad \lambda f\,,\quad fg\colon D\to\mathbb{R}$$

*in $x$ differenzierbar und es gelten die Rechenregeln:*
a) Linearität

$$\begin{aligned}(f+g)'(x)&=f'(x)+g'(x)\,,\\(\lambda f)'(x)&=\lambda f'(x)\,.\end{aligned}$$

b) Produktregel

$$(fg)'(x)=f'(x)g(x)+f(x)g'(x)\,.$$

c) Quotientenregel. *Ist $g(\xi)\neq 0$ für alle $\xi\in D$, so ist auch die Funktion $(f/g)\colon D\to\mathbb{R}$ in $x$ differenzierbar mit*

$$\left(\frac{f}{g}\right)'(x)=\frac{f'(x)g(x)-f(x)g'(x)}{g(x)^2}\,.$$

*Beweis.*
a) Dies folgt unmittelbar aus den Rechenregeln für Grenzwerte von Folgen.

b) *Produktregel.*

$$\begin{aligned}(fg)'(x)&=\lim_{h\to 0}\frac{f(x+h)g(x+h)-f(x)g(x)}{h}\\&=\lim_{h\to 0}\frac{1}{h}\big[f(x+h)\,(g(x+h)-g(x))\\&\qquad\qquad+(f(x+h)-f(x))\,g(x)\big]\\&=\lim_{h\to 0}f(x+h)\frac{g(x+h)-g(x)}{h}\\&\quad+\lim_{h\to 0}\frac{f(x+h)-f(x)}{h}g(x)\\&=f(x)g'(x)+f'(x)g(x)\,.\end{aligned}$$

Dabei wurde die Stetigkeit von $f$ in $x$ verwendet.

148                                                              § 15 Differentiation

c) *Quotientenregel.* Wir behandeln zunächst den Spezialfall $f = 1$.

$$\left(\frac{1}{g}\right)'(x) = \lim_{h \to 0} \frac{1}{h}\left(\frac{1}{g(x+h)} - \frac{1}{g(x)}\right)$$

$$= \lim_{h \to 0} \frac{1}{g(x+h)g(x)}\left(\frac{g(x) - g(x+h)}{h}\right) = \frac{-g'(x)}{g(x)^2}.$$

Der allgemeine Fall folgt hieraus mithilfe der Produktregel:

$$\left(\frac{f}{g}\right)'(x) = \left(f \cdot \frac{1}{g}\right)'(x) = f'(x)\frac{1}{g(x)} + f(x)\frac{-g'(x)}{g(x)^2}$$

$$= \frac{f'(x)g(x) - f(x)g'(x)}{g(x)^2}.$$

**Beispiele**

**(15.9)** Sei $f_n(x) = x^n$, $n \in \mathbb{N}$.

Behauptung: $f_n'(x) = nx^{n-1}$.

*Beweis* durch vollständige Induktion nach $n$.

Die Fälle $n = 0, 1, 2$ wurden bereits in den Beispielen (15.1) bis (15.3) behandelt.

*Induktionsschritt* $n \to n+1$. Da $f_{n+1} = f_1 f_n$, folgt aus der Produktregel

$$f_{n+1}'(x) = f_1'(x)f_n(x) + f_1(x)f_n'(x) = 1 \cdot x^n + x\left(nx^{n-1}\right) = (n+1)x^n.$$

**(15.10)** $f\colon \mathbb{R}^* \to \mathbb{R}, f(x) = \frac{1}{x^n}, (n \in \mathbb{N})$.

Die Quotientenregel liefert sofort

$$f'(x) = \frac{-(nx^{n-1})}{(x^n)^2} = -nx^{-n-1}.$$

Aus (15.9) und (15.10) zusammen folgt, dass

$$\frac{d}{dx}(x^n) = nx^{n-1} \quad \text{für alle } n \in \mathbb{Z}.$$

(Falls $n < 0$, muss $x \neq 0$ vorausgesetzt werden.)

**(15.11)** Für die Funktion $\tan x = \frac{\sin x}{\cos x}$ erhalten wir aus der Quotientenregel

$$\tan'(x) = \frac{\sin'(x)\cos(x) - \sin(x)\cos'(x)}{\cos^2(x)} = \frac{\cos^2 x + \sin^2 x}{\cos^2 x} = \frac{1}{\cos^2 x}.$$

§ 15 Differentiation
149

**Satz 3** (Ableitung der Umkehrfunktion). *Sei $D \subset \mathbb{R}$ ein Intervall, $f: D \to \mathbb{R}$ eine stetige, streng monotone Funktion und $\varphi = f^{-1}: D^* \to \mathbb{R}$ die Umkehrfunktion, wobei $D^* = f(D)$.*

*Ist $f$ im Punkt $x \in D$ differenzierbar und $f'(x) \neq 0$, so ist $\varphi$ im Punkt $y := f(x)$ differenzierbar und es gilt*

$$\varphi'(y) = \frac{1}{f'(x)} = \frac{1}{f'(\varphi(y))}.$$

*Beweis.* Sei $\eta_\nu \in D^* \smallsetminus \{y\}$ irgendeine Folge mit $\lim_{\nu \to \infty} \eta_\nu = y$. Wir setzen $\xi_\nu := \varphi(\eta_\nu)$. Da $\varphi$ stetig ist (§12, Satz 1), ist $\lim_{\nu \to \infty} \xi_\nu = x$. Außerdem ist $\xi_\nu \neq x$ für alle $\nu$, da $\varphi: D^* \to D$ bijektiv ist. Nun gilt

$$\lim_{\nu \to \infty} \frac{\varphi(\eta_\nu) - \varphi(y)}{\eta_\nu - y} = \lim_{\nu \to \infty} \frac{\xi_\nu - x}{f(\xi_\nu) - f(x)} = \lim_{\nu \to \infty} \frac{1}{\frac{f(\xi_\nu) - f(x)}{\xi_\nu - x}} = \frac{1}{f'(x)}.$$

Also ist $\varphi'(y) = \frac{1}{f'(x)} = \frac{1}{f'(\varphi(y))}$.

**Beispiele**

**(15.12)** $\log: \mathbb{R}_+^* \to \mathbb{R}$ ist die Umkehrfunktion von $\exp: \mathbb{R} \to \mathbb{R}$. Daher gilt nach dem vorhergehenden Satz

$$\log'(x) = \frac{1}{\exp'(\log x)} = \frac{1}{\exp(\log x)} = \frac{1}{x}.$$

**Anwendung.** Aus der Ableitung des Logarithmus lässt sich folgende Darstellung für die Zahl $e$ ableiten:

$$e = \lim_{n \to \infty} \left(1 + \frac{1}{n}\right)^n.$$

*Beweis.* Da $\log'(1) = 1$, folgt

$$\lim_{n \to \infty} n \log\left(1 + \frac{1}{n}\right) = \lim_{n \to \infty} \frac{\log(1 + \frac{1}{n})}{\frac{1}{n}} = 1.$$

Nun ist $(1 + \frac{1}{n})^n = \exp\left(n \log(1 + \frac{1}{n})\right)$, also wegen der Stetigkeit von $\exp$

$$\lim_{n \to \infty} \left(1 + \frac{1}{n}\right)^n = \exp(1) = e, \quad \text{q.e.d.}$$

**(15.13)** arcsin: $[-1, 1] \to \mathbb{R}$ ist die Umkehrfunktion von sin: $[-\frac{\pi}{2}, \frac{\pi}{2}] \to \mathbb{R}$. Für $x \in {]}{-1}, 1[$ gilt:

$$\arcsin'(x) = \frac{1}{\sin'(\arcsin x)} = \frac{1}{\cos(\arcsin x)}.$$

Sei $y := \arcsin x$. Dann ist $\sin y = x$ und $\cos y = +\sqrt{1 - x^2}$, da $y \in [-\frac{\pi}{2}, \frac{\pi}{2}]$. Also haben wir

$$\frac{d \arcsin x}{dx} = \frac{1}{\sqrt{1 - x^2}} \quad \text{für } -1 < x < 1.$$

**(15.14)** arctan: $\mathbb{R} \to \mathbb{R}$ ist die Umkehrfunktion von tan: ${]}{-\frac{\pi}{2}}, \frac{\pi}{2}[ \to \mathbb{R}$. Also gilt

$$\arctan'(x) = \frac{1}{\tan'(\arctan x)} = \cos^2(\arctan x).$$

Setzen wir $y := \arctan x$, so folgt

$$x^2 = \tan^2 y = \frac{\sin^2 y}{\cos^2 y} = \frac{1 - \cos^2 y}{\cos^2 y} = \frac{1}{\cos^2 y} - 1,$$

also

$$\cos^2 y = \frac{1}{1 + x^2}.$$

Deshalb gilt

$$\frac{d \arctan x}{dx} = \frac{1}{1 + x^2}.$$

Es ist bemerkenswert, dass die (relativ) komplizierte Funktion arctan einen so einfachen Differentialquotienten besitzt.

**Satz 4** (Kettenregel). *Seien $f: D \to \mathbb{R}$ und $g: E \to \mathbb{R}$ Funktionen mit $f(D) \subset E$. Die Funktion $f$ sei im Punkt $x \in D$ differenzierbar und $g$ sei in $y := f(x) \in E$ differenzierbar. Dann ist die zusammengesetzte Funktion*

$$g \circ f: D \to \mathbb{R}$$

*im Punkt $x$ differenzierbar und es gilt*

$$(g \circ f)'(x) = g'(f(x)) f'(x).$$

*Beweis.* Wir definieren die Funktion $g^*: E \to \mathbb{R}$ durch

$$g^*(\eta) := \begin{cases} \dfrac{g(\eta) - g(y)}{\eta - y}, & \text{falls } \eta \neq y, \\ g'(y), & \text{falls } \eta = y. \end{cases}$$

§ 15 Differentiation 151

Da $g$ in $y$ differenzierbar ist, gilt

$$\lim_{\eta \to y} g^*(\eta) = g^*(y) = g'(y).$$

Außerdem gilt für alle $\eta \in E$

$$g(\eta) - g(y) = g^*(\eta)(\eta - y).$$

Damit erhalten wir

$$\begin{aligned}
(g \circ f)'(x) &= \lim_{\xi \to x} \frac{g(f(\xi)) - g(f(x))}{\xi - x} \\
&= \lim_{\xi \to x} \frac{g^*(f(\xi))\,(f(\xi) - f(x))}{\xi - x} \\
&= \lim_{\xi \to x} g^*(f(\xi)) \lim_{\xi \to x} \frac{f(\xi) - f(x)}{\xi - x} \\
&= g'(f(x))\,f'(x), \quad \text{q.e.d.}
\end{aligned}$$

**Beispiele**

**(15.15)** Sei $f\colon \mathbb{R} \to \mathbb{R}$ differenzierbar und $F\colon \mathbb{R} \to \mathbb{R}$ definiert durch

$$F(x) := f(ax + b), \quad (a, b \in \mathbb{R}).$$

Dann gilt

$$F'(x) = af'(ax + b).$$

**(15.16)** Sei $\alpha \in \mathbb{R}$ und $f\colon \mathbb{R}_+^* \to \mathbb{R}$, $f(x) = x^\alpha$. Da $x^\alpha = \exp(\alpha \log x)$, liefert die Kettenregel

$$\frac{dx^\alpha}{dx} = \exp'(\alpha \log x)\frac{d}{dx}(\alpha \log x) = \exp(\alpha \log x)\frac{\alpha}{x} = x^\alpha \cdot \frac{\alpha}{x} = \alpha x^{\alpha - 1}.$$

Somit gilt die in (15.9) und (15.10) für ganze Exponenten bewiesene Formel für beliebige reelle Exponenten.

**(15.17)** Wir zeigen, dass sich die Quotientenregel auch aus der Kettenregel ableiten lässt. Sei nämlich $g\colon D \to \mathbb{R}$ eine in $x \in D$ differenzierbare Funktion, die nirgends den Wert 0 annimmt. Wir setzen $f\colon \mathbb{R}^* \to \mathbb{R}$, $f(x) := \frac{1}{x}$. Dann gilt

$$\frac{1}{g} = f \circ g.$$

Nach Beispiel (15.4) ist $f'(x) = -\frac{1}{x^2}$, also

$$\left(\frac{1}{g}\right)'(x) = f'(g(x))g'(x) = -\frac{1}{g(x)^2}g'(x) = \frac{-g'(x)}{g(x)^2}.$$

152 § 15 Differentiation

Aus diesem Spezialfall folgt, wie wir bereits gesehen haben, mithilfe der Produktregel die allgemeine Quotientenregel.

**Ableitungen höherer Ordnung**

Die Funktion $f: D \to \mathbb{R}$ sei in $D$ differenzierbar. Falls die Ableitung $f': D \to \mathbb{R}$ ihrerseits im Punkt $x \in D$ differenzierbar ist, so heißt

$$\frac{d^2 f(x)}{dx^2} := f''(x) := (f')'(x)$$

die *zweite Ableitung* von $f$ in $x$.

Allgemein definieren wir durch vollständige Induktion: Eine Funktion $f: D \to \mathbb{R}$ heißt $k$-mal differenzierbar im Punkt $x \in D$, falls ein $\varepsilon > 0$ existiert, so dass

$$f \,|\, D \cap \, ]x - \varepsilon, x + \varepsilon[ \, \to \mathbb{R}$$

$(k-1)$-mal differenzierbar in $D \cap \,]x - \varepsilon, x + \varepsilon[$ ist, und die $(k-1)$-te Ableitung von $f$ in $x$ differenzierbar ist. Man verwendet folgende Bezeichnungen:

$$f^{(k)}(x) := \frac{d^k f(x)}{dx^k} := \left(\frac{d}{dx}\right)^k f(x) := \frac{d}{dx}\left(\frac{d^{k-1} f(x)}{dx^{k-1}}\right).$$

Die Funktion $f: D \to \mathbb{R}$ heißt $k$-mal differenzierbar in $D$, wenn $f$ in jedem Punkt $x \in D$ $k$-mal differenzierbar ist. Sie heißt $k$-mal stetig differenzierbar in $D$, wenn überdies die $k$-te Ableitung $f^{(k)}: D \to \mathbb{R}$ in $D$ stetig ist.

Unter der 0-ten Ableitung einer Funktion versteht man die Funktion selbst.

AUFGABEN

**15.1.** Man berechne die Ableitungen der folgenden Funktionen:

$\qquad f_k: \mathbb{R}_+^* \to \mathbb{R}, \quad k = 1, \ldots, 5,$

$\qquad f_1(x) := x^{(x^x)}, \quad f_2(x) := (x^x)^x, \quad f_3(x) := x^{(x^a)},$

$\qquad f_4(x) := x^{(a^x)}, \quad f_5(x) := a^{(x^x)}.$

Dabei sei $a$ eine positive Konstante.

**15.2.** Die Funktion $g: \mathbb{R} \to \mathbb{R}$ sei wie folgt definiert:

$\qquad g(x) := x^2 \cos\left(\dfrac{1}{x}\right) \quad \text{für } x \neq 0,$

$\qquad g(0) := 0.$

§ 15 Differentiation 153

Man zeige, dass $g$ in jedem Punkt $x \in \mathbb{R}$ differenzierbar ist und berechne die Ableitung.

**15.3.** Man berechne die Ableitung der Funktionen

$\sinh: \mathbb{R} \to \mathbb{R}$,

$\cosh: \mathbb{R} \to \mathbb{R}$,

$\tanh := \dfrac{\sinh}{\cosh}: \mathbb{R} \to \mathbb{R}$.

**15.4.** Man berechne die Ableitungen der Funktionen

$\operatorname{Ar}\sinh: \mathbb{R} \to \mathbb{R}$,

$\operatorname{Ar}\cosh: ]1,\infty[ \to \mathbb{R}$,

(vgl. Aufgabe 12.2).

**15.5.** Man beweise: Die Funktion $\tanh: \mathbb{R} \to \mathbb{R}$ ist streng monoton wachsend und bildet $\mathbb{R}$ bijektiv auf $]-1,1[$ ab. Die Umkehrfunktion

$\operatorname{Ar}\tanh: ]-1,1[ \to \mathbb{R}$

ist differenzierbar. Man berechne die Ableitung.

**15.6.** Man beweise: Für alle $x \in \mathbb{R}$ gilt

$$e^x = \lim_{n \to \infty} \left(1 + \frac{x}{n}\right)^n.$$

**15.7.** Es seien $f, g: D \to \mathbb{R}$ in $D$ $n$-mal differenzierbare Funktionen. Man beweise durch vollständige Induktion nach $n$ die folgenden Beziehungen:

i) $\dfrac{d^n}{dx^n}(f(x)g(x)) = \sum_{k=0}^{n} \binom{n}{k} f^{(n-k)}(x)g^{(k)}(x)$, (Leibniz).

ii) $f(x)\dfrac{d^n g(x)}{dx^n} = \sum_{k=0}^{n} (-1)^k \binom{n}{k} \dfrac{d^{n-k}}{dx^{n-k}} \left(f^{(k)}(x)g(x)\right)$.

**15.8.** Eine Funktion $f: \mathbb{R} \to \mathbb{R}$ heißt *gerade*, wenn $f(-x) = f(x)$ für alle $x \in \mathbb{R}$, und *ungerade*, wenn $f(-x) = -f(x)$ für alle $x \in \mathbb{R}$.

i) Man zeige: Die Ableitung einer geraden (ungeraden) Funktion ist ungerade (gerade).

ii) Sei $f: \mathbb{R} \to \mathbb{R}$ die Polynomfunktion

$f(x) = a_0 + a_1 x + \ldots + a_n x^n$, $(a_k \in \mathbb{R})$.

Man beweise: $f$ ist genau dann gerade (ungerade), wenn $a_k = 0$ für alle ungeraden (geraden) Indizes $k$.

# § 16.  Lokale Extrema. Mittelwertsatz. Konvexität

Wir kommen jetzt zu den ersten Anwendungen der Differentiation. Viele Eigenschaften einer Funktion spiegeln sich nämlich in ihrer Ableitung wider. So kann das Auftreten von lokalen Extrema, die Monotonie und die Konvexität mithilfe der Ableitung untersucht werden. Aus Schranken für die Ableitung erhält man Abschätzungen für das Wachstum der Funktion.

**Definition.** Sei $f : \,]a,b[ \to \mathbb{R}$ eine Funktion. Man sagt, $f$ habe in $x \in \,]a,b[$ ein *lokales Maximum (Minimum)*, wenn ein $\varepsilon > 0$ existiert, so dass

$$f(x) \geqslant f(\xi) \text{ (bzw. } f(x) \leqslant f(\xi)) \quad \text{für alle } \xi \text{ mit } |x - \xi| < \varepsilon.$$

Trifft in der letzten Zeile das Gleichheitszeichen nur für $\xi = x$ zu, so nennt man $x$ ein *strenges* oder *striktes* lokales Maximum (Minimum).

*Extremum* ist der gemeinsame Oberbegriff für Maximum und Minimum. Anstelle von lokalem Extremum spricht man auch von *relativem* Extremum.

**Satz 1.** *Die Funktion $f : \,]a,b[ \to \mathbb{R}$ besitze im Punkt $x \in \,]a,b[$ ein lokales Extremum und sei in $x$ differenzierbar. Dann ist $f'(x) = 0$.*

*Beweis.* $f$ besitze in $x$ ein lokales Maximum. Dann existiert ein $\varepsilon > 0$, so dass $]x - \varepsilon, x + \varepsilon[ \subset \,]a,b[$ und

$$f(\xi) \leqslant f(x) \quad \text{für alle } \xi \in \,]x - \varepsilon, x + \varepsilon[.$$

Daraus folgt

$$f'_+(x) = \lim_{\xi \searrow x} \frac{f(\xi) - f(x)}{\xi - x} \leqslant 0,$$

$$f'_-(x) = \lim_{\xi \nearrow x} \frac{f(\xi) - f(x)}{\xi - x} \geqslant 0.$$

Da $f$ in $x$ differenzierbar ist, gilt $f'_+(x) = f'_-(x) = f'(x)$; also muss $f'(x) = 0$ sein. Für ein lokales Minimum ist der Satz analog zu beweisen.

*Bemerkungen*

a) $f'(x) = 0$ ist nur eine notwendige, aber nicht hinreichende Bedingung für ein lokales Extremum. Für die Funktion $f(x) = x^3$ gilt z.B. $f'(0) = 0$, sie besitzt aber in 0 kein lokales Extremum.

§ 16 Lokale Extrema. Mittelwertsatz. Konvexität 155

b) Nach §11, Satz 2, nimmt jede in einem *abgeschlossenen* Intervall stetige Funktion $f\colon [a,b] \to \mathbb{R}$ ihr absolutes Maximum und ihr absolutes Minimum an. Liegt ein Extremum jedoch am Rand, so ist dort nicht notwendig $f'(x) = 0$, wie man z.B. an der Funktion

$$f\colon [0,1] \to \mathbb{R}, \quad x \mapsto x$$

sieht.

**Satz 2** (Satz von Rolle). *Sei $a < b$ und $f\colon [a,b] \to \mathbb{R}$ eine stetige Funktion mit $f(a) = f(b)$. Die Funktion $f$ sei in $]a,b[$ differenzierbar. Dann existiert ein $\xi \in ]a,b[$ mit $f'(\xi) = 0$.*

Der Satz von Rolle sagt insbesondere, dass zwischen zwei Nullstellen einer differenzierbaren Funktion eine Nullstelle der Ableitung liegt.

*Beweis.* Falls $f$ konstant ist, ist der Satz trivial. Ist $f$ nicht konstant, so gibt es ein $x_0 \in ]a,b[$ mit $f(x_0) > f(a)$ oder $f(x_0) < f(a)$. Dann wird das absolute Maximum (bzw. Minimum) der Funktion $f\colon [a,b] \to \mathbb{R}$ in einem Punkt $\xi \in ]a,b[$ angenommen. Nach Satz 1 ist $f'(\xi) = 0$, q.e.d.

**Corollar 1** (Mittelwertsatz). *Sei $a < b$ und $f\colon [a,b] \to \mathbb{R}$ eine stetige Funktion, die in $]a,b[$ differenzierbar ist. Dann existiert ein $\xi \in ]a,b[$, so dass*

$$\frac{f(b) - f(a)}{b - a} = f'(\xi).$$

Geometrisch bedeutet der Mittelwertsatz, dass die Steigung der Sekante durch die Punkte $(a, f(a))$ und $(b, f(b))$ gleich der Steigung der Tangente and den Graphen von $f$ an einer gewissen Zwischenstelle $(\xi, f(\xi))$ ist (Bild 16.1).

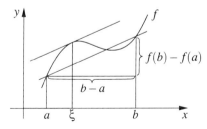

**Bild 16.1**

*Beweis.* Wir definieren eine Hilfsfunktion $F\colon [a,b] \to \mathbb{R}$ durch

$$F(x) = f(x) - \frac{f(b) - f(a)}{b - a}(x - a).$$

$F$ ist stetig in $[a,b]$ und differenzierbar in $]a,b[$. Da $F(a) = f(a) = F(b)$, existiert nach dem Satz von Rolle ein $\xi \in \;]a,b[$ mit $F'(\xi) = 0$. Da

$$F'(\xi) = f'(\xi) - \frac{f(b) - f(a)}{b - a},$$

folgt die Behauptung.

**Corollar 2.** *Sei $f\colon [a,b] \to \mathbb{R}$ eine stetige, in $]a,b[$ differenzierbare Funktion. Für die Ableitung gelte*

$$m \leqslant f'(\xi) \leqslant M \quad \text{für alle } \xi \in \;]a,b[$$

*mit gewissen Konstanten $m, M \in \mathbb{R}$. Dann gilt für alle $x, y \in [a,b]$ mit $x \leqslant y$ die Abschätzung*

$$m(y - x) \leqslant f(y) - f(x) \leqslant M(y - x).$$

Dies ist eine unmittelbare Folgerung aus dem Mittelwertsatz.

**Corollar 3.** *Sei $f\colon [a,b] \to \mathbb{R}$ stetig und in $]a,b[$ differenzierbar mit $f'(x) = 0$ für alle $x \in \;]a,b[$. Dann ist $f$ konstant.*

Dies ist der Fall $m = M = 0$ von Corollar 2.

Als Anwendung geben wir nun eine Charakterisierung der Exponentialfunktion durch ihre Differentialgleichung.

**Satz 3.** *Sei $c \in \mathbb{R}$ eine Konstante und $f\colon \mathbb{R} \to \mathbb{R}$ eine differenzierbare Funktion mit*

$$f'(x) = cf(x) \quad \text{für alle } x \in \mathbb{R}.$$

*Sei $A := f(0)$. Dann gilt*

$$f(x) = Ae^{cx} \quad \text{für alle } x \in \mathbb{R}.$$

*Beweis.* Wir betrachten die Funktion $F(x) := f(x)e^{-cx}$. Nach der Produktregel für die Ableitung ist

$$F'(x) = f'(x)e^{-cx} - cf(x)e^{-cx} = \left(f'(x) - cf(x)\right)e^{-cx} = 0$$

für alle $x \in \mathbb{R}$, also $F$ konstant. Da $F(0) = f(0) = A$, ist $F(x) = A$ für alle $x \in \mathbb{R}$, woraus folgt

$$f(x) = Ae^{cx} \quad \text{für alle } x \in \mathbb{R}.$$

*Bemerkung.* Speziell erhält man aus Satz 3: Die Funktion $\exp\colon \mathbb{R} \to \mathbb{R}$ ist die eindeutig bestimmte differenzierbare Funktion $f\colon \mathbb{R} \to \mathbb{R}$ mit $f' = f$ und $f(0) = 1$.

§ 16 Lokale Extrema. Mittelwertsatz. Konvexität 157

## Monotonie

Der folgende Satz liefert eine Charakterisierung der Monotonie einer Funktion durch ihre Ableitung.

**Satz 4.** *Sei* $f: [a,b] \to \mathbb{R}$ *stetig und in* $]a,b[$ *differenzierbar.*

a) *Wenn für alle* $x \in ]a,b[$ *gilt* $f'(x) \geqslant 0$ *(bzw.* $f'(x) > 0$, $f'(x) \leqslant 0$, $f(x) < 0$), *so ist* $f$ *in* $[a,b]$ *monoton wachsend (bzw. streng monoton wachsend, monoton fallend, streng monoton fallend).*

b) *Ist* $f$ *monoton wachsend (bzw. monoton fallend), so folgt* $f'(x) \geqslant 0$ *(bzw.* $f'(x) \leqslant 0$) *für alle* $x \in ]a,b[$.

*Beweis.* a) Wir behandeln nur den Fall, dass $f'(x) > 0$ für alle $x \in ]a,b[$ (die übrigen Fälle gehen analog). Angenommen, $f$ sei nicht streng monoton wachsend. Dann gibt es $x_1, x_2 \in [a,b]$ mit $x_1 < x_2$ und $f(x_1) \geqslant f(x_2)$. Daher existiert nach dem Mittelwertsatz ein $\xi \in ]x_1, x_2[$ mit

$$f'(\xi) = \frac{f(x_2) - f(x_1)}{x_2 - x_1} \leqslant 0.$$

Dies ist ein Widerspruch zur Voraussetzung $f'(\xi) > 0$. Also ist $f$ doch streng monoton wachsend.

b) Sei $f$ monoton wachsend. Dann sind für alle $x, \xi \in ]x_1, x_2[$, $x \neq \xi$, die Differenzenquotienten nicht-negativ:

$$\frac{f(\xi) - f(x)}{\xi - x} \geqslant 0.$$

Daraus folgt durch Grenzübergang $f'(x) \geqslant 0$, q.e.d.

*Bemerkung.* Ist $f$ *streng* monoton wachsend, so folgt nicht notwendig $f'(x) > 0$ für alle $x \in ]x_1, x_2[$, wie das Beispiel der streng monotonen Funktion $f(x) = x^3$ zeigt, deren Ableitung im Nullpunkt verschwindet.

**Satz 5.** *Sei* $f: ]a,b[ \to \mathbb{R}$ *eine differenzierbare Funktion. Im Punkt* $x \in ]a,b[$ *sei* $f$ *zweimal differenzierbar und es gelte*

$$f'(x) = 0 \text{ und } f''(x) > 0 \text{ (bzw. } f''(x) < 0).$$

*Dann besitzt* $f$ *in* $x$ *ein strenges lokales Minimum (bzw. Maximum).*

*Bemerkung.* Satz 5 gibt nur eine hinreichende, aber nicht notwendige Bedingung für ein strenges Extremum. Die Funktion $f(x) = x^4$ besitzt z.B. für $x = 0$ ein strenges lokales Minimum. Es gilt jedoch $f''(0) = 0$.

*Beweis.* Sei $f''(x) > 0$. (Der Fall $f''(x) < 0$ ist analog zu beweisen.) Da

$$f''(x) = \lim_{\xi \to x} \frac{f'(\xi) - f'(x)}{\xi - x} > 0,$$

existiert ein $\varepsilon > 0$, so dass

$$\frac{f'(\xi) - f'(x)}{\xi - x} > 0 \quad \text{für alle } \xi \text{ mit } 0 < |\xi - x| < \varepsilon.$$

Da $f'(x) = 0$, folgt daraus

$f'(\xi) < 0$ für $x - \varepsilon < \xi < x$,

$f'(\xi) > 0$ für $x < \xi < x + \varepsilon$.

Nach Satz 4 ist deshalb $f$ im Intervall $[x - \varepsilon, x]$ streng monoton fallend und in $[x, x + \varepsilon]$ streng monoton wachsend. $f$ besitzt also in $x$ ein strenges Minimum.

## Konvexität

**Definition.** Sei $D \subset \mathbb{R}$ ein (endliches oder unendliches) Intervall. Eine Funktion $f: D \to \mathbb{R}$ heißt *konvex*, wenn für alle $x_1, x_2 \in D$ und alle $\lambda$ mit $0 < \lambda < 1$ gilt

$$f(\lambda x_1 + (1 - \lambda) x_2) \leqslant \lambda f(x_1) + (1 - \lambda) f(x_2).$$

Die Funktion $f$ heißt *konkav*, wenn $-f$ konvex ist.

Die angegebene Konvexitäts-Bedingung bedeutet (für $x_1 < x_2$), dass der Graph von $f$ im Intervall $[x_1, x_2]$ unterhalb der Sekante durch $(x_1, f(x_1))$ und $(x_2, f(x_2))$ liegt (Bild 16.2).

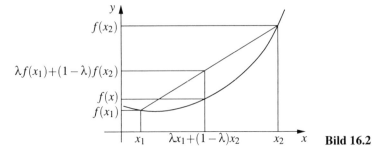

**Bild 16.2**

§ 16 Lokale Extrema. Mittelwertsatz. Konvexität 159

**Satz 6.** *Sei $D \subset \mathbb{R}$ ein offenes Intervall und $f\colon D \to \mathbb{R}$ eine zweimal differenzierbare Funktion. $f$ ist genau dann konvex, wenn $f''(x) \geqslant 0$ für alle $x \in D$.*

*Beweis.*
a) Sei zunächst vorausgesetzt, dass $f''(x) \geqslant 0$ für alle $x \in D$. Dann ist die Ableitung $f'\colon D \to \mathbb{R}$ nach Satz 4 monoton wachsend. Seien $x_1, x_2 \in D$, $0 < \lambda < 1$ und $x := \lambda x_1 + (1-\lambda)x_2$. Wir können annehmen, dass $x_1 < x_2$. Dann gilt $x_1 < x < x_2$. Nach dem Mittelwertsatz existieren $\xi_1 \in \,]x_1, x[$ und $\xi_2 \in \,]x, x_2[$ mit

$$\frac{f(x) - f(x_1)}{x - x_1} = f'(\xi_1) \leqslant f'(\xi_2) = \frac{f(x_2) - f(x)}{x_2 - x}.$$

Da $x - x_1 = (1-\lambda)(x_2 - x_1)$ und $x_2 - x = \lambda(x_2 - x_1)$, folgt daraus

$$\frac{f(x) - f(x_1)}{1 - \lambda} \leqslant \frac{f(x_2) - f(x)}{\lambda}$$

und weiter

$$f(x) \leqslant \lambda f(x_1) + (1-\lambda)f(x_2).$$

Die Funktion $f$ ist also konvex.

b) Sei $f\colon D \to \mathbb{R}$ konvex. Angenommen, es gelte nicht $f''(x) \geqslant 0$ für alle $x \in D$. Dann gibt es ein $x_0 \in D$ mit $f''(x_0) < 0$. Sei $c := f'(x_0)$ und

$$\varphi(x) := f(x) - c(x - x_0) \quad \text{für } x \in D.$$

Dann ist $\varphi\colon D \to \mathbb{R}$ eine zweimal differenzierbare Funktion mit $\varphi'(x_0) = 0$ und $\varphi''(x_0) = f''(x_0) < 0$. Nach Satz 5 besitzt $\varphi$ in $x_0$ ein strenges lokales Maximum. Es gibt also ein $h > 0$, so dass $[x_0 - h, x_0 + h] \subset D$ und

$$\varphi(x_0 - h) < \varphi(x_0), \quad \varphi(x_0 + h) < \varphi(x_0).$$

Daraus folgt

$$f(x_0) = \varphi(x_0) > \tfrac{1}{2}\left(\varphi(x_0 - h) + \varphi(x_0 + h)\right) = \tfrac{1}{2}\left(f(x_0 - h) + f(x_0 + h)\right).$$

Setzt man $x_1 := x_0 - h$, $x_2 := x_0 + h$ und $\lambda := \tfrac{1}{2}$, so ist $x_0 = \lambda x_1 + (1-\lambda)x_2$, also

$$f\left(\lambda x_1 + (1-\lambda)x_2\right) > \lambda f(x_1) + (1-\lambda)f(x_2).$$

Dies steht aber im Widerspruch zur Konvexität von $f$.

Eine einfache Anwendung ist die folgende.

160 § 16 Lokale Extrema. Mittelwertsatz. Konvexität

**Hilfssatz.** *Seien* $p, q \in \,]1, \infty[$ *mit* $\frac{1}{p} + \frac{1}{q} = 1$. *Dann gilt für alle* $x, y \in \mathbb{R}_+$ *die Ungleichung*

$$x^{1/p} y^{1/q} \leqslant \frac{x}{p} + \frac{y}{q}.$$

*Beweis.* Es genügt offenbar, den Hilfssatz für $x, y \in \mathbb{R}_+^*$ zu beweisen. Da für den Logarithmus $\log \colon \mathbb{R}_+^* \to \mathbb{R}$ gilt $\log''(x) = -\frac{1}{x^2} < 0$, ist die Funktion $\log$ konkav, also

$$\log \left( \frac{1}{p} x + \frac{1}{q} y \right) \geqslant \frac{1}{p} \log x + \frac{1}{q} \log y.$$

Nimmt man von beiden Seiten die Exponentialfunktion, so ergibt sich die Behauptung.

*p*-**Norm.** Sei $p$ eine reelle Zahl $\geqslant 1$. Dann definiert man für Vektoren $x = (x_1, \dots, x_n) \in \mathbb{C}^n$ eine Norm $\|x\|_p \in \mathbb{R}_+$ durch

$$\|x\|_p := \left( \sum_{\nu=1}^{n} |x_\nu|^p \right)^{1/p}.$$

Dies ist eine Verallgemeinerung der gewöhnlichen euklidischen Norm, die man für $p = 2$ erhält.

Offenbar gilt $\|x\|_p = 0$ dann und nur dann, wenn $x = 0$, sowie $\|\lambda x\|_p = |\lambda| \cdot \|x\|_p$ für alle $\lambda \in \mathbb{C}$.

**Satz 7** (Höldersche Ungleichung). *Seien* $p, q \in \,]1, \infty[$ *mit* $\frac{1}{p} + \frac{1}{q} = 1$. *Dann gilt für jedes Paar von Vektoren* $x = (x_1, \dots, x_n) \in \mathbb{C}^n$, $y = (y_1, \dots, y_n) \in \mathbb{C}^n$

$$\sum_{\nu=1}^{n} |x_\nu y_\nu| \leqslant \|x\|_p \|y\|_q.$$

*Beweis.* Wir können annehmen, dass $\|x\|_p \neq 0$ und $\|y\|_q \neq 0$, da sonst der Satz trivial ist. Wir setzen

$$\xi_\nu := \frac{|x_\nu|^p}{\|x\|_p^p}, \qquad \eta_\nu := \frac{|y_\nu|^q}{\|y\|_q^q}.$$

Dann ist $\sum_{\nu=1}^{n} \xi_\nu = 1$ und $\sum_{\nu=1}^{n} \eta_\nu = 1$. Der Hilfssatz ergibt angewendet auf $\xi_\nu$ und $\eta_\nu$

$$\frac{|x_\nu y_\nu|}{\|x\|_p \|y\|_q} = \xi_\nu^{1/p} \eta_\nu^{1/q} \leqslant \frac{\xi_\nu}{p} + \frac{\eta_\nu}{q}.$$

§ 16 Lokale Extrema. Mittelwertsatz. Konvexität          161

Durch Summation über $\nu$ erhält man

$$\frac{1}{\|x\|_p \|y\|_q} \sum_{\nu=1}^{n} |x_\nu y_\nu| \leqslant \frac{1}{p} + \frac{1}{q} = 1\,,$$

also die Behauptung.

*Bemerkung.* Für $p = q = 2$ erhält man aus der Hölderschen Ungleichung die *Cauchy-Schwarzsche Ungleichung*

$$|\langle x, y \rangle| \leqslant \|x\|_2 \|y\|_2 \quad \text{für } x, y \in \mathbb{C}^n\,.$$

Dabei ist

$$\langle x, y \rangle := \sum_{\nu=1}^{n} \bar{x}_\nu y_\nu$$

das kanonische Skalarprodukt im $\mathbb{C}^n$.

**Satz 8** (Minkowskische Ungleichung). *Sei $p \in [1, \infty[$. Dann gilt für alle $x, y \in \mathbb{C}^n$*

$$\|x + y\|_p \leqslant \|x\|_p + \|y\|_p\,.$$

*Beweis.* Für $p = 1$ folgt der Satz direkt aus der Dreiecksungleichung für komplexe Zahlen. Sei nun $p > 1$ und $q$ definiert durch $\frac{1}{p} + \frac{1}{q} = 1$. Es sei $z \in \mathbb{C}^n$ der Vektor mit den Komponenten

$$z_\nu := |x_\nu + y_\nu|^{p-1}, \quad \nu = 1, \dots, n.$$

Dann ist $z_\nu^q = |x_\nu + y_\nu|^{q(p-1)} = |x_\nu + y_\nu|^p$, also

$$\|z\|_q = \|x + y\|_p^{p/q}\,.$$

Nach der Hölderschen Ungleichung gilt

$$\sum_\nu |x_\nu + y_\nu| \cdot |z_\nu| \leqslant \sum_\nu |x_\nu z_\nu| + \sum_\nu |y_\nu z_\nu| \leqslant (\|x\|_p + \|y\|_p) \|z\|_q\,,$$

also nach Definition von $z$

$$\|x + y\|_p^p \leqslant (\|x\|_p + \|y\|_p) \|x + y\|_p^{p/q}\,.$$

Da $p - \frac{p}{q} = 1$, folgt daraus die Behauptung.

## Die Regeln von de l'Hospital

Als weitere Anwendung des Mittelwertsatzes leiten wir jetzt einige Formeln her, mit denen man manchmal bequem Grenzwerte berechnen kann.

**162**                    § 16 Lokale Extrema. Mittelwertsatz. Konvexität

**Lemma.** a) *Sei* $f:]0, a[ \to \mathbb{R}$ *eine differenzierbare Funktion mit*

$$\lim_{x \searrow 0} f(x) = 0 \quad \text{und} \quad \lim_{x \searrow 0} f'(x) =: c \in \mathbb{R}.$$

*Dann gilt* $\lim_{x \searrow 0} \dfrac{f(x)}{x} = c.$

b) *Sei* $f:]a, \infty[ \to \mathbb{R}$ *eine differenzierbare Funktion mit*

$$\lim_{x \to \infty} f'(x) =: c \in \mathbb{R}.$$

*Dann gilt* $\lim_{x \to \infty} \dfrac{f(x)}{x} = c.$

*Beweis.* Wir beweisen nur Teil b). Der (einfachere) Beweis von Teil a) sei dem Leser überlassen.

Wir behandeln zunächst den Spezialfall $c = 0$.

Wegen $\lim_{x \to \infty} f'(x) = 0$ gibt es zu vorgegebenem $\varepsilon > 0$ ein $x_0 > \max(a, 0)$ mit $|f'(x)| \leqslant \varepsilon/2$ für $x \geqslant x_0$. Aus dem Corollar 2 zu Satz 2 folgt daraus

$$|f(x) - f(x_0)| \leqslant \frac{\varepsilon}{2}(x - x_0) \quad \text{für alle } x \geqslant x_0.$$

Für alle $x \geqslant \max(x_0, 2|f(x_0)|/\varepsilon)$ gilt dann

$$\left| \frac{f(x)}{x} \right| \leqslant \frac{|f(x) - f(x_0)|}{x} + \frac{|f(x_0)|}{x} \leqslant \frac{\varepsilon}{2} + \frac{\varepsilon}{2} = \varepsilon,$$

woraus die Behauptung folgt.

Der allgemeine Fall wird durch Betrachtung der Funktion $g(x) := f(x) - cx$ auf den gerade betrachteten Spezialfall zurückgeführt.

Ein *Beispiel* für das Lemma ist die uns schon aus (12.5) bekannte Tatsache, dass

$$\lim_{x \to \infty} \frac{\log x}{x} = 0.$$

Dies folgt mit dem Lemma daraus, dass $\lim\limits_{x \to \infty} \log'(x) = \lim\limits_{x \to \infty} \dfrac{1}{x} = 0.$

**Satz 9.** *Auf dem Intervall* $I = ]a, b[$, $(-\infty \leqslant a < b \leqslant \infty)$, *seien* $f, g: I \to \mathbb{R}$ *zwei differenzierbare Funktionen. Es gelte* $g'(x) \neq 0$ *für alle* $x \in I$ *und es existiere der Limes*

$$\lim_{x \nearrow b} \frac{f'(x)}{g'(x)} =: c \in \mathbb{R}.$$

§ 16 Lokale Extrema. Mittelwertsatz. Konvexität                    163

*Dann gelten die folgenden* Regeln von de l'Hospital:

1) *Falls* $\lim\limits_{x \nearrow b} g(x) = \lim\limits_{x \nearrow b} f(x) = 0$, *ist* $g(x) \neq 0$ *für alle* $x \in I$ *und*

$$\lim_{x \nearrow b} \frac{f(x)}{g(x)} = c.$$

2) *Falls* $\lim\limits_{x \nearrow b} g(x) = \pm\infty$, *ist* $g(x) \neq 0$ *für* $x \geqslant x_0$, $(a < x_0 < b)$, *und es gilt ebenfalls*

$$\lim_{x \nearrow b} \frac{f(x)}{g(x)} = c.$$

*Analoge Aussagen gelten für den Grenzübergang* $x \searrow a$.

**Beweis.** Wir beweisen die Regel 2 durch Zurückführung auf Teil b) des Lemmas. (Regel 1 wird analog mithilfe von Teil a) des Lemmas bewiesen.)

Wir stellen zunächst fest, dass die Abbildung $g: I \to \mathbb{R}$ injektiv ist, denn gäbe es zwei Punkte $x_1 \neq x_2$ in $I$ mit $g(x_1) = g(x_2)$, so erhielte man mit dem Satz von Rolle eine Nullstelle von $g'$, was im Widerspruch zur Voraussetzung steht. Es folgt, dass $g$ streng monoton ist und $g'$ das Vorzeichen nicht wechselt. Wir nehmen an, dass $g$ streng monoton wächst (andernfalls gehe man zu $-g$ über). Das Bild von $I$ unter der Abbildung $g$ ist dann das Intervall $J = ]A, \infty[$ mit $A = \lim_{x \searrow a} g(x)$. Wir bezeichnen mit $\psi := g^{-1}: J \to I$ die Umkehrabbildung und mit $F$ die zusammengesetzte Abbildung

$$F := f \circ \psi: J \to \mathbb{R}.$$

Für die Ableitung von $F$ gilt nach der Kettenregel und dem Satz über die Ableitung der Umkehrfunktion

$$F'(y) = f'(\psi(y))\psi'(y) = \frac{f'(\psi(y))}{g'(\psi(y))}.$$

und aus der Voraussetzung folgt

$$\lim_{y \to \infty} F'(y) = \lim_{x \nearrow b} \frac{f'(x)}{g'(x)} = c.$$

Aus dem Lemma folgt deshalb $\lim\limits_{y \to \infty} \dfrac{F(y)}{y} = c$. Sei nun $x_n \in I$ eine beliebige Folge mit $\lim x_n = b$. Wir setzen $y_n := g(x_n)$. Dann folgt $\lim y_n = \infty$ und es ist

$$\lim_{n \to \infty} \frac{f(x_n)}{g(x_n)} = \lim_{n \to \infty} \frac{f(\psi(y_n))}{y_n} = \lim_{n \to \infty} \frac{F(y_n)}{y_n} = c, \qquad \text{q.e.d.}$$

164                                    § 16  Lokale Extrema. Mittelwertsatz. Konvexität

**Beispiele**

**(16.1)** Sei $\alpha > 0$. Nach (12.5) gilt $\lim_{x\to\infty}(\log x/x^\alpha) = 0$. Dies lässt sich auch mit der 2. Regel von de l'Hospital beweisen: Sei $f(x) := \log x$ und $g(x) = x^\alpha$. Die Voraussetzung $\lim_{x\to\infty} g(x) = \infty$ ist erfüllt. Nun ist $f'(x) = 1/x$ und $g'(x) = \alpha x^{\alpha-1}$, also

$$\lim_{x\to\infty} \frac{f'(x)}{g'(x)} = \lim_{x\to\infty} \frac{1}{\alpha x^\alpha} = 0.$$

Daraus folgt

$$\lim_{x\to\infty} \frac{\log x}{x^\alpha} = \lim_{x\to\infty} \frac{f(x)}{g(x)} = 0.$$

**(16.2)** Manchmal kommt man erst nach Umformungen und mehrmaliger Anwendung der Regeln von de l'Hospital zum Ziel. Sei etwa der Grenzwert

$$\lim_{\substack{x\to 0 \\ x\neq 0}} \left( \frac{1}{\sin x} - \frac{1}{x} \right)$$

zu untersuchen. Es ist

$$\frac{1}{\sin x} - \frac{1}{x} = \frac{x - \sin x}{x \sin x} = \frac{f(x)}{g(x)}$$

mit $f(x) = x - \sin x$ und $g(x) = x \sin x$. Da

$$\lim_{x\to 0} f(x) = f(0) = 0 \quad \text{und} \quad \lim_{x\to 0} g(x) = g(0) = 0,$$

ist also zu untersuchen, ob der Limes

$$\lim_{x\to 0} \frac{f'(x)}{g'(x)} = \lim_{x\to 0} \frac{1 - \cos x}{\sin x + x \cos x}$$

existiert. Wegen $\lim_{x\to 0} f'(x) = f'(0) = 0$ und $\lim_{x\to 0} g'(x) = g'(0) = 0$ kann man erneut Hospital anwenden. Man berechnet

$$f''(x) = \sin x, \qquad g''(x) = 2\cos x - x\sin x.$$

Da $\lim_{x\to 0} f''(x) = f''(0) = 0$ und $\lim_{x\to 0} g''(x) = g''(0) = 2$, ergibt sich insgesamt

$$\lim_{x\to 0} \frac{f(x)}{g(x)} = \lim_{x\to 0} \frac{f'(x)}{g'(x)} = \lim_{x\to 0} \frac{f''(x)}{g''(x)} = \frac{f''(0)}{g''(0)} = \frac{0}{2} = 0,$$

§ 16 Lokale Extrema. Mittelwertsatz. Konvexität 165

Also haben wir bewiesen

$$\lim_{\substack{x \to 0 \\ x \neq 0}} \left( \frac{1}{\sin x} - \frac{1}{x} \right) = 0,$$

was bedeutet, dass $1/\sin x$ und $1/x$ für $x \searrow 0$ bzw. $x \nearrow 0$ derart gleichartig gegen $+\infty$ bzw. $-\infty$ gehen, dass ihre Differenz gegen 0 konvergiert.

AUFGABEN

**16.1.** Man untersuche die Funktion $f : \mathbb{R} \to \mathbb{R}$,

$$f(x) := x^3 + ax^2 + bx,$$

auf lokale Extrema in Abhängigkeit von den Parametern $a, b \in \mathbb{R}$.

**16.2.** Man beweise, dass die Funktion

$$f : \mathbb{R}_+ \to \mathbb{R}, \quad f(x) := x^n e^{-x}, \quad (n > 0),$$

genau ein relatives und absolutes Maximum an der Stelle $x = n$ besitzt.

**16.3.** Das *Legendresche Polynom* $n$-ter Ordnung $P_n : \mathbb{R} \to \mathbb{R}$ ist definiert durch

$$P_n(x) := \frac{1}{2^n n!} \cdot \frac{d^n}{dx^n} \left[ (x^2 - 1)^n \right].$$

Man beweise:

a) $P_n$ hat genau $n$ paarweise verschiedene Nullstellen im Intervall $]-1, 1[$.

b) $P_n$ genügt der Differentialgleichung

$$(1 - x^2) P_n''(x) - 2x P_n'(x) + n(n+1) P_n(x) = 0$$

(Legendresche Differentialgleichung).

*Hinweis.* Zum Beweis könnten die Formeln aus Aufgabe 15.7 nützlich sein.

**16.4.** Man beweise, dass jede in einem offenen Intervall $D \subset \mathbb{R}$ konvexe Funktion $f : D \to \mathbb{R}$ stetig ist.

**16.5.** Für $x = (x_1, \ldots, x_n) \in \mathbb{C}^n$ sei

$$\|x\|_\infty := \max \left( |x_1|, \ldots, |x_n| \right).$$

Man beweise

$$\|x\|_\infty = \lim_{p \to \infty} \|x\|_p.$$

**16.6.** a) Man beweise den *verallgemeinerten Mittelwertsatz*:

166 § 17 Numerische Lösung von Gleichungen

Sei $a < b$ und seien $f$, $g : [a,b] \to \mathbb{R}$ zwei stetige Funktionen, die in $]a,b[$ differenzierbar sind. Dann existiert ein $\xi \in ]a,b[$, so dass

$$(f(b) - f(a))g'(\xi) = (g(b) - g(a))f'(\xi).$$

b) Mithilfe des verallgemeinerten Mittelwertsatzes gebe man einen anderen Beweis der Hospital'schen Regeln (Satz 9).

**16.7.** Man verallgemeinere die Hospital'schen Regeln (Satz 9) auf den Fall, dass in der Voraussetzung statt $\lim_{x \nearrow b}(f'(x)/g'(x)) = c \in \mathbb{R}$ uneigentliche Konvergenz

$$\lim_{x \nearrow b} \frac{f'(x)}{g'(x)} = \infty$$

vorliegt. Es folgt dann (in beiden Regeln) $\lim_{x \nearrow b} \dfrac{f(x)}{g(x)} = \infty$.

**16.8** Man zeige, dass die Limites

$$\lim_{x \to \pi/2}\left(\tan x + \frac{1}{x - \pi/2}\right), \qquad \lim_{x \to \pi/2}(x - \frac{\pi}{2})\tan x$$

existieren und berechne sie.

**16.9.** Gegeben sei die Funktion $F_a(x) := (2 - a^{1/x})^x$, $(x \in \mathbb{R}_+^*)$, wobei $0 < a < 1$ ein Parameter sei. Man untersuche, ob die Grenzwerte

$$\lim_{x \searrow 0} F_a(x) \quad \text{und} \quad \lim_{x \to \infty} F_a(x)$$

existieren und berechne sie gegebenenfalls.

*Hinweis.* Man betrachte die Funktion $\log F_a(x)$.

# § 17.  Numerische Lösung von Gleichungen

Wir beschäftigen uns jetzt mit der Lösung von Gleichungen $f(x) = 0$, wobei $f$ eine auf einem Intervall vorgegebene Funktion ist. Nicht immer kann man die Lösungen, wie dies etwa bei quadratischen Polynomen der Fall ist, durch einen expliziten Ausdruck angeben. Es sind Näherungsmethoden notwendig, bei denen die Lösungen als Grenzwerte von Folgen dargestellt werden, deren einzelne Glieder berechnet werden können. Für die Brauchbarkeit eines Näherungsverfahrens ist es wichtig, Fehlerabschätzungen zu haben, damit man weiß, wann man bei vorgegebener Fehlerschranke das Verfahren abbrechen darf.

§ 17 Numerische Lösung von Gleichungen

## Ein Fixpunktsatz

Es tritt häufig das Problem auf, eine Gleichung der Form $f(x) = x$ lösen zu müssen, wo $f\colon [a,b] \to \mathbb{R}$ eine stetige Funktion ist. Hier bietet sich folgendes Näherungsverfahren an. Sei $x_0$ ein Näherungswert und

$$x_n := f(x_{n-1}) \quad \text{für } n \geq 1.$$

Falls die Folge $(x_n)$ wohldefiniert ist (d.h. jedes $x_n$ wieder im Definitionsbereich von $f$ liegt) und gegen ein $\xi \in [a,b]$ konvergiert, so ist $\xi$ eine Lösung der Gleichung, denn aus der Stetigkeit von $f$ folgt

$$\xi = \lim_{n \to \infty} x_n = \lim_{n \to \infty} f(x_{n-1}) = f(\xi).$$

Einen wichtigen Fall, in dem das Verfahren konvergiert, enthält der folgende Satz. Bild 17.1 veranschaulicht das Iterationsverfahren am Graphen von $f$.

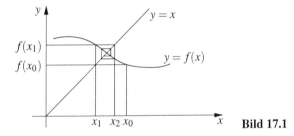

Bild 17.1

**Satz 1.** *Sei $D \subset \mathbb{R}$ ein abgeschlossenes Intervall und $f\colon D \to \mathbb{R}$ eine differenzierbare Funktion mit $f(D) \subset D$. Es gebe ein $q < 1$, so dass $|f'(x)| \leq q$ für alle $x \in D$. Sei $x_0 \in D$ beliebig und*

$$x_n := f(x_{n-1}) \quad \text{für } n \geq 1.$$

*Dann konvergiert die Folge $(x_n)$ gegen die eindeutige Lösung $\xi \in D$ der Gleichung $f(\xi) = \xi$. Es gilt die Fehlerabschätzung*

$$|\xi - x_n| \leq \frac{q}{1-q}|x_n - x_{n-1}| \leq \frac{q^n}{1-q}|x_1 - x_0|.$$

*Bemerkung.* Wie die Fehlerabschätzung zeigt, kann man aus der Differenz zweier aufeinanderfolgender Näherungswerte auf die Genauigkeit der Näherung schließen. Für $q \leq \frac{1}{2}$ etwa ist der Fehler der $n$-ten Näherung nicht größer als der Unterschied zwischen der $(n-1)$-ten und $n$-ten Näherung.

168                                    § 17 Numerische Lösung von Gleichungen

Das Verfahren konvergiert umso schneller, je kleiner $q$ ist. Dies kann man manchmal durch geeignete Umformungen erreichen. Es sei etwa die Gleichung $F(x) = 0$ zu lösen, wo $F$ eine stetig differenzierbare Funktion ist. Für einen Näherungswert $x^*$ der Lösung sei $F'(x^*) =: c \neq 0$. Setzt man $f(x) := x - \frac{1}{c} F(x)$, so ist die Gleichung $F(\xi) = 0$ äquivalent mit $f(\xi) = \xi$. Es gilt $f'(x^*) = 0$, also ist $|f'(x)|$ klein, falls $x$ hinreichend nahe bei $x^*$ liegt.

*Beweis von Satz 1*

a) Aus dem Mittelwertsatz erhält man

$$|f(x) - f(y)| \leqslant q|x - y| \quad \text{für alle } x, y \in D.$$

Daraus folgt insbesondere

$$|x_{n+1} - x_n| = |f(x_n) - f(x_{n-1})| \leqslant q|x_n - x_{n-1}|$$

und durch Induktion über $n$

$$|x_{n+1} - x_n| \leqslant q^n |x_1 - x_0| \quad \text{für alle } n \in \mathbb{N}.$$

Da

$$x_{n+1} = x_0 + \sum_{k=0}^{n} (x_{k+1} - x_k),$$

und die Reihe $\sum_{k=0}^{\infty} (x_{k+1} - x_k)$ nach dem Majorantenkriterium konvergiert, existiert

$$\xi := \lim_{n \to \infty} x_n.$$

Weil $D$ ein abgeschlossenes Intervall ist, liegt $\xi$ in $D$ und genügt nach dem eingangs Bemerkten der Gleichung $\xi = f(\xi)$.

b) Zur Eindeutigkeit. Ist $\eta$ eine weitere Lösung der Gleichung $\eta = f(\eta)$, so gilt

$$|\xi - \eta| = |f(\xi) - f(\eta)| \leqslant q|\xi - \eta|,$$

woraus wegen $q < 1$ folgt $|\xi - \eta| = 0$, also $\xi = \eta$.

c) Fehlerabschätzung. Für alle $n \geqslant 1$ und $k \geqslant 1$ gilt

$$|x_{n+k} - x_{n+k-1}| \leqslant q^k |x_n - x_{n-1}|.$$

Da $\xi - x_n = \sum_{k=1}^{\infty} (x_{n+k} - x_{n+k-1})$, folgt daraus

$$|\xi - x_n| \leqslant \sum_{k=1}^{\infty} q^k |x_n - x_{n-1}| = \frac{q}{1-q} |x_n - x_{n-1}| \leqslant \frac{q^n}{1-q} |x_1 - x_0|.$$

§ 17 Numerische Lösung von Gleichungen

**(17.1)** Als *Beispiel* wollen wir das Maximum der Funktion $F: \mathbb{R}_+^* \to \mathbb{R}$,

$$F(x) := \frac{1}{x^5 \left(e^{1/x} - 1\right)}$$

bestimmen, vgl. Bild 17.2. Die Funktion $F$ hängt eng mit der *Planckschen Strahlungsfunktion*

$$J(\lambda) = \frac{c^2 h}{\lambda^5 \left(\exp\left(\frac{ch}{\lambda kT}\right) - 1\right)}$$

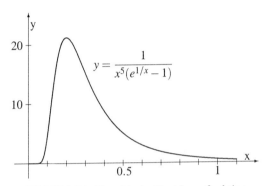

**Bild 17.2** Die Planck'sche Strahlungsfunktion

zusammen, welche die Strahlungsintensität eines schwarzen Körpers bei der absoluten Temperatur $T$ in Abhängigkeit von der Wellenlänge $\lambda$ angibt; dabei ist $c$ die Lichtgeschwindigkeit, $h$ die Plancksche und $k$ die Boltzmannsche Konstante. Setzt man $x = \frac{kT}{ch}\lambda$, so ist

$$J(\lambda) = \frac{k^5 T^5}{c^3 h^4} F(x).$$

Für $x > 0$ ist

$$F'(x) = -\frac{5x^4 \left(e^{1/x} - 1\right) - x^3 e^{1/x}}{x^{10} \left(e^{1/x} - 1\right)^2},$$

also $F'(x) = 0$ genau dann, wenn

$$5x \left(e^{1/x} - 1\right) - e^{1/x} = 0.$$

Substituiert man $t := 1/x$, so ist dies äquivalent mit

$$5\left(1 - e^{-t}\right) = t.$$

Mit $f(t) := 5\left(1 - e^{-t}\right)$ hat man also die Gleichung $f(t) = t$ zu lösen. Wir zeigen zunächst, dass die Gleichung in $\mathbb{R}_+^*$ genau eine Lösung $t^*$ besitzt, die im Intervall $[4, 5]$ liegt. Es ist $f'(t) = 5e^{-t}$, also $f'(t) > 1$ für $t < \log 5$. Im Intervall $[0, \log 5]$ ist also die Funktion $f(t) - t$ streng monoton wachsend. Wegen $f(0) = 0$ gilt $f(t) > t$ für alle $t \in \,]0, \log 5]$. Für $t > \log 5$ gilt $f'(t) < 1$, also ist die Funktion $f(t) - t$ im Intervall $[\log 5, \infty[$ streng monoton fallend, hat also dort höchstens eine Nullstelle. Wegen

$$f(4) = 4.90\ldots > 4,$$
$$f(5) = 4.96\ldots < 5,$$

gibt es nach dem Zwischenwertsatz tatsächlich eine Nullstelle $t^*$ von $f(t) - t$ im Intervall $[4, 5]$. Es ist

$$q := \sup_{t \in [4,5]} |f'(t)| = f'(4) = 5e^{-4} = 0.09157\ldots,$$

$$\frac{q}{1 - q} = 0.1008\ldots,$$

also konvergiert die Folge $t_0 := 5$, $t_{n+1} := f(t_n)$, gegen $t^*$ und man hat die Fehlerabschätzung

$$|t^* - t_n| \leqslant 0.101 \, |t_n - t_{n-1}|.$$

Man braucht also nur solange zu rechnen, bis die Differenz aufeinander folgender Glieder eine vorgegebene Fehlerschranke $\varepsilon$ unterschreitet. Führen wir dies in ARIBAS für $\varepsilon = 10^{-6}$ mit folgender Programmschleife durch

```
==> t := 5.0;
    eps := 10**-6; delta := 1;
    while delta > eps do
        writeln(t);
        t0 := t;
        t := 5*(1 - exp(-t0));
        delta := abs(t-t0);
    end;
    t.
```

so erhalten wir die Ausgabe

§ 17 Numerische Lösung von Gleichungen 171

```
5.00000000
4.96631026
4.96515593
4.96511569
4.96511428
-: 4.96511423
```

Also ist $t^* = 4.965\,114\ldots$. Für das ursprüngliche Problem bedeutet das, dass die Gleichung $F'(x) = 0$ in $\mathbb{R}_+^*$ genau eine Lösung hat und zwar

$$x^* = \frac{1}{t^*} = 0.201\,405\,2 \pm 10^{-7}.$$

Da $\lim_{x \searrow 0} F(x) = 0$ und $\lim_{x \to \infty} F(x) = 0$, hat die Funktion $F$ an der Stelle $x^*$ ihr einziges Maximum. Die maximale Strahlungsintensität eines schwarzen Körpers der Temperatur $T$ liegt also bei der Wellenlänge

$$\lambda_{\max} = 0.2014 \frac{ch}{kT}.$$

## Das Newtonsche Verfahren

Das Newtonsche Verfahren zur Lösung der Gleichung $f(x) = 0$ besteht darin, bei einem Näherungswert $x_0$ den Graphen von $f$ durch die Tangente zu ersetzen und deren Schnittpunkt mit der $x$-Achse als neuen Näherungswert $x_1$ zu benützen und dann das Verfahren zu iterieren, vgl. Bild 17.3. Formelmäßig ausgedrückt bedeutet das

$$x_{n+1} := x_n - \frac{f(x_n)}{f'(x_n)}, \quad (n \in \mathbb{N}).$$

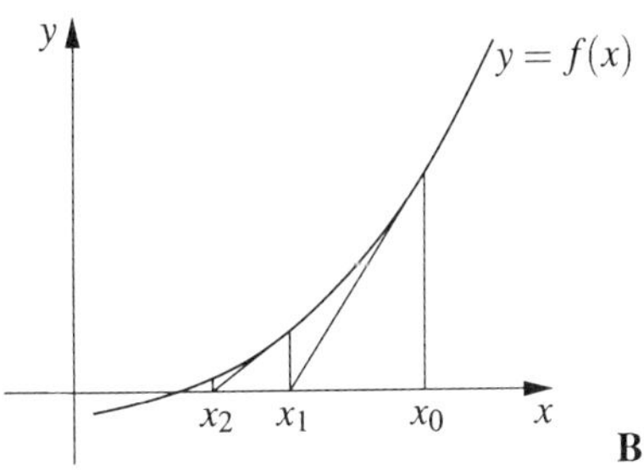

**Bild 17.3**

Sei $f$ in dem abgeschlossenen Intervall $D$ definiert und stetig differenzierbar mit $f'(x) \neq 0$ für alle $x \in D$. Falls die durch die obige Iterationsvorschrift gebildete Folge $(x_n)$ wohldefiniert ist und gegen ein $\xi \in D$ konvergiert, so folgt aus Stetigkeitsgründen

$$\xi = \xi - \frac{f(\xi)}{f'(\xi)}, \quad \text{also} \quad f(\xi) = 0.$$

Im Allgemeinen braucht das Verfahren jedoch nicht zu konvergieren (Bild 17.4).

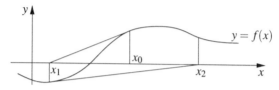

**Bild 17.4**

Einen wichtigen Fall, in dem Konvergenz auftritt, enthält der folgende Satz.

**Satz 2.** *Es sei $f: [a, b] \to \mathbb{R}$ eine zweimal differenzierbare konvexe Funktion mit $f(a) < 0$ und $f(b) > 0$. Dann gilt:*

a) *Es gibt genau ein $\xi \in \,]a, b[$ mit $f(\xi) = 0$.*

b) *Ist $x_0 \in [a, b]$ ein beliebiger Punkt mit $f(x_0) \geqslant 0$, so ist die Folge*

$$x_{n+1} := x_n - \frac{f(x_n)}{f'(x_n)}, \quad (n \in \mathbb{N}),$$

*wohldefiniert und konvergiert monoton fallend gegen $\xi$.*

c) *Gilt $f'(\xi) \geqslant C > 0$ und $f''(x) \leqslant K$ für alle $x \in \,]\xi, b[$, so hat man für jedes $n \geqslant 1$ die Abschätzungen*

$$|x_{n+1} - x_n| \leqslant |\xi - x_n| \leqslant \frac{K}{2C}|x_n - x_{n-1}|^2.$$

*Bemerkungen*

1) Analoge Aussagen gelten natürlich auch, falls $f$ konkav ist oder $f(a) > 0$ und $f(b) < 0$ gilt.

2) Die Fehlerabschätzung sagt, dass beim Newtonschen Verfahren sogenannte quadratische Konvergenz vorliegt. Ist etwa $\frac{K}{2C}$ größenordnungsmäßig gleich 1 und stimmen $x_{n-1}$ und $x_n$ auf $k$ Dezimalen überein, so ist der Näherungswert $x_n$ auf $2k$ Dezimalstellen genau und bei jedem weiteren Iterationsschritt verdoppelt sich die Zahl der gültigen Stellen.

§ 17 Numerische Lösung von Gleichungen 173

*Beweis* von Satz 2

a) Da $f''(x) \geqslant 0$ für alle $x \in ]a,b[$, ist die Funktion $f'$ im ganzen Intervall $[a,b]$ monoton wachsend. Nach §11, Satz 2, existiert ein $q \in [a,b]$ mit

$$f(q) = \inf \{ f(x) : x \in [a,b] \} < 0.$$

Falls $q \neq a$, gilt $f'(q) = 0$, also $f'(x) \leqslant 0$ für $x \leqslant q$. Die Funktion $f$ ist also im Intervall $[a,q]$ monoton fallend und kann dort keine Nullstelle haben.

In jedem Fall liegen alle Nullstellen von $f \colon [a,b] \to \mathbb{R}$ im Intervall $]q,b[$ und nach dem Zwischenwertsatz gibt es dort mindestens eine Nullstelle. Angenommen, es gäbe zwei Nullstellen $\xi_1 < \xi_2$. Nach dem Mittelwertsatz existiert ein $t \in ]q,\xi_1[$ mit

$$f'(t) = \frac{f(\xi_1) - f(q)}{\xi_1 - q} = \frac{-f(q)}{\xi_1 - q} > 0,$$

also gilt auch $f'(x) > 0$ für alle $x \geqslant \xi_1$. Die Funktion $f$ ist also im Intervall $[\xi_1,b]$ streng monoton wachsend und kann keine zweite Nullstelle $\xi_2 > \xi_1$ besitzen.

b) Sei $x_0 \in [a,b]$ mit $f(x_0) \geqslant 0$. Dann ist notwendig $x_0 \geqslant \xi$. Wir beweisen durch Induktion, dass für die durch

$$x_{n+1} := x_n - \frac{f(x_n)}{f'(x_n)}$$

definierte Folge gilt $f(x_n) \geqslant 0$ und $\xi \leqslant x_n \leqslant x_{n-1}$ für alle $n$.

Induktionsschritt $n \to n+1$. Aus $x_n \geqslant \xi$ folgt $f'(x_n) \geqslant f'(\xi) > 0$, also $\frac{f(x_n)}{f'(x_n)} \geqslant 0$ und daher $x_{n+1} \leqslant x_n$. Als nächstes zeigen wir $f(x_{n+1}) \geqslant 0$.

Dazu betrachten wir die Hilfsfunktion

$$\varphi(x) := f(x) - f(x_n) - f'(x_n)(x - x_n).$$

Wegen der Monotonie von $f'$ gilt

$$\varphi'(x) = f'(x) - f'(x_n) \leqslant 0 \quad \text{für } x \leqslant x_n.$$

Da $\varphi(x_n) = 0$, ist $\varphi(x) \geqslant 0$ für $x \leqslant x_n$, also insbesondere

$$0 \leqslant \psi(x_{n+1}) - f(x_{n+1}) - f(x_n) - f'(x_n)(x_{n+1} - x_n) = f(x_{n+1}).$$

Wegen $f(x_{n+1}) \geqslant 0$ muss aber $x_{n+1} \geqslant \xi$ gelten, da man sonst einen Widerspruch zum Zwischenwertsatz erhielte.

174                                   § 17 Numerische Lösung von Gleichungen

Wir haben damit bewiesen, dass die Folge $(x_n)$ monoton fällt und durch $\xi$ nach unten beschränkt ist. Also existiert $\lim x_n =: x^*$. Nach dem eingangs Bemerkten gilt dann $f(x^*) = 0$ und wegen der Eindeutigkeit der Nullstelle ist $x^* = \xi$.

c) Da $f'$ monoton wächst und $f'(\xi) \geqslant C$, gilt $f'(x) \geqslant C$ für alle $x \geqslant \xi$. Daraus folgt $f(x) \geqslant C(x - \xi)$ für alle $x \geqslant \xi$, insbesondere

$$|\xi - x_n| \leqslant \frac{f(x_n)}{C}.$$

Um $f(x_n)$ abzuschätzen, betrachten wir die Hilfsfunktion

$$\psi(x) := f(x) - f(x_{n-1}) - f'(x_{n-1})(x - x_{n-1}) - \frac{K}{2}(x - x_{n-1})^2.$$

Differentiation ergibt

$$\psi'(x) = f'(x) - f'(x_{n-1}) - K(x - x_{n-1}),$$
$$\psi''(x) = f''(x) - K \leqslant 0 \quad \text{für alle } x \in \,]\xi, b[\,.$$

Die Funktion $\psi'$ ist also im Intervall $[\xi, b]$ monoton fallend. Da $\psi'(x_{n-1}) = 0$, folgt $\psi'(x) \geqslant 0$ für $x \in [\xi, x_{n-1}]$. Da auch $\psi(x_{n-1}) = 0$, folgt weiter $\psi(x) \leqslant 0$ für $x \in [\xi, x_{n-1}]$, insbesondere $\psi(x_n) \leqslant 0$, d.h.

$$f(x_n) \leqslant \frac{K}{2}(x_n - x_{n-1})^2,$$

also

$$|\xi - x_n| \leqslant \frac{f(x_n)}{C} \leqslant \frac{K}{2C}(x_n - x_{n-1})^2.$$

Damit ist Satz 2 vollständig bewiesen.

**(17.2) Beispiel.** Sei $k$ eine natürliche Zahl $\geqslant 2$ und $a \in \mathbb{R}_+^*$. Wir betrachten die Funktion

$$f: \mathbb{R}_+ \to \mathbb{R}, \quad f(x) := x^k - a.$$

Es ist $f'(x) = kx^{k-1}$ und $f''(x) = k(k-1)x^{k-2} \geqslant 0$ für $x \geqslant 0$, also $f$ konvex. Das Newtonsche Verfahren zur Nullstellenberechnung ist daher anwendbar. Es gilt

$$x - \frac{f(x)}{f'(x)} = x - \frac{x^k - a}{kx^{k-1}} = \frac{1}{k}\left((k-1)x + \frac{a}{x^{k-1}}\right).$$

§ 17 Numerische Lösung von Gleichungen       175

Für beliebiges $x_0$ mit $x_0^k > a$ konvergiert deshalb die Folge

$$x_{n+1} := \frac{1}{k}\left((k-1)x_n + \frac{a}{x_n^{k-1}}\right), \quad (n \in \mathbb{N}),$$

gegen $\sqrt[k]{a}$. (Falls $x_0^k < a$, ist $x_1^k > a$ und das Verfahren konvergiert dann ebenfalls.) Wir haben somit das in §6 beschriebene Verfahren zur Wurzelberechnung als Spezialfall des Newton-Verfahrens wiedergefunden.

## AUFGABEN

**17.1.** Sei $k > 0$ eine natürliche Zahl. Man zeige, dass die Gleichung $x = \tan x$ im Intervall $](k - \frac{1}{2})\pi, (k + \frac{1}{2})\pi[$ genau eine Nullstelle $\xi$ besitzt und dass die Folge

$$x_0 := \left(k + \tfrac{1}{2}\right)\pi$$
$$x_{n+1} := k\pi + \arctan x_n, \quad (n \in \mathbb{N}),$$

gegen $\xi$ konvergiert. Man berechne $\xi$ mit einer Genauigkeit von $10^{-6}$ für die Fälle $k = 1, 2, 3$.

**17.2.** Man berechne alle reellen Nullstellen des Polynoms $f(x) = x^5 - x - \frac{1}{5}$ mit einer Genauigkeit von $10^{-6}$.

**17.3.** Man leite ein weitere hinreichende Bedingung für die Konvergenz des Newton-Verfahrens zur Lösung von $f(x) = 0$ her, indem man auf die Funktion

$$F(x) := x - \frac{f(x)}{f'(x)}$$

den Satz 1 anwende.

**17.4.** Sei $a > 0$ vorgegeben. Die Folge $(a_n)_{n \in \mathbb{N}}$ werde rekursiv definiert durch

$$a_0 := a \quad \text{und} \quad a_{n+1} := a^{a_n} \text{ für alle } n \geqslant 0.$$

a) Man zeige: Die Folge $(a_n)_{n \in \mathbb{N}}$ konvergiert für $1 \leqslant a \leqslant e^{1/e}$ und divergiert für $a > e^{1/e}$.

*Hinweis.* Ein möglicher Grenzwert ist Fixpunkt der Abbildung $x \mapsto a^x$.

b) Man bestimme den (exakten) Wert von $\lim_{n\to\infty} a_n$ für $a = e^{1/e}$ und eine numerische Näherung (mit einer Genauigkeit von $10^{-6}$) von $\lim_{n\to\infty} a_n$ für $a = 6/5$.

c) Wie ist das Konvergenzverhalten der Folge für einen Anfangswert $a \in ]0, 1[$?

# § 18. Das Riemannsche Integral

Die Integration ist neben der Differentiation die wichtigste Anwendung des Grenzwertbegriffs in der Analysis. Wir definieren das Integral zunächst für Treppenfunktionen, wobei noch keine Grenzwertbetrachtungen nötig sind und der elementargeometrische Flächeninhalt von Rechtecken zugrundeliegt. Das Integral allgemeinerer Funktionen wird dann durch Approximation mittels Treppenfunktionen definiert.

**Treppenfunktionen**

Für $a, b \in \mathbb{R}$, $a < b$, bezeichne $T[a,b]$ die Menge aller Treppenfunktionen $\varphi \colon [a,b] \to \mathbb{R}$. Wie in §10 definiert, heißt eine Funktion $\varphi \colon [a,b] \to \mathbb{R}$ Treppenfunktion, falls es eine Unterteilung

$$a = x_0 < x_1 < \ldots < x_n = b$$

des Intervalls $[a,b]$ gibt, so dass $\varphi$ auf jedem offenen Teilintervall $]x_{k-1}, x_k[$ konstant ist.

Wir zeigen nun, dass $T[a,b]$ ein Untervektorraum des Vektorraums aller reellen Funktionen $f \colon [a,b] \to \mathbb{R}$ ist. Dazu sind folgende Eigenschaften nachzuweisen:

1) $0 \in T[a,b]$,
2) $\varphi, \psi \in T[a,b] \Rightarrow \varphi + \psi \in T[a,b]$,
3) $\varphi \in T[a,b], \lambda \in \mathbb{R} \Rightarrow \lambda\varphi \in T[a,b]$.

Die Eigenschaften 1) und 3) sind trivial. Es genügt daher, die Aussage 2) zu beweisen. Die Treppenfunktion $\varphi$ sei definiert bzgl. der Unterteilung

$$Z \colon a = x_0 < x_1 < \ldots < x_n = b$$

und $\psi$ bzgl. der Unterteilung

$$Z' \colon a = x_0' < x_1' < \ldots < x_m' = b \,.$$

Nun sei $a = t_0 < t_1 < \ldots < t_k = b$ diejenige Unterteilung von $[a,b]$, die alle Teilpunkte von $Z$ und $Z'$ enthält, d.h.

$$\{t_0, t_1, \ldots, t_k\} = \{x_0, x_1, \ldots, x_n\} \cup \{x_0', x_1', \ldots, x_m'\} \,.$$

Dann sind $\varphi$ und $\psi$ konstant auf jedem Teilintervall $]t_{j-1}, t_j[$, also ist auch $\varphi + \psi$ auf $]t_{j-1}, t_j[$ konstant. Deshalb gilt $\varphi + \psi \in T[a,b]$.

## § 18 Das Riemannsche Integral

**Definition** (Integral für Treppenfunktionen). Sei $\varphi \in T[a,b]$ definiert bzgl. der Unterteilung

$$a = x_0 < x_1 < \ldots < x_n = b$$

und sei $\varphi|\,]x_{k-1}, x_k[\, = c_k$ für $k = 1, \ldots, n$. Dann setzt man

$$\int_a^b \varphi(x)\,dx := \sum_{k=1}^n c_k(x_k - x_{k-1}).$$

*Geometrische Deutung.* Falls $\varphi(x) \geq 0$ für alle $x \in [a,b]$, kann man $\int_a^b \varphi(x)\,dx$ als die zwischen der $x$-Achse und dem Graphen von $\varphi$ liegende Fläche deuten (schraffierte Fläche in Bild 18.1). Falls $\varphi$ auf einigen Teilintervallen negativ ist, sind die entsprechenden Flächen negativ in Ansatz zu bringen (Bild 18.2).

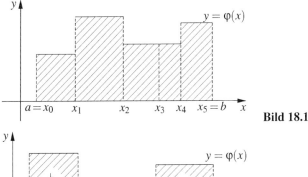

**Bild 18.1**

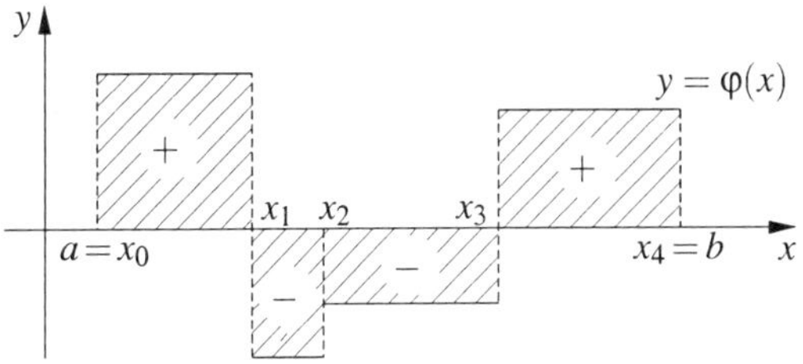

**Bild 18.2**

*Bemerkung.* Damit das Integral $\int_a^b \varphi(x)\,dx$ einer Treppenfunktion wohldefiniert ist, muss man streng genommen noch zeigen, dass die Definition unabhängig von der Unterteilung ist. Es seien

$Z$: $a = x_0 < x_1 < \ldots < x_n = b$,
$Z'$: $a = t_0 < t_1 < \ldots < t_m = b$

zwei Unterteilungen, auf deren offenen Teilintervallen $\varphi$ konstant ist, und zwar sei

$$\varphi|\,]x_{i-1}, x_i[\, = c_i, \quad \varphi|\,]t_{j-1}, t_j[\, = c_j'.$$

Wir setzen zur Abkürzung

$$\int\limits_{Z} \varphi := \sum_{i=1}^{n} c_i(x_i - x_{i-1}), \quad \int\limits_{Z'} \varphi := \sum_{j=1}^{m} c_j'(t_j - t_{j-1}).$$

Es ist zu zeigen, dass $\int\limits_{Z} \varphi = \int\limits_{Z'} \varphi$.

*1. Fall.* Jeder Teilpunkt von $Z$ sei auch Teilpunkt von $Z'$, etwa $x_i = t_{k_i}$. Dann gilt

$$x_{i-1} = t_{k_{i-1}} < t_{k_{i-1}+1} < \ldots < t_{k_i} = x_i, \quad (1 \leqslant i \leqslant n),$$

und

$$c_j' = c_i \quad \text{für } k_{i-1} < j \leqslant k_i.$$

Daraus folgt

$$\int\limits_{Z'} \varphi = \sum_{i=1}^{n} \sum_{j=k_{i-1}+1}^{k_i} c_i(t_j - t_{j-1}) = \sum_{i=1}^{n} c_i(x_i - x_{i-1}) = \int\limits_{Z} \varphi.$$

*2. Fall.* Seien $Z$ und $Z'$ beliebig und sei $Z^*$ die Unterteilung, die alle Teilpunkte von $Z$ und $Z'$ umfasst. Dann gilt nach dem 1. Fall

$$\int\limits_{Z} \varphi = \int\limits_{Z^*} \varphi = \int\limits_{Z'} \varphi, \quad \text{q.e.d.}$$

**Satz 1** (Linearität und Monotonie). *Seien* $\varphi, \psi \in T[a, b]$ *und* $\lambda \in \mathbb{R}$. *Dann gilt:*

a) $\int\limits_a^b (\varphi + \psi)(x)\,dx = \int\limits_a^b \varphi(x)\,dx + \int\limits_a^b \psi(x)\,dx.$

b) $\int\limits_a^b (\lambda\varphi)(x)\,dx = \lambda \int\limits_a^b \varphi(x)\,dx.$

c) $\varphi \leqslant \psi \implies \int\limits_a^b \varphi(x)\,dx \leqslant \int\limits_a^b \psi(x)\,dx.$

Dabei wird für Funktionen $\varphi, \psi \colon [a, b] \to \mathbb{R}$ definiert:

$$\varphi \leqslant \psi :\Longleftrightarrow \varphi(x) \leqslant \psi(x) \quad \text{für alle } x \in [a, b].$$

§ 18 Das Riemannsche Integral

**Bemerkung.** Man drückt den Inhalt von Satz 1 auch so aus: Das Integral ist ein *lineares, monotones Funktional* auf dem Vektorraum $T[a,b]$.

**Beweis.** Nach dem oben Bemerkten können $\varphi$ und $\psi$ bzgl. derselben Unterteilung des Intervalls $[a,b]$ definiert werden. Die Aussagen des Satzes sind dann trivial.

**Definition** (Oberintegral, Unterintegral). Sei $f\colon [a,b] \to \mathbb{R}$ eine beliebige beschränkte Funktion. Dann setzt man

$$\int_a^{b^*} f(x)\,dx := \inf\{ \int_a^b \varphi(x)\,dx : \varphi \in T[a,b], \varphi \geqslant f\},$$

$$\int_{a_*}^b f(x)\,dx := \sup\{ \int_a^b \varphi(x)\,dx : \varphi \in T[a,b], \varphi \leqslant f\}.$$

## Beispiele

**(18.1)** Für jede Treppenfunktion $\varphi \in T[a,b]$ gilt

$$\int_a^{b^*} \varphi(x)\,dx = \int_{a_*}^b \varphi(x)\,dx = \int_a^b \varphi(x)\,dx.$$

**(18.2)** Sei $f\colon [0,1] \to \mathbb{R}$ definiert durch

$$f(x) := \begin{cases} 1, & \text{falls } x \text{ rational,} \\ 0, & \text{falls } x \text{ irrational.} \end{cases}$$

Dann gilt $\int_0^{1^*} f(x)\,dx = 1$ und $\int_{0_*}^1 f(x)\,dx = 0$.

**Bemerkung.** Es gilt stets $\int_{a_*}^b f(x)\,dx \leqslant \int_a^{b^*} f(x)\,dx$.

**Definition.** Eine beschränkte Funktion $f\colon [a,b] \to \mathbb{R}$ heißt *Riemann-integrierbar*, wenn

$$\int_a^{b^*} f(x)\,dx = \int_{a_*}^b f(x)\,dx.$$

In diesem Fall setzt man

$$\int\limits_a^b f(x)\,dx := \int\limits_a^{b*} f(x)\,dx.$$

*Bemerkung.* Diese Definition des Integrals für Riemann-integrierbare Funktionen $f\colon [a,b] \to \mathbb{R}$ ergibt sich zwangsläufig, wenn man das Integral so erklären will, dass es für Treppenfunktionen mit dem schon definierten Integral übereinstimmt und dass aus $f \leqslant g$ folgt $\int f \leqslant \int g$. (Hier sei $\int f$ eine Abkürzung für $\int_a^b f(x)\,dx$, usw.) Denn für jede Treppenfunktion $\varphi \geqslant f$ gilt dann $\int f \leqslant \int \varphi$, also $\int f \leqslant \int^* f$. Ebenso folgt $\int f \geqslant \int_* f$. Falls also Ober- und Unterintegral von $f$ übereinstimmen, muss der gemeinsame Wert notwendig das Integral von $f$ sein.

**(18.3)** *Beispiele.* Nach (18.1) ist jede Treppenfunktion Riemann-integrierbar. Die in (18.2) definierte Funktion ist nicht Riemann-integrierbar.

*Schreibweise.* Anstelle der Integrationsvariablen $x$ können auch andere Buchstaben verwendet werden (sofern sie nicht mit anderen Bezeichnungen kollidieren):

$$\int\limits_a^b f(x)\,dx = \int\limits_a^b f(t)\,dt = \int\limits_a^b f(\xi)\,d\xi = \dots.$$

**Satz 2** (Einschließung zwischen Treppenfunktionen). *Eine Funktion $f\colon [a,b] \to \mathbb{R}$ ist genau dann Riemann-integrierbar, wenn zu jedem $\varepsilon > 0$ Treppenfunktionen $\varphi, \psi \in T[a,b]$ existieren mit*

$$\varphi \leqslant f \leqslant \psi$$

*und*

$$\int\limits_a^b \psi(x)\,dx - \int\limits_a^b \varphi(x)\,dx \leqslant \varepsilon.$$

Dies folgt unmittelbar aus der Definition von inf und sup.

Im Folgenden schreiben wir statt Riemann-integrierbar kurz integrierbar.

**Satz 3.** *Jede stetige Funktion $f\colon [a,b] \to \mathbb{R}$ ist integrierbar.*

§ 18 Das Riemannsche Integral                                    181

*Beweis.* Zu $\varepsilon > 0$ existieren nach §11, Satz 5, Treppenfunktionen $\varphi, \psi \in T[a,b]$
mit $\varphi \leqslant f \leqslant \psi$ und

$$\psi(x) - \varphi(x) \leqslant \frac{\varepsilon}{b-a} \quad \text{für alle } x \in [a,b].$$

Daher folgt aus Satz 1

$$\int_a^b \psi(x)\,dx - \int_a^b \varphi(x)\,dx = \int_a^b (\psi(x) - \varphi(x))\,dx \leqslant \int_a^b \frac{\varepsilon}{b-a}\,dx = \varepsilon.$$

Nach Satz 2 ist $f$ also integrierbar.

**Satz 4.** *Jede monotone Funktion* $f:[a,b] \to \mathbb{R}$ *ist integrierbar.*

*Beweis.* Sei $f$ monoton wachsend (für monoton fallende Funktionen ist der
Satz analog zu beweisen). Durch die Punkte

$$x_k := a + k \cdot \frac{b-a}{n}, \quad (k = 0, 1, \ldots, n)$$

erhält man eine äquidistante Unterteilung von $[a,b]$. Bezüglich dieser Unterteilung definieren wir Treppenfunktionen $\varphi, \psi \in T[a,b]$ wie folgt:

$$\varphi(x) := f(x_{k-1}) \quad \text{für } x_{k-1} \leqslant x < x_k,$$
$$\psi(x) = f(x_k) \quad \text{für } x_{k-1} \leqslant x < x_k,$$

sowie $\varphi(b) = \psi(b) = f(b)$. Da $f$ monoton wächst, gilt

$$\varphi \leqslant f \leqslant \psi$$

und

$$\int_a^b \psi(x)\,dx - \int_a^b \varphi(x)\,dx$$
$$= \sum_{k=1}^n f(x_k)(x_k - x_{k-1}) - \sum_{k=1}^n f(x_{k-1})(x_k - x_{k-1})$$
$$= \frac{b-a}{n}\left(\sum_{k=1}^n f(x_k) - \sum_{k=1}^n f(x_{k-1})\right) = \frac{b-a}{n}(f(x_n) - f(x_0)) \leqslant \varepsilon,$$

falls $n$ genügend groß ist. Also ist $f$ nach Satz 2 integrierbar.

**Satz 5** (Linearität und Monotonie). *Seien* $f, g:[a,b] \to \mathbb{R}$ *integrierbare Funktionen und* $\lambda \in \mathbb{R}$. *Dann sind auch die Funktionen* $f + g$ *und* $\lambda f$ *integrierbar
und es gilt:*

a) $\int\limits_a^b (f+g)(x)\,dx = \int\limits_a^b f(x)\,dx + \int\limits_a^b g(x)\,dx$.

b) $\int\limits_a^b (\lambda f)(x)\,dx = \lambda \int\limits_a^b f(x)\,dx$.

c) $f \leqslant g \quad\Longrightarrow\quad \int\limits_a^b f(x)\,dx \leqslant \int\limits_a^b g(x)\,dx$.

*Beweis.* Wir verwenden das Kriterium von Satz 2.

a) Sei $\varepsilon > 0$ vorgegeben. Dann gibt es nach Voraussetzung Treppenfunktionen $\varphi_1, \psi_1, \varphi_2, \psi_2 \in T[a,b]$ mit

$$\varphi_1 \leqslant f \leqslant \psi_1, \qquad \varphi_2 \leqslant g \leqslant \psi_2$$

und

$$\int\limits_a^b \psi_1(x)\,dx) - \int\limits_a^b \varphi_1(x)\,dx \leqslant \frac{\varepsilon}{2} \quad \text{und} \quad \int\limits_a^b \psi_2(x)\,dx) - \int\limits_a^b \varphi_2(x)\,dx \leqslant \frac{\varepsilon}{2}.$$

Addition ergibt

$$\varphi_1 + \varphi_2 \leqslant f + g \leqslant \psi_1 + \psi_2$$

und

$$\int\limits_a^b (\psi_1(x) + \psi_2(x))\,dx - \int\limits_a^b (\varphi_1(x) + \varphi_2(x))\,dx \leqslant \varepsilon.$$

Daraus folgt, dass $f + g$ integrierbar ist und die angegebene Formel gilt.

b) Da die Aussage für $\lambda = 0$ und $\lambda = -1$ trivial ist, genügt es, sie für $\lambda > 0$ zu beweisen. Zu vorgegebenem $\varepsilon > 0$ gibt es Treppenfunktionen $\varphi, \psi$ mit $\varphi \leqslant f \leqslant \psi$ und

$$\int\limits_a^b \psi(x)\,dx - \int\limits_a^b \varphi(x)\,dx \leqslant \frac{\varepsilon}{\lambda}$$

Daraus folgt $\lambda\varphi \leqslant \lambda f \leqslant \lambda\psi$ und

$$\int\limits_a^b (\lambda\psi)(x)\,dx - \int\limits_a^b (\lambda\varphi)(x)\,dx \leqslant \varepsilon.$$

Daraus folgt die Behauptung b).

Die Aussage c) ist trivial.

§ 18 Das Riemannsche Integral                                            183

**Definition.** Für eine Funktion $f\colon D \to \mathbb{R}$ definieren wir die Funktionen $f_+$, $f_-\colon D \to \mathbb{R}$ wie folgt:

$$f_+(x) := \begin{cases} f(x), & \text{falls } f(x) > 0, \\ 0 & \text{sonst.} \end{cases}$$

$$f_-(x) := \begin{cases} -f(x), & \text{falls } f(x) < 0, \\ 0 & \text{sonst.} \end{cases}$$

Offenbar gilt $f = f_+ - f_-$ und $|f| = f_+ + f_-$.

**Satz 6.** *Seien $f, g\colon [a,b] \to \mathbb{R}$ integrierbare Funktionen. Dann gilt:*

a) *Die Funktionen $f_+$, $f_-$ und $|f|$ sind integrierbar und es gilt*
   $$|\textstyle\int_a^b f(x)dx| \leqslant \int_a^b |f(x)|dx.$$

b) *Für jedes $p \in [1, \infty[$ ist die Funktion $|f|^p$ integrierbar.*

c) *Die Funktion $fg\colon [a,b] \to \mathbb{R}$ ist integrierbar.*

**Vorsicht!** Im Allgemeinen ist $\int\limits_a^b f(x)g(x)\,dx \neq \int\limits_a^b f(x)\,dx \int\limits_a^b g(x)\,dx$.

*Beweis*

a) Nach Voraussetzung gibt es zu $\varepsilon > 0$ Treppenfunktionen $\varphi, \psi \in T[a,b]$ mit $\varphi \leqslant f \leqslant \psi$ und

$$\int\limits_a^b (\psi - \varphi)(x)\,dx \leqslant \varepsilon.$$

Dann sind auch $\varphi_+$ und $\psi_+$ Treppenfunktionen mit $\varphi_+ \leqslant f_+ \leqslant \psi_+$ und

$$\int\limits_a^b (\psi_+ - \varphi_+)(x)\,dx \leqslant \int\limits_a^b (\psi - \varphi)(x)\,dx \leqslant \varepsilon;$$

also ist $f_+$ integrierbar. Die Integrierbarkeit von $f_-$ beweist man analog. Nach Satz 5 ist daher auch $|f|$ integrierbar. Die Integral-Abschätzung folgt aus Satz 5c), da $f \leqslant |f|$ und $-f \leqslant |f|$.

b) Es genügt, die Integrierbarkeit von $|f|^p$ für den Fall $0 \leqslant f \leqslant 1$ zu beweisen. Zu $\varepsilon > 0$ gibt es Treppenfunktionen $\varphi, \psi \in T[a,b]$ mit

$$0 \leqslant \varphi \leqslant f \leqslant \psi \leqslant 1$$

und

$$\int\limits_a^b (\psi - \varphi)\, dx \leq \frac{\varepsilon}{p}.$$

Dann sind auch $\varphi^p$ und $\psi^p$ Treppenfunktionen mit $\varphi^p \leq f^p \leq \psi^p$ und wegen $\frac{d}{dx}(x^p) = px^{p-1}$ folgt aus dem Mittelwertsatz

$$\psi^p - \varphi^p \leq p\,(\psi - \varphi).$$

Deshalb ist

$$\int\limits_a^b (\psi^p - \varphi^p)(x)\, dx \leq p \int\limits_a^b (\psi - \varphi)(x)\, dx \leq \varepsilon,$$

also $f^p$ integrierbar.

c) Die Behauptung folgt aus Teil b), denn

$$fg = \frac{1}{4}\left[(f+g)^2 - (f-g)^2\right].$$

**Satz 7** (Mittelwertsatz der Integralrechnung). *Seien $f, \varphi : [a,b] \to \mathbb{R}$ stetige Funktionen und $\varphi \geq 0$. Dann existiert ein $\xi \in [a,b]$, so dass*

$$\int\limits_a^b f(x)\varphi(x)\, dx = f(\xi) \int\limits_a^b \varphi(x)\, dx.$$

*Im Spezialfall $\varphi = 1$ hat man*

$$\int\limits_a^b f(x)\, dx = f(\xi)(b-a) \quad \text{für ein } \xi \in [a,b].$$

*Beweis.* Wir setzen

$$m := \inf\ \{f(x) : x \in [a,b]\},$$
$$M := \sup\ \{f(x) : x \in [a,b]\}.$$

Dann gilt $m\varphi \leq f\varphi \leq M\varphi$, also nach Satz 5

$$m \int\limits_a^b \varphi(x)\, dx \leq \int\limits_a^b f(x)\varphi(x)\, dx \leq M \int\limits_a^b \varphi(x)\, dx.$$

§ 18  Das Riemannsche Integral                                    185

Daher existiert ein $\mu \in [m, M]$ mit

$$\int_a^b f(x)\varphi(x)\,dx = \mu \int_a^b \varphi(x)\,dx.$$

Nach dem Zwischenwertsatz existiert ein $\xi \in [a, b]$ mit $f(\xi) = \mu$. Daraus folgt die Behauptung.

## Riemannsche Summen

Sei $f: [a, b] \to \mathbb{R}$ eine Funktion,

$$a = x_0 < x_1 < \ldots < x_n = b$$

eine Unterteilung von $[a, b]$ und $\xi_k$ ein beliebiger Punkt („Stützstelle") aus dem Intervall $[x_{k-1}, x_k]$. Das Symbol

$$\mathcal{Z} := ((x_k)_{0 \leqslant k \leqslant n}, (\xi_k)_{1 \leqslant k \leqslant n})$$

bezeichne die Zusammenfassung der Teilpunkte und der Stützstellen.

Dann heißt

$$S(\mathcal{Z}, f) := \sum_{k=1}^n f(\xi_k)(x_k - x_{k-1})$$

*Riemannsche Summe* der Funktion $f$ bzgl. $\mathcal{Z}$. Die *Feinheit* (oder *Maschenweite*) von $\mathcal{Z}$ ist definiert als

$$\mu(\mathcal{Z}) := \max_{1 \leqslant k \leqslant n} (x_k - x_{k-1}).$$

Der nächste Satz sagt, dass die Riemannschen Summen einer integrierbaren Funktion gegen das Integral konvergieren, wenn die Feinheit der Unterteilungen gegen Null konvergiert.

**Satz 8.** *Sei $f: [a, b] \to \mathbb{R}$ eine Riemann-integrierbare Funktion. Dann existiert zu jedem $\varepsilon > 0$ ein $\delta > 0$, so dass für jede Wahl $\mathcal{Z}$ von Teilpunkten und Stützstellen der Feinheit $\mu(\mathcal{Z}) \leqslant \delta$ gilt*

$$\left| \int_a^b f(x)\,dx - S(\mathcal{Z}, f) \right| \leqslant \varepsilon.$$

Man kann dies auch so schreiben:

$$\lim_{\mu(\mathcal{Z}) \to 0} S(\mathcal{Z}, f) = \int_a^b f(x)\,dx.$$

*Beweis.* Sind $\varphi, \psi$ Treppenfunktionen mit $\varphi \leqslant f \leqslant \psi$, so gilt offenbar für alle Zerlegungen $\mathcal{Z}$

$$S(\mathcal{Z}, \varphi) \leqslant S(\mathcal{Z}, f) \leqslant S(\mathcal{Z}; \psi).$$

Daraus folgt, dass es genügt, den Satz für den Fall zu beweisen, dass $f$ eine Treppenfunktion ist. Sei $f$ bzgl. der Unterteilung

$$a = t_0 < t_1 < \ldots < t_m = b$$

definiert. Da $f$ beschränkt ist, existiert

$$M := \sup\{|f(x)| : x \in [a, b]\} \in \mathbb{R}_+.$$

Sei $\mathcal{Z} := ((x_k)_{0 \leqslant k \leqslant n}, (\xi_k)_{1 \leqslant k \leqslant n})$ irgend eine Unterteilung mit Stützstellen des Intervalls $[a, b]$ und $F \in T[a, b]$ die durch $F(a) = f(a)$ und

$$F(x) = f(\xi_k) \quad \text{für } x_{k-1} < x \leqslant x_k \quad (1 \leqslant k \leqslant n)$$

definierte Treppenfunktion. Dann gilt

$$S(\mathcal{Z}, f) = \int_a^b F(x)\,dx, \quad .$$

also

$$\left| \int_a^b f(x)\,dx - S(\mathcal{Z}, f) \right| \leqslant \int_a^b |f(x) - F(x)|\,dx.$$

Die Funktionen $f$ und $F$ stimmen auf allen Teilintervallen $]x_{k-1}, x_k[$ überein, für die $[x_{k-1}, x_k]$ keinen Teilpunkt $t_j$ enthält. Daraus folgt, dass $|f(x) - F(x)|$ auf höchstens $2m$ Teilintervallen $]x_{k-1}, x_k[$ der Gesamtlänge $2m\mu(\mathcal{Z})$ von 0 verschieden sein kann. In jedem Fall gilt aber $|f(x) - F(x)| \leqslant 2M$, also ist

$$\int_a^b |f(x) - F(x)|\,dx \leqslant 4mM\mu(\mathcal{Z}).$$

Da dies für $\mu(\mathcal{Z}) \to 0$ gegen 0 konvergiert, folgt die Behauptung des Satzes.

Für das nächste Beispiel zu Satz 8 benötigen wir den folgenden Hilfssatz.

§ 18  Das Riemannsche Integral                                            187

**Hilfssatz.** *Sei* $t \in \mathbb{R}$ *kein ganzzahliges Vielfaches von* $2\pi$. *Dann gilt für jede natürliche Zahl* n

$$\frac{1}{2} + \sum_{k=1}^{n} \cos kt = \frac{\sin\left(n + \frac{1}{2}\right)t}{2\sin\frac{1}{2}t}.$$

*Beweis.* Es gilt $\cos kt = \frac{1}{2}\left(e^{ikt} + e^{-ikt}\right)$, also

$$\frac{1}{2} + \sum_{k=1}^{n} \cos kt = \frac{1}{2} \sum_{k=-n}^{n} e^{ikt}.$$

Nun ist nach der Summenformel für die geometrische Reihe

$$\sum_{k=-n}^{n} e^{ikt} = e^{-int} \sum_{k=0}^{2n} e^{ikt} = e^{-int}\frac{1 - e^{(2n+1)it}}{1 - e^{it}}$$

$$= \frac{e^{i\left(n+\frac{1}{2}\right)t} - e^{-i\left(n+\frac{1}{2}\right)t}}{e^{i\frac{t}{2}} - e^{-i\frac{t}{2}}} = \frac{\sin\left(n+\frac{1}{2}\right)t}{\sin\frac{1}{2}t}.$$

Daraus folgt die Behauptung.

**(18.4)** Wir wollen als Beispiel das Integral

$$\int_{0}^{a} \cos x\, dx, \quad (a > 0)$$

mittels Riemannscher Summen berechnen.

Für eine natürliche Zahl $n \geqslant 1$ erhält man durch

$$x_k := \frac{ka}{n}, \quad k = 0, 1, \ldots, n,$$

eine äquidistante Unterteilung von $[0, a]$ der Feinheit $\frac{a}{n}$. Als Stützstellen wählen wir $\xi_k = x_k$. Die zugehörige Riemannsche Summe ist dann

$$S_n = \sum_{k=1}^{n} \frac{a}{n}\cos\frac{ka}{n} = \frac{a}{n}\left(\frac{\sin\left(n+\frac{1}{2}\right)\frac{a}{n}}{2\sin\frac{a}{2n}} - \frac{1}{2}\right)$$

$$= \frac{\frac{a}{2n}}{\sin\frac{a}{2n}} \cdot \sin\left(a + \frac{a}{2n}\right) - \frac{a}{2n}.$$

Da $\lim\limits_{n\to\infty} \dfrac{\sin\frac{a}{2n}}{\frac{a}{2n}} = 1$ (nach §14, Corollar zu Satz 5), folgt

$$\int\limits_0^a \cos x\, dx = \lim_{n\to\infty} S_n = \sin a.$$

(18.5) Mithilfe von Satz 8 lassen sich die Minkowskische und Höldersche Ungleichung aus §16 auf Integrale verallgemeinern. Sei $f\colon [a,b] \to \mathbb{R}$ eine integrierbare Funktion und $p \geqslant 1$ eine reelle Zahl. Dann definiert man

$$\|f\|_p := \left(\int\limits_a^b |f(x)|^p\, dx\right)^{1/p}.$$

Für integrierbare Funktionen $f, g\colon [a,b] \to \mathbb{R}$ gilt dann

a) $\|f+g\|_p \leqslant \|f\|_p + \|g\|_p$ für alle $p \geqslant 1$.

b) $\int\limits_a^b |f(x)g(x)|\, dx \leqslant \|f\|_p \|g\|_q$ für $p,q > 1$ mit $\frac{1}{p} + \frac{1}{q} = 1$.

**Satz 9.** *Sei $a < b < c$ und $f\colon [a,c] \to \mathbb{R}$ eine Funktion. $f$ ist genau dann integrierbar, wenn sowohl $f|[a,b]$ also auch $f|[b,c]$ integrierbar sind und es gilt dann*

$$\int\limits_a^c f(x)\, dx = \int\limits_a^b f(x)\, dx + \int\limits_b^c f(x)\, dx.$$

Der einfache Beweis sei der Leserin überlassen.

**Definition.** Man setzt

$$\int\limits_a^a f(x)\, dx := 0,$$

$$\int\limits_a^b f(x)\, dx := -\int\limits_b^a f(x)\, dx, \quad \text{falls } b < a.$$

*Bemerkung.* Die Formel von Satz 9 gilt nun für beliebige gegenseitige Lage von $a, b, c$, falls $f$ in $[\min(a,b,c), \max(a,b,c)]$ integrierbar ist.

§ 18 Das Riemannsche Integral                                           189

Aufgaben

**18.1.** Man berechne das Integral $\int_0^a e^x dx$ mittels Riemannscher Summen $(a > 0)$.

**18.2.** Man berechne das Integral

$$\int_0^a x^k dx, \quad (k \in \mathbb{N},\ a \in \mathbb{R}_+^*),$$

mittels Riemannscher Summen. Dabei benutze man eine äquidistante Teilung des Intervalls $[0, a]$ und das Ergebnis von Aufgabe 1.4.

**18.3.** Sei $a > 1$. Man beweise mittels Riemannscher Summen

$$\int_1^a \frac{dx}{x} = \log a.$$

*Anleitung.* Man wähle folgende Unterteilung:

$$1 = x_0 < x_1 \ldots < x_n = a, \quad \text{wobei} \quad x_k := a^{\frac{k}{n}}.$$

Als Stützstellen wähle man $\xi_k := x_{k-1}$.

**18.4.** Man beweise

$$\lim_{N \to \infty} \sum_{n=1}^N \frac{1}{N+n} = \log(2).$$

*Bemerkung.* Zusammen mit Aufgabe 1.5 folgt daraus, dass

$$\sum_{n=1}^\infty \frac{(-1)^{n-1}}{n} = \log(2).$$

**18.5.** Seien $f, g \colon [a, b] \to \mathbb{R}$ beschränkte Funktionen. Man zeige:

a) $\int_a^{b*} (f+g)(x)\,dx \leqslant \int_a^{b*} f(x)\,dx + \int_a^{b*} g(x)\,dx$, (Subadditivität).

b) $\int_a^{b*} (\lambda f)(x)\,dx = \lambda \int_a^{b*} f(x)\,dx$ für alle $\lambda \in \mathbb{R}_+$.

Man gebe ein Beispiel an, für das in a) das Gleichheitszeichen nicht gilt.

190 § 19 Integration und Differentiation

# § 19. Integration und Differentiation

Während wir im vorigen Paragraphen das Integral in Anlehnung an seine anschauliche Bedeutung als Flächeninhalt definiert haben, zeigen wir hier, dass die Integration die Umkehrung der Differentiation ist, was in vielen Fällen die Möglichkeit zur Berechnung des Integrals liefert.

Für den ganzen Paragraphen sei $I \subset \mathbb{R}$ ein aus mindestens zwei Punkten bestehenden offenes, halboffenes oder abgeschlossenes endliches oder unendliches Intervall.

## Unbestimmtes Integral, Stammfunktionen

Während wir bisher Funktionen immer über ein festes abgeschlossenes Intervall integriert haben, betrachten wir jetzt die eine Integrationsgrenze als variabel und erhalten so eine neue Funktion, das „unbestimmte Integral".

**Satz 1.** *Sei* $f: I \to \mathbb{R}$ *eine stetige Funktion und* $a \in I$. *Für* $x \in I$ *sei*

$$F(x) := \int\limits_a^x f(t)\,dt \, .$$

*Dann ist die Funktion* $F: I \to \mathbb{R}$ *differenzierbar und es gilt* $F' = f$.

*Beweis.* Für $h \neq 0$ ist

$$\frac{F(x+h) - F(x)}{h} = \frac{1}{h} \left( \int\limits_a^{x+h} f(t)\,dt - \int\limits_a^x f(t)\,dt \right) = \frac{1}{h} \int\limits_x^{x+h} f(t)\,dt \, .$$

Nach dem Mittelwertsatz der Integralrechnung (§18, Satz 7) existiert ein $\xi_h \in [x, x+h]$ (bzw. $\xi_h \in [x+h, x]$, falls $h < 0$) mit

$$\int\limits_x^{x+h} f(t)\,dt = hf(\xi_h) \, .$$

Da $\lim_{h \to 0} \xi_h = x$ und $f$ stetig ist, folgt

$$F'(x) = \lim_{h \to 0} \frac{1}{h} \int\limits_x^{x+h} f(t)\,dt = \lim_{h \to 0} \frac{1}{h} \left( hf(\xi_h) \right) = f(x) \, .$$

§ 19 Integration und Differentiation 191

**Definition.** Eine differenzierbare Funktion $F: I \to \mathbb{R}$ heißt *Stammfunktion* (oder *primitive Funktion*) einer Funktion $f: I \to \mathbb{R}$, falls $F' = f$.

*Bemerkung.* Satz 1 bedeutet, dass das unbestimmte Integral eine Stammfunktion des Integranden ist.

**Satz 2.** *Sei $F: I \to \mathbb{R}$ eine Stammfunktion von $f: I \to \mathbb{R}$. Eine weitere Funktion $G: I \to \mathbb{R}$ ist genau dann Stammfunktion von $f$, wenn $F - G$ eine Konstante ist.*

*Beweis.*

a) Sei $F - G = c$ mit der Konstanten $c \in \mathbb{R}$. Dann ist $G' = (F - c)' = F' = f$.

b) Sei $G$ Stammfunktion von $f$, also $G' = f = F'$. Dann gilt $(F - G)' = 0$, daher ist $F - G$ konstant (§16, Corollar 3 zu Satz 2).

**Satz 3** (Fundamentalsatz der Differential- und Integralrechnung).
*Sei $f: I \to \mathbb{R}$ eine stetige Funktion und $F$ eine Stammfunktion von $f$. Dann gilt für alle $a, b \in I$*

$$\int_a^b f(x)\, dx = F(b) - F(a)\,.$$

*Beweis.* Für $x \in I$ sei

$$F_0(x) := \int_a^x f(t)\, dt\,.$$

Ist nun $F$ eine beliebige Stammfunktion von $f$, so gibt es nach Satz 2 ein $c \in \mathbb{R}$ mit $F - F_0 = c$. Deshalb ist

$$F(b) - F(a) = F_0(b) - F_0(a) = F_0(b) = \int_a^b f(t)\, dt\,, \quad \text{q.e.d.}$$

*Bezeichnung.* Man setzt

$$F(x)\Big|_a^b := F(b) - F(a)\,.$$

Die Formel von Satz 3 schreibt sich dann als

$$\int_a^b f(x)\, dx = F(x)\Big|_a^b\,.$$

Hierfür schreibt man abkürzend

$$\int f(x)\,dx = F(x).$$

Diese Schreibweise ist jedoch insofern problematisch, als $F$ nur bis auf eine Konstante eindeutig bestimmt ist.

**Beispiele**

Aufgrund von Satz 3 erhält man aus jeder Differentiationsformel eine Formel über Integration. Wir stellen einige Beispiele zusammen.

**(19.1)** Sei $s \in \mathbb{R}, s \neq -1$. Dann gilt

$$\int\limits_a^b x^s dx = \frac{x^{s+1}}{s+1}\bigg|_a^b.$$

Dabei ist das Integrationsintervall folgenden Einschränkungen unterworfen: Für $s \in \mathbb{N}$ sind $a, b \in \mathbb{R}$ beliebig; ist $s$ eine ganze Zahl $\leqslant -2$, so darf 0 nicht im Integrationsintervall liegen; ist $s$ nicht ganz, so ist $[a, b] \subset \mathbb{R}_+^*$ vorauszusetzen (bzw. $[b, a] \subset \mathbb{R}_+^*$, falls $b < a$).

**(19.2)** Für $a, b > 0$ gilt

$$\int\limits_a^b \frac{dx}{x} = \log x\bigg|_a^b.$$

Für $a, b < 0$ gilt

$$\int\limits_a^b \frac{dx}{x} = \log(-x)\bigg|_a^b, \quad \text{da} \quad \frac{d}{dx}\log(-x) = \frac{1}{x} \quad \text{für } x < 0.$$

Man kann die beiden Fälle so zusammenfassen:

$$\int \frac{dx}{x} = \log|x| \quad \text{für } x \neq 0.$$

Dabei soll $x \neq 0$ bedeuten: Der Punkt 0 liegt nicht im Integrationsintervall.

**(19.3)** $\displaystyle\int \sin x\,dx = -\cos x.$

**(19.4)** $\displaystyle\int \cos x\,dx = \sin x.$

§ 19 Integration und Differentiation 193

Damit haben wir auf mühelose Weise das in (18.4) mittels Riemannscher Summen berechnete Integral wiedererhalten.

**(19.5)** $\displaystyle\int \exp x\, dx = \exp x$.

**(19.6)** $\displaystyle\int \frac{dx}{\sqrt{1-x^2}} = \arcsin x$   für $|x| < 1$.

**(19.7)** $\displaystyle\int \frac{dx}{1+x^2} = \arctan x$.

**(19.8)** $\displaystyle\int \frac{dx}{\cos^2 x} = \tan x$;

dabei muss im Integrationsintervall $\cos x \neq 0$ sein.

## Die Substitutionsregel

Ein wichtiges Hilfsmittel zur Auswertung von Integralen besteht darin, eine Transformation (Substitution) der Integrationsvariablen durchzuführen. Durch geschickte Wahl der Substitution kann man oft das Integral vereinfachen und zugänglicher machen.

**Satz 4** (Substitutionsregel). *Sei $f\colon I \to \mathbb{R}$ eine stetige Funktion und $\varphi\colon [a,b] \to \mathbb{R}$ eine stetig differenzierbare Funktion mit $\varphi([a,b]) \subset I$. Dann gilt*

$$\int_a^b f(\varphi(t))\, \varphi'(t)\, dt = \int_{\varphi(a)}^{\varphi(b)} f(x)\, dx.$$

*Beweis.* Sei $F\colon I \to \mathbb{R}$ eine Stammfunktion von $f$. Für die Funktion $F \circ \varphi\colon [a,b] \to \mathbb{R}$ gilt nach der Kettenregel

$$(F \circ \varphi)'(t) = F'(\varphi(t))\, \varphi'(t) = f(\varphi(t))\, \varphi'(t)\,.$$

Daraus folgt nach Satz 3

$$\int_a^b f(\varphi(t))\, \varphi'(t)\, dt = (F \circ \varphi)(t)\Big|_a^b = F(\varphi(b)) - F(\varphi(a)) = \int_{\varphi(a)}^{\varphi(b)} f(x)\, dx.$$

*Bezeichnung.* Unter Verwendung der symbolischen Schreibweise

$$d\varphi(t) := \varphi'(t)\, dt$$

194                                                      § 19 Integration und Differentiation

lautet die Substitutionsregel

$$\int\limits_a^b f(\varphi(t))\, d\varphi(t) = \int\limits_{\varphi(a)}^{\varphi(b)} f(x)\, dx.$$

In dieser Form ist sie besonders einfach zu merken, denn man hat einfach $x$ durch $\varphi(t)$ zu ersetzen. Läuft $t$ von $a$ nach $b$, so läuft $x = \varphi(t)$ von $\varphi(a)$ nach $\varphi(b)$.

**Beispiele**

**(19.9)** $\displaystyle\int\limits_a^b f(t+c)\, dt = \int\limits_{a+c}^{b+c} f(x)\, dx$    (Substitution $\varphi(t) = t+c$).

**(19.10)** Für $c \neq 0$ gilt $\displaystyle\int\limits_a^b f(ct)\, dt = \frac{1}{c}\int\limits_{ac}^{bc} f(x)\, dx,$    ($\varphi(t) = ct$).

**(19.11)** $\displaystyle\int\limits_a^b t f(t^2)\, dt = \frac{1}{2}\int\limits_{a^2}^{b^2} f(x)\, dx,$    ($\varphi(t) = t^2$).

**(19.12)** Sei $\varphi: [a,b] \to \mathbb{R}$ eine stetig differenzierbare Funktion mit $\varphi(t) \neq 0$ für alle $t \in [a,b]$. Dann gilt nach (19.2)

$$\int\limits_a^b \frac{\varphi'(t)}{\varphi(t)}\, dt = \left. \log|\varphi(t)| \right|_a^b, \qquad \left( f(x) = \frac{1}{x},\, x = \varphi(t) \right).$$

**(19.13)** Sei $[a,b] \subset \left] -\frac{\pi}{2}, \frac{\pi}{2} \right[$. Dann gilt nach (19.12)

$$\int\limits_a^b \tan t\, dt = \int\limits_a^b \frac{\sin t}{\cos t}\, dt = \left. -\log\cos t \right|_a^b.$$

**(19.14)** Zur Berechnung von $\displaystyle\int_a^b \frac{dx}{1-x^2}$, wobei $-1, 1 \notin [a,b]$, verwendet man die sog. *Partialbruchzerlegung*:

Da $1 - x^2 = (1-x)(1+x)$, versucht man $\alpha, \beta \in \mathbb{R}$ so zu bestimmen, dass

$$\frac{1}{1-x^2} = \frac{\alpha}{1-x} + \frac{\beta}{1+x},$$

§ 19 Integration und Differentiation 195

d.h.

$$\frac{1}{1-x^2} = \frac{(\alpha+\beta)+(\alpha-\beta)x}{1-x^2}.$$

Man erhält $\alpha = \beta = \frac{1}{2}$. Damit folgt

$$\int_a^b \frac{dx}{1-x^2} = \frac{1}{2}\left(\int_a^b \frac{dx}{1-x} + \int_a^b \frac{dx}{1+x}\right) = \frac{1}{2}\left(\int_a^b \frac{dx}{1+x} - \int_a^b \frac{dx}{x-1}\right)$$

$$= \frac{1}{2}(\log|x+1| - \log|x-1|)\Big|_a^b = \frac{1}{2}\log\left|\frac{x+1}{x-1}\right|\,\Big|_a^b.$$

**(19.15)** Sei $-1 < a < b < 1$. Durch die Substitution $x = \sin t$ erhält man mit $u := \arcsin a,\ v := \arcsin b$

$$\int_a^b \sqrt{1-x^2}\,dx = \int_u^v \sqrt{1-\sin^2 t}\,d\sin t = \int_u^v \cos^2 t\,dt.$$

Wegen

$$\cos^2 t = \left(\frac{e^{it}+e^{-it}}{2}\right)^2 = \frac{1}{4}\left(e^{2it}+e^{-2it}\right)+\frac{1}{2} = \frac{1}{2}(\cos 2t+1)$$

folgt weiter

$$\int_a^b \sqrt{1-x^2}\,dx = \frac{1}{2}\int_u^v (\cos 2t+1)\,dt = \frac{1}{4}\sin 2t\,\Big|_u^v + \frac{1}{2}t\,\Big|_u^v.$$

Da $\sin 2t = 2\sin t \cos t = 2\sin t\sqrt{1-\sin^2 t}$, gilt

$$\sin 2t\,\Big|_u^v = 2x\sqrt{1-x^2}\,\Big|_a^b.$$

Also erhält man insgesamt

$$\int_a^b \sqrt{1-x^2}\,dx = \frac{1}{2}\left(\arcsin x + x\sqrt{1-x^2}\right)\,\Big|_a^b.$$

Da sowohl die rechte wie linke Seite stetig von $a,b \in [-1,1]$ abhängen, gilt die Formel auch für $a = -1$ und $b = 1$, woraus folgt

$$\int_{-1}^{1} \sqrt{1-x^2}\,dx = \frac{\pi}{2},$$

was die Fläche des Halbkreises vom Radius 1 darstellt (Bild 19.1).

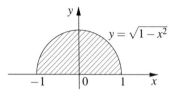

**Bild 19.1**

**(19.16)** Zur Berechnung von $\int \dfrac{dx}{\sqrt{1+x^2}}$ verwenden wir die Substitution $x = \sinh t = \frac{1}{2}(e^t - e^{-t})$. Da

$d\sinh t = \cosh t \, dt$,

$\cosh^2 t - \sinh^2 t = 1$, (Aufgabe 10.1),

$\operatorname{Arsinh} x = \log(x + \sqrt{1+x^2})$, (Aufgabe 12.2),

folgt mit $u := \operatorname{Arsinh} a$, $v := \operatorname{Arsinh} b$

$$\int_a^b \frac{dx}{\sqrt{1+x^2}} = \int_u^v \frac{d\sinh t}{\sqrt{1+\sinh^2 t}} = \int_u^v \frac{\cosh t}{\cosh t} dt = t \Big|_u^v$$
$$= \log(x + \sqrt{1+x^2}) \Big|_a^b.$$

**(19.17)** Berechnung von $\int_a^b \dfrac{dx}{\sqrt{x^2-1}}$, $(a,b > 1)$.

Wir substituieren $x = \cosh t = \frac{1}{2}(e^t + e^{-t})$. Da

$d\cosh t = \sinh t \, dt$

$\operatorname{Arcosh} x = \log(x + \sqrt{x^2-1})$, (Aufgabe 12.2),

folgt mit $u := \operatorname{Arcosh} a$, $v := \operatorname{Arcosh} b$

$$\int_a^b \frac{dx}{\sqrt{x^2-1}} = \int_u^v \frac{\sinh t}{\sinh t} dt = t \Big|_u^v = \log(x + \sqrt{x^2-1}) \Big|_a^b.$$

## Partielle Integration

Neben der Substitutionsregel ist die partielle Integration ein weiteres nützliches Hilfsmittel zur Auswertung von Integralen.

§ 19 Integration und Differentiation                                    197

**Satz 5** (Partielle Integration). *Seien $f, g : [a,b] \to \mathbb{R}$ zwei stetig differenzierbare Funktionen. Dann gilt*

$$\int\limits_a^b f(x)g'(x)\,dx = f(x)g(x)\Big|_a^b - \int\limits_a^b g(x)f'(x)\,dx.$$

Eine Kurzschreibweise für diese Formel ist

$$\int f\,dg = fg - \int g\,df.$$

*Beweis.* Für $F := fg$ gilt nach der Produktregel

$$F'(x) = f'(x)g(x) + f(x)g'(x),$$

also nach Satz 3

$$\int\limits_a^b f'(x)g(x)dx + \int\limits_a^b f(x)g'(x)\,dx = F(x)\Big|_a^b = f(x)g(x)\Big|_a^b,$$

woraus die Behauptung folgt.

**Beispiele**

**(19.18)** Seien $a, b > 0$. Zur Berechnung von $\int_a^b \log x\,dx$ setzen wir $f(x) = \log x$, $g(x) = x$.

$$\begin{aligned}
\int\limits_a^b \log x\,dx &= x\log x\Big|_a^b - \int\limits_a^b x\,d\log x = x\log x\Big|_a^b - \int\limits_a^b dx \\
&= x(\log x - 1)\Big|_a^b.
\end{aligned}$$

**(19.19)** Berechnung von $\int \arctan x\,dx$.

$$\int \arctan x\,dx = x\arctan x - \int x\,d\arctan x.$$

Da $\dfrac{d}{dx}\arctan x = \dfrac{1}{1+x^2}$, folgt

$$\begin{aligned}
\int x\,d\arctan x &= \int \frac{x}{1+x^2}dx = (\text{Substitution } t = x^2) \\
&= \tfrac{1}{2}\int \frac{dt}{1+t} = \tfrac{1}{2}\log(1+t) = \tfrac{1}{2}\log(1+x^2)
\end{aligned}$$

Also gilt

$$\int \arctan x \, dx = x \arctan x - \tfrac{1}{2} \log\left(1 + x^2\right).$$

(19.20) Berechnung von $\int \arcsin x \, dx$, $(-1 < x < 1)$.

$$\int \arcsin x \, dx = x \arcsin x - \int x \, d \arcsin x.$$

Nun ist

$$\int x \, d \arcsin x = \int \frac{x}{\sqrt{1 - x^2}} \, dx = \qquad (t = 1 - x^2, \, dt = -2x \, dx)$$
$$= -\tfrac{1}{2} \int \frac{dt}{\sqrt{t}} = -\sqrt{t} = -\sqrt{1 - x^2},$$

also

$$\int \arcsin x \, dx = x \arcsin x + \sqrt{1 - x^2}.$$

Eine zweite Methode zur Berechnung von $\int x \, d \arcsin x$ liefert die Substitution $t = \arcsin x$:

$$\int x \, d \arcsin x = \int \sin t \, dt = -\cos t = -\sqrt{1 - \sin^2 t} = -\sqrt{1 - x^2}.$$

(Es ist $\cos t \geqslant 0$, da $-\frac{\pi}{2} \leqslant t \leqslant \frac{\pi}{2}$.)

(19.21) Mithilfe der partiellen Integration kann man manchmal für Integrale, die von einem ganzzahligen Parameter abhängen, Rekursionsformeln herleiten. Als Beispiel betrachten wir das Integral

$$I_m := \int \sin^m x \, dx.$$

Partielle Integration liefert für $m \geqslant 2$

$$I_m = -\int \sin^{m-1} x \, d \cos x$$
$$= -\cos x \sin^{m-1} x + (m-1) \int \cos^2 x \sin^{m-2} x \, dx$$
$$= -\cos x \sin^{m-1} x + (m-1) \int \left(1 - \sin^2 x\right) \sin^{m-2} x \, dx$$
$$= -\cos x \sin^{m-1} x + (m-1) I_{m-2} - (m-1) I_m.$$

Diese Gleichung kann man nach $I_m$ auflösen und erhält

$$I_m = -\frac{1}{m} \cos x \sin^{m-1} x + \frac{m-1}{m} I_{m-2}.$$

§ 19 Integration und Differentiation 199

Da

$$I_0 = \int \sin^0 x\,dx = x\,, \quad I_1 = \int \sin x\,dx = -\cos x\,,$$

kann man damit rekursiv $I_m$ für alle natürlichen Zahlen $m$ berechnen.

**(19.22)** Wir wollen das vorangehende Beispiel für das bestimmte Integral

$$A_m := \int\limits_0^{\frac{\pi}{2}} \sin^m x\,dx$$

ausführen. Es ist $A_0 = \frac{\pi}{2}$, $A_1 = 1$ und

$$A_m = \frac{m-1}{m}A_{m-2} \quad \text{für } m \geqslant 2\,.$$

Man erhält

$$A_{2n} = \frac{(2n-1)(2n-3)\cdot\ldots\cdot 3\cdot 1}{2n\cdot(2n-2)\cdot\ldots\cdot 4\cdot 2}\cdot\frac{\pi}{2}\,,$$

$$A_{2n+1} = \frac{2n\cdot(2n-2)\cdot\ldots\cdot 4\cdot 2}{(2n+1)\cdot(2n-1)\cdot\ldots\cdot 5\cdot 3}\,.$$

**Folgerung** (Wallis'sches Produkt). $\frac{\pi}{2}$ kann durch folgendes unendliche Produkt dargestellt werden:

$$\frac{\pi}{2} = \prod_{n=1}^{\infty} \frac{4n^2}{4n^2-1}\,.$$

*Beweis.* Wegen $\sin^{2n+2} x \leqslant \sin^{2n+1} x \leqslant \sin^{2n} x$ für $x \in \left[0, \frac{\pi}{2}\right]$ gilt

$$A_{2n+2} \leqslant A_{2n+1} \leqslant A_{2n}\,.$$

Da $\lim\limits_{n\to\infty} \frac{A_{2n+2}}{A_{2n}} = \lim\limits_{n\to\infty} \frac{2n+1}{2n+2} = 1$, gilt auch $\lim\limits_{n\to\infty} \frac{A_{2n+1}}{A_{2n}} = 1$.

Nun ist

$$\frac{A_{2n+1}}{A_{2n}} = \frac{2n\cdot 2n\cdot\ldots\cdot 4\cdot 2\cdot 2}{(2n+1)(2n-1)\cdot\ldots\cdot 3\cdot 3\cdot 1}\cdot\frac{2}{\pi} = \prod_{k=1}^{n}\frac{4k^2}{4k^2-1}\cdot\frac{2}{\pi}\,.$$

Grenzübergang $n \to \infty$ liefert die Behauptung.

*Bemerkung.* Das Wallis'sche Produkt ist für die praktische Berechnung von $\pi$ nicht besonders gut geeignet, da es langsam konvergiert. Z.B. ist

$$\prod_{n=1}^{1000}\frac{4n^2}{4n^2-1} = 1.57040\ldots\,,$$

verglichen mit dem exakten Wert von $\frac{\pi}{2} = 1.5707963\ldots$. Die Formel wird uns aber gute Dienste leisten bei der Untersuchung der Gamma-Funktion und beim Beweis der Stirlingschen Formel (§ 20).

Als weitere Anwendung der partiellen Integration beweisen wir:

**Satz 6** (Riemann'sches Lemma). *Sei $f\colon [a,b] \to \mathbb{R}$ eine stetig differenzierbare Funktion. Für $k \in \mathbb{R}$ sei*

$$F(k) := \int\limits_a^b f(x) \sin kx\, dx.$$

*Dann gilt $\lim\limits_{|k|\to\infty} F(k) = 0$.*

*Beweis.* Für $k \neq 0$ ergibt sich durch partielle Integration

$$F(k) = -f(x)\frac{\cos kx}{k}\bigg|_a^b + \frac{1}{k}\int\limits_a^b f'(x)\cos kx\, dx.$$

Da $f$ und $f'$ auf $[a,b]$ stetig sind, gibt es eine Konstante $M \geqslant 0$, so dass

$$|f(x)| \leqslant M \quad \text{und} \quad |f'(x)| \leqslant M \quad \text{für alle } x \in [a,b].$$

Damit ergibt sich die Abschätzung

$$|F(k)| \leqslant \frac{2M}{|k|} + \frac{M(b-a)}{|k|},$$

woraus die Behauptung folgt.

**(19.23)** Als Beispiel für Satz 6 beweisen wir die Formel

$$\sum_{k=1}^\infty \frac{\sin kx}{k} = \frac{\pi - x}{2} \quad \text{für } 0 < x < 2\pi.$$

*Beweis.* Da $\int\limits_\pi^x \cos kt\, dt = \frac{\sin kx}{k}$ und

$$\sum_{k=1}^n \cos kt = \frac{\sin\left(n+\frac{1}{2}\right)t}{2\sin\frac{1}{2}t} - \frac{1}{2}, \quad \text{(Hilfssatz aus §18),}$$

folgt

$$\sum_{k=1}^n \frac{\sin kx}{k} = \int\limits_\pi^x \frac{\sin\left(n+\frac{1}{2}\right)t}{2\sin\frac{1}{2}t}\, dt - \frac{1}{2}(x-\pi).$$

§ 19 Integration und Differentiation

Nach Satz 6 gilt für

$$F_n(x) := \int_\pi^x \frac{1}{2\sin\frac{1}{2}t} \sin\left(n+\tfrac{1}{2}\right)t\,dt, \quad (0 < x < 2\pi),$$

dass $\lim\limits_{n\to\infty} F_n(x) = 0$. Daraus folgt die Behauptung.

*Spezialfall.* Setzt man in der bewiesenen Formel $x = \pi/4$, so erhält man die Leibniz'sche Reihe

$$\frac{\pi}{4} = \sum_{k=0}^\infty \frac{(-1)^k}{2k+1} = 1 - \frac{1}{3} + \frac{1}{5} - \frac{1}{7} + \frac{1}{9} - \frac{1}{11} \pm \cdots$$

**Satz 7** (Trapez-Regel). *Sei $f: [0,1] \to \mathbb{R}$ eine zweimal stetig differenzierbare Funktion. Dann ist*

$$\int_0^1 f(x)\,dx = \tfrac{1}{2}\big(f(0) + f(1)\big) - R,$$

*wobei für das Restglied gilt*

$$R = \tfrac{1}{2}\int_0^1 x(1-x)f''(x)\,dx = \tfrac{1}{12}f''(\xi)$$

*für ein $\xi \in [0,1]$.*

*Beweis.* Sei $\varphi(x) := \tfrac{1}{2}x(1-x)$. Es gilt $\varphi'(x) = \tfrac{1}{2} - x$ und $\varphi''(x) = -1$. Durch zweimalige partielle Integration erhält man

$$R = \int_0^1 \varphi(x)f''(x)\,dx = \varphi(x)f'(x)\Big|_0^1 - \int_0^1 \varphi'(x)f'(x)\,dx$$

$$= -\varphi'(x)f(x)\Big|_0^1 + \int_0^1 \varphi''(x)f(x)\,dx$$

$$= \tfrac{1}{2}\big(f(0) + f(1)\big) - \int_0^1 f(x)\,dx.$$

Andrerseits kann man wegen $\varphi(x) \geqslant 0$ für alle $x \in [0,1]$, auf das Integral für $R$ den Mittelwertsatz anwenden und erhält ein $\xi \in [0,1]$ mit

$$R = \int_0^1 \varphi(x)f''(x)\,dx = f''(\xi)\int_0^1 \varphi(x)\,dx = \tfrac{1}{12}f''(\xi), \qquad \text{q.e.d.}$$

*Bemerkung.* Der Name Trapez-Regel kommt daher, dass der Ausdruck $\frac{1}{2}(f(0)+f(1))$ bei positivem $f$ die Fläche des Trapezes mit den Ecken $(0,0)$, $(1,0)$, $(0,f(0))$ und $(1,f(1))$ darstellt (Bild 19.2). Man sieht an der Figur auch, warum das Korrekturglied $-\frac{1}{12}f''(\xi)$ mit einem Minuszeichen versehen ist, denn für eine konvexe Funktion (für die $f'' \geq 0$) ist die Fläche des Trapezes größergleich dem Integral.

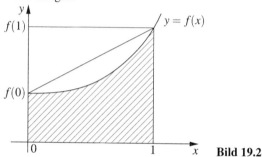

Bild 19.2

**Corollar.** *Es sei $f:[a,b] \to \mathbb{R}$ eine zweimal stetig differenzierbare Funktion und*

$$K := \sup\{|f''(x)| : x \in [a,b]\}.$$

*Sei $n \geq 1$ eine natürliche Zahl und $h := \frac{b-a}{n}$. Dann gilt*

$$\int_a^b f(x)\,dx = \left(\tfrac{1}{2}f(a) + \sum_{\nu=1}^{n-1} f(a+\nu h) + \tfrac{1}{2}f(b)\right)h + R$$

*mit $|R| \leq \frac{K}{12}(b-a)h^2$.*

*Bemerkung.* Lässt man also die Anzahl $n$ der Teilpunkte gegen unendlich gehen, geht der Fehler gegen null, und zwar wird wegen des Gliedes $h^2$ in der Fehlerabschätzung eine Verdopplung der Anzahl der Teilpunkte zu einer etwa vierfachen Genauigkeit führen. Man kann das Corollar als eine quantitative Präzisierung des Satzes über die Riemannschen Summen (§18, Satz 8) für den Fall zweimal stetig differenzierbarer Funktionen ansehen.

*Beweis.* Durch Variablentransformation erhält man aus Satz 7

$$\int_{a+\nu h}^{a+(\nu+1)h} f(x)\,dx = \frac{h}{2}(f(a+\nu h) + f(a+(\nu+1)h)) - \frac{h^3}{12}f''(\xi)$$

§ 19 Integration und Differentiation                                203

mit $\xi \in [a+\nu h, a+(\nu+1)h]$. Summation über $\nu$ ergibt die Behauptung.

AUFGABEN

**19.1.** Seien $a, b \in \mathbb{R}_+^*$. Man berechne den Flächeninhalt der Ellipse

$$E := \left\{ (x,y) \in \mathbb{R}^2 : \frac{x^2}{a^2} + \frac{y^2}{b^2} \leqslant 1 \right\}.$$

**19.2.** Für $n, m \in \mathbb{N}$ berechne man die Integrale

$$\int_0^{2\pi} \sin nx \sin mx \, dx, \quad \int_0^{2\pi} \sin nx \cos mx \, dx, \quad \int_0^{2\pi} \cos nx \cos mx \, dx.$$

**19.3.** Man bestimme eine Rekursionsformel für die Integrale

$$I_m := \int \frac{dx}{\sqrt{1+x^2}^m}, \quad m \in \mathbb{N}.$$

**19.4.** Man berechne das Integral

$$\int \frac{dx}{ax^2+bx+c}, \quad (a,b,c \in \mathbb{R}).$$

**19.5.** Man berechne das Integral $\int \dfrac{dx}{1+x^4}$.

*Anleitung.* Man benutze $1+x^4 = \left(1+\sqrt{2}x+x^2\right)\left(1-\sqrt{2}x+x^2\right)$ und stelle eine Partialbruchzerlegung

$$\frac{1}{1+x^4} = \frac{ax+b}{1+\sqrt{2}x+x^2} + \frac{cx+d}{1-\sqrt{2}x+x^2}$$

her.

**19.6.** Es seien $P_n$ die Legendre-Polynome

$$P_n(x) = \frac{1}{2^n n!} \left(\frac{d}{dx}\right)^n (x^2-1)^n,$$

vgl. Aufgabe 16.3. Man beweise mittels partieller Integration

i) $\displaystyle\int_{-1}^{1} P_n(x) P_m(x) \, dx = 0 \quad$ für $n \neq m$.

ii) $\displaystyle\int_{-1}^{1} P_n(x)^2 \, dx = \frac{2}{2n+1}$.

# § 20. Uneigentliche Integrale. Die Gamma-Funktion

Der bisher behandelte Integralbegriff ist für manche Anwendungen zu eng. So konnten wir bisher nur über endliche Intervalle integrieren und die Riemann-integrierbaren Funktionen waren notwendig beschränkt. Ist das Integrationsintervall unendlich oder die zu integrierende Funktion nicht beschränkt, so kommt man zu den uneigentlichen Integralen, die unter gewissen Bedingungen als Grenzwerte Riemannscher Integrale definiert werden können. Als Anwendung behandeln wir die Gamma-Funktion, die durch ein uneigentliches Integral definiert ist und die die Fakultät interpoliert.

## Uneigentliche Integrale

Wir betrachten drei Fälle.

**Fall 1.** Eine Integrationsgrenze ist unendlich.

**Definition.** Sei $f: [a, \infty[ \to \mathbb{R}$ eine Funktion, die über jedem Intervall $[a, R]$, $a < R < \infty$, Riemann-integrierbar ist. Falls der Grenzwert

$$\lim_{R \to \infty} \int_a^R f(x)\, dx$$

existiert, heißt das Integral $\int_a^\infty f(x)\, dx$ konvergent und man setzt

$$\int_a^\infty f(x)\, dx := \lim_{R \to \infty} \int_a^R f(x)\, dx.$$

Analog definiert man das Integral $\int_{-\infty}^a f(x)\, dx$ für eine Funktion $f: ]-\infty, a] \to \mathbb{R}$.

**(20.1) Beispiel.** Das Integral $\displaystyle\int_1^\infty \frac{dx}{x^s}$ konvergiert für $s > 1$. Es gilt nämlich

$$\int_1^R \frac{dx}{x^s} = \frac{1}{1-s} \cdot \frac{1}{x^{s-1}}\Big|_1^R = \frac{1}{s-1}\left(1 - \frac{1}{R^{s-1}}\right).$$

§ 20  Uneigentliche Integrale. Die Gamma-Funktion          205

Da $\lim\limits_{R\to\infty} \dfrac{1}{R^{s-1}} = 0$, folgt

$$\int\limits_1^\infty \frac{dx}{x^s} = \frac{1}{s-1} \quad \text{für } s > 1.$$

Andererseits zeigt man: $\int_1^\infty \dfrac{dx}{x^s}$ konvergiert nicht für $s \leqslant 1$.

Z.B. für $s = 1$ ist $\int_1^R \dfrac{dx}{x} = \log R$, was für $R \to \infty$ gegen $\infty$ strebt.

**Fall 2.** Der Integrand ist an einer Integrationsgrenze nicht definiert.

**Definition.** Sei $f \colon \,]a,b] \to \mathbb{R}$ eine Funktion, die über jedem Teilintervall $[a+\varepsilon, b]$, $0 < \varepsilon < b-a$, Riemann-integrierbar ist. Falls der Grenzwert

$$\lim_{\varepsilon \searrow 0} \int\limits_{a+\varepsilon}^b f(x)\,dx$$

existiert, heißt das Integral $\int\limits_a^b f(x)\,dx$ konvergent und man setzt

$$\int\limits_a^b f(x)\,dx := \lim_{\varepsilon \searrow 0} \int\limits_{a+\varepsilon}^b f(x)\,dx.$$

**(20.2)** *Beispiel.* Das Integral $\int_0^1 \dfrac{dx}{x^s}$ konvergiert für $s < 1$. Es gilt nämlich

$$\int\limits_\varepsilon^1 \frac{dx}{x^s} = \frac{1}{1-s} \cdot \frac{1}{x^{s-1}}\bigg|_\varepsilon^1 = \frac{1}{1-s}\left(1 - \varepsilon^{1-s}\right).$$

Da $\lim_{\varepsilon \searrow 0} \varepsilon^{1-s} = 0$, folgt

$$\int\limits_0^1 \frac{dx}{x^s} = \frac{1}{1-s} \quad \text{für } s < 1.$$

Andererseits zeigt man

$$\int\limits_0^1 \frac{dx}{x^s} \quad \text{konvergiert nicht für } s \geqslant 1.$$

206 § 20 Uneigentliche Integrale. Die Gamma-Funktion

**Fall 3.** Beide Integrationsgrenzen sind kritisch.

**Definition.** Sei $f \colon {]}a, b{[} \to \mathbb{R}$, $a \in \mathbb{R} \cup \{-\infty\}$, $b \in \mathbb{R} \cup \{\infty\}$, eine Funktion, die über jedem kompakten Teilintervall $[\alpha, \beta] \subset {]}a, b{[}$ Riemann-integrierbar ist und sei $c \in {]}a, b{[}$ beliebig. Falls die beiden uneigentlichen Integrale

$$\int\limits_a^c f(x)\,dx = \lim_{\alpha \searrow a} \int\limits_\alpha^c f(x)\,dx$$

und

$$\int\limits_c^b f(x)\,dx = \lim_{\beta \nearrow b} \int\limits_c^\beta f(x)\,dx$$

konvergieren, heißt das Integral $\int\limits_a^b f(x)\,dx$ konvergent und man setzt

$$\int\limits_a^b f(x)\,dx = \int\limits_a^c f(x)\,dx + \int\limits_c^b f(x)\,dx.$$

*Bemerkung.* Diese Definition ist unabhängig von der Auswahl von $c \in {]}a, b{[}$.

**Beispiele**

**(20.3)** Nach (20.1) und (20.2) divergiert das Integral $\int_0^\infty \dfrac{dx}{x^s}$ für jedes $s \in \mathbb{R}$.

**(20.4)** Das Integral $\int_{-1}^1 \dfrac{dx}{\sqrt{1 - x^2}}$ konvergiert:

$$\int\limits_{-1}^1 \frac{dx}{\sqrt{1 - x^2}} = \lim_{\varepsilon \searrow 0} \int\limits_{-1+\varepsilon}^0 \frac{dx}{\sqrt{1 - x^2}} + \lim_{\varepsilon \searrow 0} \int\limits_0^{1-\varepsilon} \frac{dx}{\sqrt{1 - x^2}}$$

$$= -\lim_{\varepsilon \searrow 0} \arcsin(-1 + \varepsilon) + \lim_{\varepsilon \searrow 0} \arcsin(1 - \varepsilon)$$

$$= -\left(-\frac{\pi}{2}\right) + \frac{\pi}{2} = \pi.$$

**(20.5)** Das Integral $\int_{-\infty}^{\infty} \dfrac{dx}{1+x^2}$ konvergiert ebenfalls:

$$\int_{-\infty}^{\infty} \frac{dx}{1+x^2} = \lim_{R\to\infty} \int_{-R}^{0} \frac{dx}{1+x^2} + \lim_{R\to\infty} \int_{0}^{R} \frac{dx}{1+x^2}$$
$$= -\lim_{R\to\infty} \arctan(-R) + \lim_{R\to\infty} \arctan(R)$$
$$= -\left(-\frac{\pi}{2}\right) + \frac{\pi}{2} = \pi.$$

**Integral-Vergleichskriterium für Reihen**

Mithilfe der uneigentlichen Integrale kann man manchmal einfach entscheiden, ob eine unendliche Reihe konvergiert oder divergiert.

**Satz 1.** *Sei* $f: [1, \infty[ \to \mathbb{R}_+$ *eine monoton fallende Funktion. Dann gilt:*

$$\sum_{n=1}^{\infty} f(n) \text{ konvergiert} \iff \int_{1}^{\infty} f(x)\,dx \text{ konvergiert}.$$

*Beweis.* Wir definieren Treppenfunktionen $\varphi, \psi: [1, \infty[ \to \mathbb{R}$ durch

$$\left. \begin{array}{l} \psi(x) := f(n) \\ \varphi(x) := f(n+1) \end{array} \right\} \text{ für } n \leqslant x < n+1.$$

Da $f$ monoton fallend ist, gilt $\varphi \leqslant f \leqslant \psi$, siehe Bild 20.1.

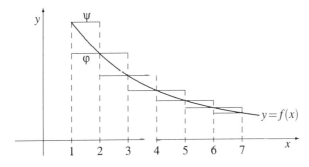

**Bild 20.1** Zum Integral-Vergleichskriterium

208 § 20 Uneigentliche Integrale. Die Gamma-Funktion

Integration über das Intervall $[1, N]$ ergibt

$$\sum_{n=2}^{N} f(n) = \int_{1}^{N} \varphi(x)\, dx \leqslant \int_{1}^{N} f(x)\, dx \leqslant \int_{1}^{N} \psi(x)\, dx = \sum_{n=1}^{N-1} f(n).$$

Falls $\int_{1}^{\infty} f(x)\, dx$ konvergiert, ist deshalb die Reihe $\sum_{n=1}^{\infty} f(n)$ beschränkt, also konvergent. Falls umgekehrt $\sum_{n=1}^{\infty} f(n)$ als konvergent vorausgesetzt wird, so folgt, dass $\int_{1}^{R} f(x)\, dx$ für $R \to \infty$ monoton wachsend und beschränkt ist, also konvergiert.

**(20.6)** *Beispiel.* Aus (20.1) folgt:

Die Reihe $\sum\limits_{n=1}^{\infty} \dfrac{1}{n^s}$ konvergiert für $s > 1$ und divergiert für $s \leqslant 1$.

(Diese Reihe hatten wir schon in (7.2) behandelt.)

*Bemerkung.* Betrachtet man die Summe der Reihe als Funktion von $s$, so erhält man die *Riemannsche Zetafunktion*

$$\zeta(s) := \sum_{n=1}^{\infty} \frac{1}{n^s}, \quad (s > 1).$$

(Die wahre Bedeutung dieser Funktion wird erst in der sogenannten Funktionentheorie sichtbar, wo diese Funktion ins Komplexe fortgesetzt wird.)

## Die Gamma-Funktion

**Definition** (Euler'sche Integraldarstellung der Gamma-Funktion). Für $x > 0$ setzt man

$$\Gamma(x) := \int_{0}^{\infty} t^{x-1} e^{-t}\, dt .$$

*Bemerkung.* Dass dieses uneigentliche Integral konvergiert, folgt nach (20.1) und (20.2) daraus, dass

a) $t^{x-1} e^{-t} \leqslant \dfrac{1}{t^{1-x}}$ für alle $t > 0$,

b) $t^{x-1} e^{-x} \leqslant \dfrac{1}{t^2}$ für $t \geqslant t_0$,

da $\lim\limits_{t \to \infty} t^{x+1} e^{-t} = 0$, vgl. (12.2).

§ 20 Uneigentliche Integrale. Die Gamma-Funktion

**Satz 2** (Funktionalgleichung). *Es gilt* $\Gamma(n+1) = n!$ *für alle* $n \in \mathbb{N}$ *und*

$$x\Gamma(x) = \Gamma(x+1) \quad \text{für alle } x \in \mathbb{R}_+^*.$$

*Beweis.* Partielle Integration liefert

$$\int_\varepsilon^R t^x e^{-t} dt = -t^x e^{-t} \Big|_{t=\varepsilon}^{t=R} + x \int_\varepsilon^R t^{x-1} e^{-t} dt \,.$$

Durch Grenzübergang $\varepsilon \searrow 0$ und $R \to \infty$ erhält man $\Gamma(x+1) = x\Gamma(x)$. Da

$$\Gamma(1) = \lim_{R \to \infty} \int_0^R e^{-t} dt = \lim_{R \to \infty} \left(1 - e^{-R}\right) = 1 \,,$$

folgt aus dieser Funktionalgleichung

$$\Gamma(n+1) = n\Gamma(n) = n(n-1)\Gamma(n-1) = n(n-1) \cdot \ldots \cdot 1 \cdot \Gamma(1) = n!$$

*Bemerkung.* Die Funktion $\Gamma \colon \mathbb{R}_+^* \to \mathbb{R}$ interpoliert also die Fakultät, die nur für natürliche Zahlen definiert ist. (Dass die Gamma-Funktion so definiert ist, dass nicht $\Gamma(n)$, sondern $\Gamma(n+1)$ gleich $n!$ ist, hat historische Gründe.) Durch diese Eigenschaft und die Funktionalgleichung ist die Gammafunktion aber noch nicht eindeutig bestimmt. Wir brauchen noch eine weitere Eigenschaft, die logarithmische Konvexität, um die Gammafunktion zu charakterisieren.

**Definition.** Sei $I \subset \mathbb{R}$ ein Intervall. Eine positive Funktion $F \colon I \to \mathbb{R}_+^*$ heißt *logarithmisch konvex*, wenn die Funktion $\log F \colon I \to \mathbb{R}$ konvex ist.

Übersetzt man die Konvexitätsbedingung für die Funktion $\log F$ mithilfe der Exponentialfunktion auf die Funktion $F$, so erhält man: $F$ ist genau dann logarithmisch konvex, wenn für alle $x, y \in I$ und $0 < \lambda < 1$ gilt

$$F\left(\lambda x + (1-\lambda)y\right) \leqslant F(x)^\lambda F(y)^{1-\lambda} \,.$$

**Satz 3.** *Die Funktion* $\Gamma \colon \mathbb{R}_+^* \to \mathbb{R}$ *ist logarithmisch konvex.*

*Beweis.* Seien $x, y \in \mathbb{R}_+^*$ und $0 < \lambda < 1$. Wir setzen $p := \frac{1}{\lambda}$ und $q := \frac{1}{1-\lambda}$. Dann gilt $\frac{1}{p} + \frac{1}{q} = 1$. Wir wenden nun auf die Funktionen

$$f(t) := t^{(x-1)/p} e^{-t/p}, \quad g(t) := t^{(y-1)/q} e^{-t/q}$$

die Höldersche Ungleichung (18.5) an:

$$\int_\varepsilon^R f(t) g(t)\, dt \leqslant \left(\int_\varepsilon^R f(t)^p\, dt\right)^{1/p} \left(\int_\varepsilon^R g(t)^q\, dt\right)^{1/q} \,.$$

Nun ist

$$f(t)g(t) = t^{\frac{x}{p}+\frac{y}{q}-1}e^{-t},$$

$$f(t)^p = t^{x-1}e^{-t}, \quad g(t)^q = t^{y-1}e^{-t}.$$

Damit ergibt die Höldersche Ungleichung nach Grenzübergang $\varepsilon \searrow 0$ und $R \to \infty$

$$\Gamma\left(\frac{x}{p}+\frac{y}{q}\right) \leqslant \Gamma(x)^{1/p}\Gamma(y)^{1/q}.$$

Dies zeigt, dass $\Gamma$ logarithmisch konvex ist.

**Satz 4** (H. Bohr). *Sei* $F \colon \mathbb{R}_+^* \to \mathbb{R}_+^*$ *eine Funktion mit folgenden Eigenschaften:*

a) $F(1) = 1$,

b) $F(x+1) = xF(x)$ *für alle* $x \in \mathbb{R}_+^*$,

c) $F$ *ist logarithmisch konvex.*

*Dann gilt* $F(x) = \Gamma(x)$ *für alle* $x \in \mathbb{R}_+^*$.

*Beweis.* Da die $\Gamma$-Funktion die Eigenschaften a) bis c) hat, genügt es zu zeigen, dass eine Funktion $F$ mit a) bis c) eindeutig bestimmt ist.

Aus der Funktionalgleichung b) folgt

$$F(x+n) = F(x)x(x+1)\cdot\ldots\cdot(x+n-1)$$

für alle $x > 0$ und alle natürlichen Zahlen $n \geqslant 1$. Insbesondere folgt daraus $F(n+1) = n!$ für alle $n \in \mathbb{N}$. Es genügt daher zu beweisen, dass $F(x)$ für $0 < x < 1$ eindeutig bestimmt ist. Wegen

$$n+1 = (1-x)n + x(n+1)$$

folgt aus der logarithmischen Konvexität

$$F(n+x) \leqslant F(n)^{1-x}F(n+1)^x = F(n)^{1-x}F(n)^x n^x = (n-1)!\,n^x.$$

Aus $n+1 = x(n+x) + (1-x)(n+1+x)$ folgt ebenso

$$n! = F(n+1) \leqslant F(n+x)^x F(n+1+x)^{1-x} = F(n+x)(n+x)^{1-x}.$$

Kombiniert man beide Ungleichungen, erhält man

$$n!(n+x)^{x-1} \leqslant F(n+x) \leqslant (n-1)!\,n^x$$

§ 20 Uneigentliche Integrale. Die Gamma-Funktion 211

und weiter

$$a_n(x) := \frac{n!(n+x)^{x-1}}{x(x+1) \cdot \ldots \cdot (x+n-1)} \leqslant F(x)$$

$$\leqslant \frac{(n-1)!\,n^x}{x(x+1) \cdot \ldots \cdot (x+n-1)} =: b_n(x).$$

Da $\frac{b_n(x)}{a_n(x)} = \frac{(n+x)n^x}{n(n+x)^x}$ für $n \to \infty$ gegen 1 konvergiert, folgt

$$F(x) = \lim_{n \to \infty} \frac{(n-1)!\,n^x}{x(x+1) \cdot \ldots \cdot (x+n-1)},$$

$F$ ist also eindeutig bestimmt.

**Satz 5** (Gauß'sche Limesdarstellung der Gamma-Funktion). *Für alle $x > 0$ gilt*

$$\Gamma(x) = \lim_{n \to \infty} \frac{n!\,n^x}{x(x+1) \cdot \ldots \cdot (x+n)}.$$

*Beweis.* Da $\lim_{n \to \infty} \frac{n}{x+n} = 1$, folgt die behauptete Gleichung für $0 < x < 1$ aus der im vorangehenden Beweis hergeleiteten Beziehung. Sie ist außerdem trivialerweise für $x = 1$ richtig. Es genügt also zu zeigen: Gilt die Formel für ein $x$, so auch für $y := x + 1$. Nun ist

$$\Gamma(y) = \Gamma(x+1) = x\Gamma(x) = \lim_{n \to \infty} \frac{n!\,n^x}{(x+1) \cdot \ldots \cdot (x+n)}$$

$$= \lim_{n \to \infty} \frac{n!\,n^{y-1}}{y(y+1) \cdot \ldots \cdot (y+n-1)}$$

$$= \lim_{n \to \infty} \frac{n!\,n^y}{y(y+1) \cdot \ldots \cdot (y+n-1)(y+n)}.$$

Damit ist Satz 5 bewiesen.

**(20.7)** Wir zeigen als Anwendung von Satz 5, dass $\Gamma(\frac{1}{2}) = \sqrt{\pi}$.

*Beweis.* Wir können $\Gamma(\frac{1}{2})$ auf zwei Weisen darstellen:

$$\Gamma(\tfrac{1}{2}) = \lim_{n \to \infty} \frac{n!\,\sqrt{n}}{\frac{1}{2}(1+\frac{1}{2})(2+\frac{1}{2}) \cdot \ldots \cdot (n+\frac{1}{2})},$$

$$\Gamma(\tfrac{1}{2}) = \lim_{n \to \infty} \frac{n!\,\sqrt{n}}{(1-\frac{1}{2})(2-\frac{1}{2}) \cdot \ldots \cdot (n-\frac{1}{2})(n+\frac{1}{2})}.$$

Multiplikation ergibt

$$\Gamma(\tfrac{1}{2})^2 = \lim_{n\to\infty} \frac{2n}{n+\tfrac{1}{2}} \cdot \frac{(n!)^2}{(1-\tfrac{1}{4})(4-\tfrac{1}{4})\cdot\ldots\cdot(n^2-\tfrac{1}{4})}$$

$$= 2 \lim_{n\to\infty} \prod_{k=1}^{n} \frac{k^2}{k^2-\tfrac{1}{4}} = \pi,$$

wobei das Wallissche Produkt (19.22) benutzt wurde. Also ist $\Gamma(\tfrac{1}{2}) = \sqrt{\pi}$.

**(20.8)** Mithilfe des Wertes von $\Gamma(\tfrac{1}{2})$ können wir das folgende uneigentliche Integral berechnen:

$$\int_{-\infty}^{\infty} e^{-x^2}\, dx = \sqrt{\pi}.$$

*Beweis.* Die Substitution $x = t^{1/2}$, $dx = \tfrac{1}{2} t^{-1/2} dt$ liefert

$$\int_{\varepsilon}^{R} e^{-x^2}\, dx = \tfrac{1}{2} \int_{\varepsilon^2}^{R^2} t^{-1/2} e^{-t}\, dt,$$

also ergibt sich durch Grenzübergang $\varepsilon \searrow 0$, $R \to \infty$

$$\int_{0}^{\infty} e^{-x^2}\, dx = \tfrac{1}{2} \int_{0}^{\infty} t^{-1/2} e^{-t}\, dt = \tfrac{1}{2} \Gamma\left(\tfrac{1}{2}\right) = \tfrac{1}{2}\sqrt{\pi}.$$

Daraus folgt die Behauptung.

## Stirlingsche Formel

Wir leiten jetzt noch eine nützliche Formel für das asymptotische Verhalten von $n!$ für große $n$ her. Dabei nennt man zwei Folgen $(a_n)_{n\in\mathbb{N}}$ und $(b_n)_{n\in\mathbb{N}}$ nichtverschwindender Zahlen *asymptotisch gleich*, in Zeichen $a_n \sim b_n$, falls

$$\lim_{n\to\infty} \frac{a_n}{b_n} = 1.$$

Man beachte, dass nicht vorausgesetzt wird, dass die beiden Folgen $(a_n)$ und $(b_n)$ konvergieren und dass auch im Allgemeinen die Folge der Differenzen $(a_n - b_n)$ nicht konvergiert.

**Satz 6** (Stirling). *Die Fakultät hat das asymptotische Verhalten*

$$n! \sim \sqrt{2\pi n}\left(\frac{n}{e}\right)^n.$$

§ 20  Uneigentliche Integrale. Die Gamma-Funktion

*Beweis.* Wir bezeichnen mit $\varphi\colon \mathbb{R} \to \mathbb{R}$ die wie folgt definierte Funktion:

$$\varphi(x) := \tfrac{1}{2}x(1-x) \quad \text{für } x \in [0,1],$$

$$\varphi(x+n) := \varphi(x) \qquad \text{für alle } n \in \mathbb{Z} \text{ und } x \in [0,1].$$

Aus der Trapez-Regel (§19, Satz 7) erhalten wir wegen $\log''(x) = -1/x^2$ die Beziehung

$$\int\limits_k^{k+1} \log x\,dx = \tfrac{1}{2}(\log(k) + \log(k+1)) + \int\limits_k^{k+1} \frac{\varphi(x)}{x^2}\,dx.$$

Summation über $k = 1,\dots,n-1$ ergibt

$$\int\limits_1^n \log x\,dx = \sum_{k=1}^n \log k - \tfrac{1}{2}\log n + \int\limits_1^n \frac{\varphi(x)}{x^2}\,dx.$$

Da $\int\limits_1^n \log x\,dx = n\log n - n + 1$, folgt daraus

$$\sum_{k=1}^n \log k = \left(n + \tfrac{1}{2}\right)\log n - n + \gamma_n,$$

wobei $\gamma_n := 1 - \int\limits_1^n \frac{\varphi(x)}{x^2}\,dx$.

Nehmen wir von beiden Seiten die Exponentialfunktion, so erhalten wir mit $c_n := e^{\gamma_n}$

$$n! = n^{n+\frac{1}{2}}e^{-n}c_n, \qquad \text{also } c_n = \frac{n!}{\sqrt{n}}\frac{e^n}{n^n}.$$

Da $\varphi$ beschränkt ist und $\int_1^\infty x^{-2}dx < \infty$, existiert der Grenzwert

$$\gamma := \lim_{n\to\infty} \gamma_n = 1 - \int\limits_1^\infty \frac{\varphi(x)}{x^2}\,dx,$$

also auch der Grenzwert $c := \lim_{n\to\infty} c_n = e^{\gamma}$. Es ist

$$\frac{c_n^2}{c_{2n}} = \frac{(n!)^2\sqrt{2n}(2n)^{2n}}{n^{2n+1}(2n)!} = \sqrt{2}\frac{2^{2n}(n!)^2}{\sqrt{n}(2n)!}$$

und $\lim\limits_{n\to\infty} \dfrac{c_n^2}{c_{2n}} = \dfrac{c^2}{c} = c$. Um $c$ zu berechnen, benützen wir das Wallissche Produkt (19.22)

$$\pi = 2 \prod_{k=1}^{\infty} \frac{4k^2}{4k^2-1} = 2 \lim_{n\to\infty} \frac{2\cdot 2\cdot 4\cdot 4\cdot \ldots \cdot 2n\cdot 2n}{1\cdot 3\cdot 3\cdot 5\cdot \ldots \cdot (2n-1)(2n+1)}.$$

Es gilt

$$\left( 2 \prod_{k=1}^{n} \frac{4k^2}{4k^2-1} \right)^{1/2} = \sqrt{2}\, \frac{2\cdot 4\cdot \ldots \cdot 2n}{3\cdot 5\cdot \ldots \cdot (2n-1)\sqrt{2n+1}}$$

$$= \frac{1}{\sqrt{n+\frac{1}{2}}} \cdot \frac{2^2\cdot 4^2\cdot \ldots \cdot (2n)^2}{2\cdot 3\cdot 4\cdot 5\cdot \ldots \cdot (2n-1)\cdot 2n}$$

$$= \frac{1}{\sqrt{n+\frac{1}{2}}} \cdot \frac{2^{2n}(n!)^2}{(2n)!},$$

also

$$\sqrt{\pi} = \lim_{n\to\infty} \frac{2^{2n}(n!)^2}{\sqrt{n}\,(2n)!}.$$

Daraus folgt $c = \sqrt{2\pi}$, d.h.

$$\lim_{n\to\infty} \frac{n!}{\sqrt{2\pi n}\cdot n^n e^{-n}} = 1, \quad \text{q.e.d.}$$

**Zusatz zu Satz 6** (Fehlerabschätzung). *Die Fakultät von $n$ liegt zwischen den Schranken*

$$\sqrt{2\pi n}\left( \frac{n}{e} \right)^n < n! \leqslant \sqrt{2\pi n}\left( \frac{n}{e} \right)^n e^{1/12n}.$$

*Beweis.* Mit den Bezeichnungen des Beweises von Satz 6 gilt für $n \geqslant 1$

$$n! = \sqrt{2\pi n}\left( \frac{n}{e} \right)^n e^{\gamma_n - \gamma}$$

mit $\gamma_n - \gamma = \displaystyle\int_n^{\infty} \frac{\varphi(x)}{x^2}\, dx$, wobei $\varphi(x) = \frac{1}{2}z(1-z)$ für $z = x - \lfloor x \rfloor$.
Wir müssen also zeigen

$$0 < \int_n^{\infty} \frac{\varphi(x)}{x^2}\, dx \leqslant \frac{1}{12n}.$$

§ 20  Uneigentliche Integrale. Die Gamma-Funktion    215

Da $\varphi(x) \geqslant 0$, ist die erste Ungleichung klar. Um das Integral nach oben abzuschätzen, benützen wir folgenden Hilfssatz.

**Hilfssatz.**  *Sei* $f : [0,1] \to \mathbb{R}$ *eine 2-mal differenzierbare konvexe Funktion. Dann gilt*

$$\int_0^1 \tfrac{1}{2}x(1-x)f(x)\,dx \leqslant \frac{1}{12} \int_0^1 f(x)\,dx.$$

*Beweis.* Um die Symmetrie der Funktion $\frac{1}{2}x(1-x)$ um den Punkt $\frac{1}{2}$ besser ausnützen zu können, machen wir die Substitution $t = x - \frac{1}{2}$ und setzen $g(t) := f(t + \frac{1}{2})$. Dann ist $g$ ebenfalls konvex und es ist zu zeigen

$$\int_{-1/2}^{1/2} (\tfrac{1}{8} - \tfrac{1}{2}t^2)g(t)\,dt \leqslant \frac{1}{12} \int_{-1/2}^{1/2} g(t)\,dt.$$

Da $\frac{1}{8} - \frac{1}{12} = \frac{1}{24}$, ist dies gleichbedeutend mit

$$\int_{-1/2}^{1/2} (\tfrac{1}{24} - \tfrac{1}{2}t^2)g(t)\,dt \leqslant 0.$$

Dies zeigen wir mit partieller Integration. Für die Funktion

$$\psi(t) := \tfrac{1}{24}t - \tfrac{1}{6}t^3$$

gilt $\psi'(t) = \frac{1}{24} - \frac{1}{2}t^2$ und $\psi(-\frac{1}{2}) = \psi(\frac{1}{2}) = 0$, also

$$\int_{-1/2}^{1/2} (\tfrac{1}{24} - \tfrac{1}{2}t^2)g(t)\,dt = - \int_{-1/2}^{1/2} \psi(t)g'(t)\,dt.$$

Ausnutzung der Antisymmetrie $\psi(-t) = -\psi(t)$ liefert weiter

$$\int_{-1/2}^{1/2} \psi(t)g'(t)\,dt = \int_0^{1/2} \psi(t)(g'(t) - g'(-t))\,dt.$$

Da $g$ konvex ist, ist $g'$ monoton steigend, also $g'(t) - g'(-t) \geqslant 0$ für $t \in [0,\frac{1}{2}]$. Da außerdem $\psi(t) \geqslant 0$ für $t \in [0,\frac{1}{2}]$, ist das letzte Integral nicht-negativ. Daraus folgt die Behauptung des Hilfssatzes.

216　　　　　§ 20　Uneigentliche Integrale. Die Gamma-Funktion

Nun können wir den Beweis der Fehlerabschätzung zu Ende führen. Da die Funktion $x \mapsto 1/x^2$ konvex ist, erhalten wir mit dem Hilfssatz

$$\int_n^\infty \frac{\varphi(x)}{x^2}\,dx \leqslant \frac{1}{12}\int_n^\infty \frac{dx}{x^2} = \frac{1}{12n}, \quad \text{q.e.d.}$$

Die Fehlerabschätzung für $n!$ sagt, dass der Näherungswert $\sqrt{2\pi n}\left(\dfrac{n}{e}\right)^n$ zwar zu klein ist, aber der relative Fehler ist höchstens gleich $e^{1/12n} - 1$. Etwa für $n = 10$ ist der Fehler weniger als ein Prozent, für $n = 100$ weniger als ein Promille. Beispielsweise gilt mit einer Genauigkeit von 1 Promille

$$100! \approx 0.9325 \cdot 10^{158}.$$

Der exakte Wert von $100!$ kann z.b. mit dem ARIBAS-Befehl

```
==> factorial(100).
-: 933_26215_44394_41526_81699_23885_62667_00490_71596_
82643_81621_46859_29638_95217_59999_32299_15608_94146_
39761_56518_28625_36979_20827_22375_82511_85210_91686_
40000_00000_00000_00000_00000
```

ermittelt werden (wobei fraglich ist, ob für praktische Zwecke jemals der exakte Wert von $100!$ nötig ist). Die Stirlingsche Formel findet Anwendung u.a. in der Wahrscheinlichkeitstheorie und Statistik.

AUFGABEN

**20.1.** Man untersuche das Konvergenzverhalten der Reihen

$$\sum_{k=2}^\infty \frac{1}{k(\log k)^\alpha} \qquad (\alpha \geqslant 0).$$

**20.2.** Sei $C_N := \displaystyle\sum_{n=1}^N \frac{1}{n} - \log N$.

a)　Man zeige $0 < C_N < 1$ für alle $N > 1$.

b)　Man beweise, dass der Limes

$$C := \lim_{N \to \infty} C_N$$

existiert.

§ 20 Uneigentliche Integrale. Die Gamma-Funktion

*Bemerkung.* Die Zahl $C$ heißt *Euler-Mascheronische Konstante*; es gilt

$$C = 0.57721\,56649\,01532\,86060\,65120\,90082\,40243\,10421\,59335\ldots$$

**20.3.** Man beweise für $x > 0$ die Produktdarstellung

$$\frac{1}{\Gamma(x)} = xe^{Cx} \prod_{n=1}^{\infty} \left(1 + \frac{x}{n}\right) e^{-x/n},$$

wobei $C$ die Euler-Mascheronische Konstante ist.

**20.4.** Man beweise, dass der Limes

$$\lim_{n\to\infty} \frac{n!\,n^x}{x(x+1)\cdot\ldots\cdot(x+n)}.$$

aus Satz 5 auch für alle $x < 0$, die nicht ganzzahlig sind, konvergiert.

Damit kann $\Gamma(x)$ für alle $x \in D := \{t \in \mathbb{R} : -t \notin \mathbb{N}\}$ definiert werden. Man zeige, dass die Produktdarstellung von Aufgabe 20.3 sogar für alle $x \in D$ gültig ist.

**20.5.** Man beweise die asymptotische Beziehung

$$\frac{1}{2^{2n}} \binom{2n}{n} \sim \frac{1}{\sqrt{\pi n}}.$$

*Bemerkung.* Die Zahl $\frac{1}{2^{2n}} \binom{2n}{n}$ kann interpretiert werden als die Wahrscheinlichkeit dafür, dass beim $2n$-maligen unabhängigen Werfen einer Münze genau $n$-mal `Zahl' auftritt.

**20.6.** Man beweise, dass für alle $x, y \in \mathbb{R}_+^*$ das uneigentliche Integral

$$B(x,y) := \int_0^1 t^{x-1}(1-t)^{y-1} dt$$

konvergiert (Eulersche Beta-Funktion).

**20.7.** Man zeige, dass die folgenden uneigentlichen Integrale konvergieren:

$$\int_0^\infty \frac{\sin x}{x}\, dx, \qquad \int_0^\infty \sin(x^2)\, dx.$$

# § 21. Gleichmäßige Konvergenz von Funktionenfolgen

Der Begriff der Konvergenz einer Folge von Funktionen $(f_n)$ gegen eine Funktion $f$, die alle denselben Definitionsbereich $D$ haben, kann einfach auf den Konvergenzbegriff für Zahlenfolgen zurückgeführt werden: Man verlangt, dass an jeder Stelle $x \in D$ die Zahlenfolge $f_n(x)$, für $n \to \infty$ gegen $f(x)$ konvergiert. Wenn man Aussagen über die Funktion $f$ aufgrund der Eigenschaften der Funktionen $f_n$ beweisen will, reicht jedoch meistens diese sogenannte punktweise Konvergenz nicht aus. Man braucht zusätzlich, dass die Konvergenz gleichmäßig ist, das heißt grob gesprochen, dass die Konvergenz der Folge $(f_n(x))$ gegen $f(x)$ für alle $x \in D$ gleich schnell ist. Beispielsweise gilt bei gleichmäßiger Konvergenz, dass die Grenzfunktion $f$ wieder stetig ist, falls alle $f_n$ stetig sind. Die gleichmäßige Konvergenz spielt auch bei der Frage eine Rolle, wann Differentiation und Integration von Funktionen mit der Limesbildung vertauschbar sind. Besonders wichtige Beispiele für gleichmäßig konvergente Funktionenfolgen liefern die Partialsummen von Potenzreihen.

**Definition.** Sei $K$ eine Menge und seien $f_n \colon K \to \mathbb{C}$, $n \in \mathbb{N}$, Funktionen.

a) Die Folge $(f_n)$ konvergiert *punktweise* gegen eine Funktion $f \colon K \to \mathbb{C}$, falls für jedes $x \in K$ die Folge $(f_n(x))$ gegen $f(x)$ konvergiert, d.h. wenn gilt:

Zu jedem $x \in K$ und $\varepsilon > 0$ existiert ein $N = N(x, \varepsilon)$, so dass

$$|f_n(x) - f(x)| < \varepsilon \quad \text{für alle } n \geqslant N.$$

b) Die Folge $(f_n)$ konvergiert *gleichmäßig* gegen eine Funktion $f \colon K \to \mathbb{C}$, falls gilt:

Zu jedem $\varepsilon > 0$ existiert ein $N = N(\varepsilon)$, so dass

$$|f_n(x) - f(x)| < \varepsilon \quad \text{für alle } x \in K \text{ und alle } n \geqslant N.$$

Der Unterschied ist also der, dass im Fall gleichmäßiger Konvergenz $N$ nur von $\varepsilon$, nicht aber von $x$ abhängt. Konvergiert eine Funktionenfolge gleichmäßig, so auch punktweise. Die Umkehrung gilt jedoch nicht, wie folgendes Beispiel zeigt:

**(21.1)** Für $n \geqslant 2$ sei $f_n \colon [0,1] \to \mathbb{R}$ definiert durch

$$f_n(x) := \max\left(n - n^2 |x - \tfrac{1}{n}|, 0\right) \quad \text{(Bild 21.1)}.$$

§ 21 Gleichmäßige Konvergenz von Funktionenfolgen 219

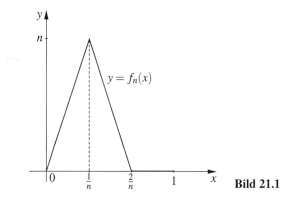

**Bild 21.1**

Wir zeigen, dass die Folge $(f_n)$ punktweise gegen 0 konvergiert.

1. Für $x = 0$ ist $f_n(x) = 0$ für alle $n$.
2. Zu jedem $x \in \,]0, 1]$ existiert ein $N \geqslant 2$, so dass
$$\frac{2}{n} \leqslant x \quad \text{für alle } n \geqslant N.$$

Damit gilt $f_n(x) = 0$ für alle $n \geqslant N$, d.h. $\lim_{n \to \infty} f_n(x) = 0$.

Die Folge $(f_n)$ konvergiert jedoch nicht gleichmäßig gegen 0, denn für *kein* $n \geqslant 2$ gilt

$$|f_n(x) - 0| < 1 \quad \text{für alle } x \in [0, 1].$$

## Stetigkeit und gleichmäßige Konvergenz

**Satz 1.** *Sei $K \subset \mathbb{C}$ und $f_n\colon K \to \mathbb{C}$, $n \in \mathbb{N}$, eine Folge stetiger Funktionen, die gleichmäßig gegen die Funktion $f\colon K \to \mathbb{C}$ konvergiere. Dann ist auch $f$ stetig.*

Anders ausgedrückt: Der Limes einer gleichmäßig konvergenten Folge stetiger Funktionen ist wieder stetig.

*Beweis.* Sei $x \in K$. Es ist zu zeigen, dass es zu jedem $\varepsilon > 0$ ein $\delta > 0$ gibt, so dass

$$|f(x) - f(x')| < \varepsilon \quad \text{für alle } x' \in K \text{ mit } |x - x'| < \delta.$$

Da die Folge $(f_n)$ gleichmäßig gegen $f$ konvergiert, existiert ein $N \in \mathbb{N}$, so dass

$$|f_N(\xi) - f(\xi)| < \frac{\varepsilon}{3} \quad \text{für alle } \xi \in K.$$

Da $f_N$ im Punkt $x$ stetig ist, existiert ein $\delta > 0$, so dass

$$|f_N(x) - f_N(x')| < \frac{\varepsilon}{3} \quad \text{für alle } x' \in K \text{ mit } |x - x'| < \delta.$$

Daher gilt für alle $x' \in K$ mit $|x - x'| < \delta$

$$\begin{aligned}|f(x) - f(x')| &\leqslant |f(x) - f_N(x)| + |f_N(x) - f_N(x')| \\ &+ |f_N(x') - f(x')| < \frac{\varepsilon}{3} + \frac{\varepsilon}{3} + \frac{\varepsilon}{3} = \varepsilon \quad \text{q.e.d.}\end{aligned}$$

*Bemerkung.* Konvergiert eine Folge stetiger Funktionen nur punktweise, so braucht die Grenzfunktion nicht stetig zu sein. Dazu betrachten wir folgendes Beispiel.

**(21.2)** Sei $\sigma \colon \mathbb{R} \to \mathbb{R}$ die wie folgt definierte Funktion (Bild 21.2):

$$\sigma(0) := 0$$

$$\sigma(x) := \frac{\pi - x}{2} \quad \text{für } x \in {]0, 2\pi[},$$

$$\sigma(x + 2n\pi) := \sigma(x) \quad \text{für } n \in \mathbb{Z} \text{ und } x \in [0, 2\pi[.$$

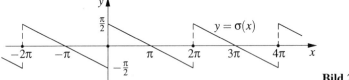

**Bild 21.2**

Nach Beispiel (19.23) gilt

$$\sigma(x) = \sum_{k=1}^{\infty} \frac{\sin kx}{k} \quad \text{für alle } x \in \mathbb{R}.$$

Wir hatten in (19.23) diese Beziehung für $0 < x < 2\pi$ bewiesen; für $x = 0$ gilt sie trivialerweise und für $2n\pi \leqslant x < 2(n+1)\pi$ folgt sie daraus, dass $\sin k(x + 2n\pi) = \sin kx$.

Die Partialsummen der Reihe sind stetig auf ganz $\mathbb{R}$, der Limes jedoch unstetig an den Stellen $x = 2n\pi$, ($n \in \mathbb{Z}$). Also kann die Reihe auf $\mathbb{R}$ nicht gleichmäßig konvergieren. Wir wollen jedoch zeigen, dass die Reihe für jedes $\delta \in {]0, \pi[}$ im Intervall $[\delta, 2\pi - \delta]$ gleichmäßig konvergiert. Dazu setzen wir

$$s_n(x) := \sum_{k=1}^{n} \sin kx = \operatorname{Im}\left(\sum_{k=1}^{n} e^{ikx}\right).$$

§ 21 Gleichmäßige Konvergenz von Funktionenfolgen 221

Für $\delta \leqslant x \leqslant 2\pi - \delta$ gilt

$$|s_n(x)| \leqslant \left| \sum_{k=1}^{n} e^{ikx} \right| = \left| \frac{e^{inx} - 1}{e^{ix} - 1} \right| \leqslant \frac{2}{|e^{ix/2} - e^{-ix/2}|} = \frac{1}{\sin \frac{x}{2}} \leqslant \frac{1}{\sin \frac{\delta}{2}}.$$

Es folgt für $m \geqslant n > 0$

$$\left| \sum_{k=n}^{m} \frac{\sin kx}{k} \right| = \left| \sum_{k=n}^{m} \frac{s_k(x) - s_{k-1}(x)}{k} \right|$$

$$= \left| \sum_{k=n}^{m} s_k(x) \left( \frac{1}{k} - \frac{1}{k+1} \right) + \frac{s_m(x)}{m+1} - \frac{s_{n-1}(x)}{n} \right|$$

$$\leqslant \frac{1}{\sin \frac{\delta}{2}} \left( \frac{1}{n} - \frac{1}{m+1} + \frac{1}{m+1} + \frac{1}{n} \right) \leqslant \frac{2}{n \sin \frac{\delta}{2}},$$

also auch

$$\left| \sum_{k=n}^{\infty} \frac{\sin kx}{k} \right| \leqslant \frac{2}{n \sin \frac{\delta}{2}} \quad \text{für alle } x \in [\delta, 2\pi - \delta].$$

Daraus folgt die behauptete gleichmäßige Konvergenz. Gemäß Satz 1 ist die Summe der Reihe im Intervall $[\delta, 2\pi - \delta]$ stetig. Aber natürlich kann der Limes einer Folge stetiger Funktionen auch stetig sein, wenn die Konvergenz nicht gleichmäßig, sondern nur punktweise ist, siehe Beispiel (21.1).

**Definition** (Supremumsnorm). Sei $K$ eine Menge und $f \colon K \to \mathbb{C}$ eine Funktion. Dann setzt man

$$\|f\|_K := \sup\{|f(x)| : x \in K\}.$$

*Bemerkung.* Es gilt $\|f\|_K \in \mathbb{R}_+ \cup \{\infty\}$. Die Funktion $f$ ist genau dann beschränkt, wenn $\|f\|_K < \infty$, d.h. $\|f\|_K \in \mathbb{R}_+$. Sind Missverständnisse ausgeschlossen, schreibt man oft kurz $\|f\|$ statt $\|f\|_K$.

Mit Hilfe der Supremumsnorm läßt sich die Definition der gleichmäßigen Konvergenz so umformen: Eine Folge $f_n \colon K \to \mathbb{C}$, $n \in \mathbb{N}$, von Funktionen konvergiert genau dann gleichmäßig auf $K$ gegen $f \colon K \to \mathbb{C}$, wenn

$$\lim_{n \to \infty} \|f_n - f\|_K = 0.$$

Denn die Bedingung $\|f_n - f\|_K \leqslant \varepsilon$ ist gleichbedeutend mit $|f_n(x) - f(x)| \leqslant \varepsilon$ für alle $x \in K$. Die Bedingung $\|f_n - f\|_K \leqslant \varepsilon$ bedeutet im Fall reeller Funktionen, dass der Graph von $f_n$ ganz im "$\varepsilon$-Streifen" zwischen $f - \varepsilon$ und $f + \varepsilon$ liegt (Bild 21.3).

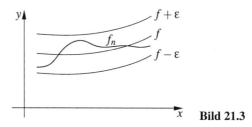

Bild 21.3

**Satz 2** (Konvergenzkriterium von Weierstraß). *Seien $f_n\colon K \to \mathbb{C}$, $n \in \mathbb{N}$, Funktionen. Es gelte*

$$\sum_{n=0}^{\infty} \|f_n\|_K < \infty.$$

*Dann konvergiert die Reihe $\sum_{n=0}^{\infty} f_n$ absolut und gleichmäßig auf $K$ gegen eine Funktion $F\colon K \to \mathbb{C}$.*

*Beweis*

a) Wir zeigen zunächst, dass $\sum f_n$ punktweise gegen eine gewisse Funktion $F\colon K \to \mathbb{C}$ konvergiert.

Sei $x \in K$. Da $|f_n(x)| \leqslant \|f_n\|_K$, konvergiert (nach dem Majoranten-Kriterium) die Reihe $\sum f_n(x)$ absolut. Wir setzen

$$F(x) := \sum_{n=0}^{\infty} f_n(x).$$

Damit ist eine Funktion $F\colon K \to \mathbb{C}$ definiert.

b) Sei $F_n := \sum_{k=0}^{n} f_k$. Wir beweisen jetzt, dass die Folge $(F_n)$ gleichmäßig gegen $F$ konvergiert.

Sei $\varepsilon > 0$ vorgegeben. Aus der Konvergenz von $\sum \|f_n\|_K$ folgt, dass es ein $N$ gibt, so dass

$$\sum_{k=n+1}^{\infty} \|f_k\|_K < \varepsilon \quad \text{für alle } n \geqslant N.$$

Dann gilt für $n \geqslant N$ und alle $x \in K$

$$|F_n(x) - F(x)| = \left| \sum_{k=n+1}^{\infty} f_k(x) \right| \leqslant \sum_{k=n+1}^{\infty} |f_k(x)| \leqslant \sum_{k=n+1}^{\infty} \|f_k\|_K < \varepsilon.$$

## § 21 Gleichmäßige Konvergenz von Funktionenfolgen

**(21.3)** Die Reihe $\sum_{n=1}^{\infty} \dfrac{\cos nx}{n^2}$ konvergiert gleichmäßig auf $\mathbb{R}$, denn für

$$f_n(x) := \frac{\cos nx}{n^2} \quad \text{gilt} \quad \|f_n\|_{\mathbb{R}} = \frac{1}{n^2} \quad \text{und} \quad \sum_{n=1}^{\infty} \frac{1}{n^2} < \infty.$$

## Potenzreihen

Besonders gute Konvergenz-Eigenschaften haben die Potenzreihen.

**Satz 3.** *Sei $(c_n)_{n \in \mathbb{N}}$ eine Folge komplexer Zahlen und $a \in \mathbb{C}$. Die Potenzreihe*

$$f(z) = \sum_{n=0}^{\infty} c_n (z-a)^n$$

*konvergiere für ein $z_1 \in \mathbb{C}$, $z_1 \neq a$. Sei $r$ eine reelle Zahl mit $0 < r < |z_1 - a|$ und*

$$K(a, r) := \{ z \in \mathbb{C} : |z - a| \leq r \} \quad \text{(Bild 21.4)}.$$

*Dann konvergiert die Potenzreihe absolut und gleichmäßig auf $K(a, r)$. Die formal differenzierte Potenzreihe*

$$g(z) = \sum_{n=1}^{\infty} n c_n (z-a)^{n-1}$$

*konvergiert ebenfalls absolut und gleichmäßig auf $K(a, r)$.*

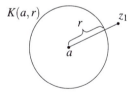

**Bild 21.4**

*Beweis*

a) Sei $f_n(z) := c_n(z-a)^n$, also $f = \sum_{n=0}^{\infty} f_n$. Da $\sum_{n=0}^{\infty} f_n(z_1)$ nach Voraussetzung konvergiert, existiert ein $M \in \mathbb{R}_+$, so dass $|f_n(z_1)| \leq M$ für alle $n \in \mathbb{N}$. Für alle $z \in K(a, r)$ gilt dann

$$|f_n(z)| = |c_n(z-a)^n| = |c_n(z_1-a)^n| \cdot \left| \frac{z-a}{z_1-a} \right|^n \leq M \theta^n,$$

wobei

$$\theta := \frac{r}{|z_1 - a|} \in \,]0,1[\,.$$

Es gilt also $\|f_n\|_{K(a,r)} \leqslant M\theta^n$. Da $\sum_{n=0}^{\infty} M\theta^n$ konvergiert (geometrische Reihe), konvergiert $\sum_{n=0}^{\infty} f_n$ nach Satz 2 absolut und gleichmäßig auf $K(a,r)$.

b) Sei $g_n(z) := nc_n(z-a)^{n-1}$, also $g = \sum g_n$. Wie unter a) zeigt man, dass

$$\|g_n\|_{K(a,r)} \leqslant nM\theta^{n-1}.$$

Nach dem Quotienten-Kriterium konvergiert $\sum_{n=1}^{\infty} nM\theta^{n-1}$, also folgt aus Satz 2 die Behauptung.

*Bemerkung.* Ist $f(x) = \sum c_n(x-a)^n$ eine reelle Potenzreihe, die für ein reelles $x_1 \neq a$ konvergiert, so folgt aus Satz 3, dass die Potenzreihe automatisch auch in einem Kreis in der komplexen Ebene konvergiert. Reelle Funktionen, die durch Potenzreihen dargestellt werden, können so „ins Komplexe" fortgesetzt werden. Die systematische Untersuchung der durch Potenzreihen darstellbaren Funktionen ist Gegenstand der sogenannten Funktionentheorie.

**Definition.** Sei $f(z) = \sum_{n=0}^{\infty} c_n(z-a)^n$ eine Potenzreihe. Dann heißt

$$R := \sup\{|z-a| : \sum_{n=0}^{\infty} c_n(z-a)^n \text{ konvergiert}\}$$

*Konvergenzradius* der Potenzreihe.

*Bemerkungen.* Es gilt $R \in \mathbb{R}_+ \cup \{\infty\}$. Nach Satz 3 konvergiert für jedes $r \in [0,R[$ die Potenzreihe gleichmäßig auf $K(a,r)$. Die Potenzreihe konvergiert sogar im offenen Kreis

$$K^\circ(a,R) = \{z \in \mathbb{C} : |z-a| < R\},$$

da $K^\circ(a,R) = \bigcup_{r<R} K(a,r)$. In $K^\circ(a,R)$ ist die Konvergenz i. Allg. jedoch nicht gleichmäßig. Aus Satz 1 folgt: Der Limes einer Potenzreihe stellt eine im Innern des Konvergenzkreises stetige Funktion dar.

## Integration und Limesbildung

Wir betrachten jetzt die folgende Situation: Gegeben sei eine Folge $(f_n)$ auf einem Intervall $I$ definierter Funktionen, die gegen eine Funktion $f$ konvergiert. Die Integrale der Funktionen $f_n$ über das Intervall seien bekannt. Was kann

§ 21  Gleichmäßige Konvergenz von Funktionenfolgen          225

man dann über das Integral der Grenzfunktion $f$ schließen? Bei gleichmäßiger Konvergenz hat man folgende Aussage:

**Satz 4.** *Sei $f_n : [a,b] \to \mathbb{R}$, $n \in \mathbb{N}$, eine Folge stetiger Funktionen. Die Folge konvergiere auf $[a,b]$ gleichmäßig gegen die Funktion $f : [a,b] \to \mathbb{R}$. Dann gilt*

$$\int\limits_a^b f(x)\,dx = \lim_{n \to \infty} \int\limits_a^b f_n(x)\,dx.$$

*Bemerkung.* Dieser Satz sagt also, dass man bei gleichmäßiger Konvergenz Integration und Limesbildung „vertauschen" darf.

*Beweis.* Nach Satz 1 ist $f$ wieder stetig, also integrierbar. Es gilt

$$\left| \int\limits_a^b f(x)\,dx - \int\limits_a^b f_n(x)\,dx \right| \leqslant \int\limits_a^b |f(x) - f_n(x)|\,dx \leqslant (b-a)\|f - f_n\|.$$

Dies konvergiert für $n \to \infty$ gegen null, q.e.d.

**Beispiele**

**(21.4)** Satz 4 gilt nicht für punktweise Konvergenz, wie die in (21.1) definierten Funktionen $f_n : [0,1] \to \mathbb{R}$ zeigen. Es ist nämlich

$$\int\limits_0^1 f_n(x)\,dx = 1 \quad \text{für alle } n \geqslant 2,$$

aber

$$\int\limits_0^1 (\lim f_n(x))\,dx = \int\limits_0^1 0\,dx = 0.$$

**(21.5)** Nach Satz 3 konvergiert die Exponentialreihe gleichmäßig auf jedem Intervall $[a,b]$. Also gilt

$$\int\limits_a^b \exp(x)\,dx = \int\limits_a^b \left( \sum_{n=0}^{\infty} \frac{x^n}{n!} \right) dx = \sum_{n=0}^{\infty} \int\limits_a^b \frac{x^n}{n!}\,dx$$

$$= \sum_{n=0}^{\infty} \frac{x^{n+1}}{(n+1)!} \Big|_a^b = \sum_{n=1}^{\infty} \frac{x^n}{n!} \Big|_a^b = \exp(x) \Big|_a^b.$$

Dies Resultat ist uns natürlich schon aus (19.5) bekannt.

226                        § 21 Gleichmäßige Konvergenz von Funktionenfolgen

**(21.6)** Will man Satz 4 auf uneigentliche Integrale anwenden, sind zusätzliche Überlegungen notwendig (vgl. das Gegenbeispiel in Aufgabe 21.1). Wir beweisen hier als Beispiel die Formel

$$\int\limits_0^\infty \frac{x^{s-1}}{e^x - 1} dx = \Gamma(s)\zeta(s) \quad \text{für } s > 1.$$

*Beweis.* Dass das uneigentliche Integral $\int_0^\infty \frac{x^{s-1}}{e^x-1} dx$ für $s > 1$ konvergiert, beweist man ähnlich wie bei der Gamma-Funktion durch folgende zwei Abschätzungen:

(i) Da $\lim\limits_{x \to 0} \frac{e^x - 1}{x} = 1$, gilt

$$\frac{x^{s-1}}{e^x - 1} \leqslant 2x^{s-2} \quad \text{für } 0 < x \leqslant x_0, \ (x_0 > 0 \text{ geeignet}).$$

(ii) Da $e^x$ für $x \to \infty$ schneller als jede Potenz von $x$ gegen $\infty$ strebt, folgt

$$\frac{x^{s-1}}{e^x - 1} \leqslant \frac{1}{x^2} \quad \text{für } x \geqslant x_1.$$

Sei nun $0 < \delta < R < \infty$. Dann gilt im Intervall $[\delta, R]$

$$\frac{x^{s-1}}{e^x - 1} = x^{s-1} e^{-x} \frac{1}{1 - e^{-x}} = x^{s-1} e^{-x} \sum_{n=0}^\infty e^{-nx} = \sum_{n=1}^\infty x^{s-1} e^{-nx},$$

wobei wegen $|e^{-x}| \leqslant e^{-\delta} < 1$ gleichmäßige Konvergenz vorliegt. Wir setzen zur Abkürzung

$$F(x) := \frac{x^{s-1}}{e^x - 1} \quad \text{und} \quad f_n(x) := x^{s-1} e^{-nx}.$$

Alle diese Funktionen sind positiv für $x \in \mathbb{R}_+^*$. Aus Satz 4 folgt

$$(*) \qquad \int_\delta^R F(x) dx = \sum_{n=1}^\infty \int_\delta^R f_n(x) dx.$$

Aus $(*)$ folgt für jedes $N \geqslant 1$

$$\sum_{n=1}^N \int_\delta^R f_n(x) dx \leqslant \int_0^\infty F(x) dx,$$

also auch (durch Grenzübergang $\delta \to 0, R \to \infty$)

$$\sum_{n=1}^N \int_0^\infty f_n(x) dx \leqslant \int_0^\infty F(x) dx,$$

§ 21 Gleichmäßige Konvergenz von Funktionenfolgen 227

und weiter ($N \to \infty$)

$$\sum_{n=1}^{\infty} \int_0^{\infty} f_n(x)dx \leqslant \int_0^{\infty} F(x)dx.$$

Andrerseits ist nach (∗)

$$\int_{\delta}^{R} F(x)dx \leqslant \sum_{n=1}^{\infty} \int_0^{\infty} f_n(x)dx,$$

also auch

$$\int_0^{\infty} F(x)dx \leqslant \sum_{n=1}^{\infty} \int_0^{\infty} f_n(x)dx.$$

Insgesamt hat man damit die Gleichung

$$\int_0^{\infty} F(x)dx = \sum_{n=1}^{\infty} \int_0^{\infty} f_n(x)dx.$$

Wir müssen also nur noch die Integrale $\int_0^{\infty} f_n(x)dx$ ausrechnen. Mit der Substitution $t = nx$ erhält man

$$\int_{\delta}^{R} f_n(x)dx = \int_{\delta}^{R} x^{s-1}e^{-nx}dx = \frac{1}{n^s} \int_{n\delta}^{nR} t^{s-1}e^{-t}dt$$

und nach Grenzübergang $\delta \to 0, R \to \infty$

$$\int_0^{\infty} f_n(x)dx = \frac{1}{n^s} \int_0^{\infty} t^{s-1}e^{-t}dt = \frac{1}{n^s}\Gamma(s).$$

Da $\sum\limits_{n=1}^{\infty} \dfrac{1}{n^s} = \zeta(s)$, folgt damit die behauptete Gleichung

$$\int_0^{\infty} \frac{x^{s-1}}{e^x - 1}dx = \zeta(s)\Gamma(s), \quad \text{q.e.d.}$$

Insbesondere folgt aus der bewiesenen Formel

$$\int_0^{\infty} \frac{dx}{x^5(e^{1/x} - 1)} = \int_0^{\infty} \frac{t^3}{e^t - 1}dt = \Gamma(4)\zeta(4) = \frac{\pi^4}{15},$$

da $\zeta(4) = \sum_{n=1}^{\infty} \frac{1}{n^4} = \frac{\pi^4}{90}$, wie wir in §23 zeigen werden. Dieses Integral ist in der theoretischen Physik von Bedeutung, vgl. (17.1).

228 §21 Gleichmäßige Konvergenz von Funktionenfolgen

## Differentiation und Limesbildung

Wir wollen uns jetzt mit der zu Satz 4 analogen Fragestellung über die Vertauschbarkeit von Differentiation und Limesbildung beschäftigen. Es stellt sich heraus, dass hier die Situation komplizierter ist. Die gleichmäßige Konvergenz der Funktionenfolge reicht nicht aus, vielmehr braucht man die gleichmäßige Konvergenz der Folge der Ableitungen.

**Satz 5.** *Seien* $f_n: [a,b] \to \mathbb{R}$ *stetig differenzierbare Funktionen ($n \in \mathbb{N}$), die punktweise gegen die Funktion* $f: [a,b] \to \mathbb{R}$ *konvergieren. Die Folge der Ableitungen* $f_n': [a,b] \to \mathbb{R}$ *konvergiere gleichmäßig. Dann ist $f$ differenzierbar und es gilt*

$$f'(x) = \lim_{n \to \infty} f_n'(x) \quad \text{für alle } x \in [a,b].$$

*Beweis.* Sei $f^* = \lim f_n'$. Nach Satz 1 ist $f^*$ eine auf $[a,b]$ stetige Funktion. Für alle $x \in [a,b]$ gilt

$$f_n(x) = f_n(a) + \int\limits_a^x f_n'(x)\,dx.$$

Nach Satz 4 konvergiert $\int\limits_a^x f_n'(x)\,dx$ für $n \to \infty$ gegen $\int\limits_a^x f^*(x)\,dx$, also erhält man

$$f(x) = f(a) + \int\limits_a^x f^*(x)\,dx.$$

Differentiation ergibt $f'(x) = f^*(x)$, (§19, Satz 1), q.e.d.

**Beispiele**

**(21.7)** Selbst wenn $(f_n)$ gleichmäßig gegen eine differenzierbare Funktion $f$ konvergiert, gilt i.Allg. nicht $\lim_{n \to \infty} f_n' = f'$, wie folgendes Beispiel zeigt:

$$f_n: \mathbb{R} \to \mathbb{R}, \quad f_n(x) := \frac{1}{n} \sin nx, \quad (n \geqslant 1).$$

Da $\|f_n\| = \frac{1}{n}$, konvergiert die Folge $(f_n)$ gleichmäßig gegen 0. Die Folge der Ableitungen $f_n'(x) = \cos nx$ konvergiert jedoch nicht gegen 0.

**(21.8)** Als Anwendung von Satz 5 berechnen wir die Summe der Reihe

$$F(x) := \sum_{n=1}^{\infty} \frac{\cos nx}{n^2},$$

§ 21  Gleichmäßige Konvergenz von Funktionenfolgen          229

die nach (21.3) gleichmäßig konvergiert. Die Reihe der Ableitungen

$$-\sum_{n=1}^{\infty} \frac{\sin nx}{n}$$

konvergiert nach (21.2) für jedes $\delta > 0$ auf dem Intervall $[\delta, 2\pi - \delta]$ gleichmäßig gegen $\frac{x-\pi}{2}$. Deshalb gilt für alle $x \in \,]0, 2\pi[$

$$F'(x) = \frac{x-\pi}{2}, \quad \text{d.h.} \quad F(x) = \left(\frac{x-\pi}{2}\right)^2 + c$$

mit einer Konstanten $c \in \mathbb{R}$. Da $F$ stetig ist, gilt diese Beziehung im ganzen Intervall $[0, 2\pi]$. Um die Konstante zu bestimmen, berechnen wir das Integral

$$\int_0^{2\pi} F(x)\,dx = \int_0^{2\pi} \left(\frac{x-\pi}{2}\right)^2 dx + \int_0^{2\pi} c\,dx = \frac{\pi^3}{6} + 2\pi c\,.$$

Da $\int_0^{2\pi} \cos nx\,dx = 0$ für alle $n \geqslant 1$, gilt andererseits nach Satz 4

$$\int_0^{2\pi} F(x)\,dx = \sum_{n=1}^{\infty} \int_0^{2\pi} \frac{\cos nx}{n^2} = 0\,,$$

also folgt $c = -\frac{\pi^2}{12}$. Damit ist bewiesen

$$\sum_{n=1}^{\infty} \frac{\cos nx}{n^2} = \left(\frac{x-\pi}{2}\right)^2 - \frac{\pi^2}{12} \quad \text{für } 0 \leqslant x \leqslant 2\pi\,.$$

Insbesondere für $x = 0$ erhält man

$$\sum_{n=1}^{\infty} \frac{1}{n^2} = \frac{\pi^2}{6}\,.$$

Wendet man Satz 5 auf Satz 3 an, ergibt sich

**Corollar 1.** *Sei $f(x) = \sum_{n=0}^{\infty} c_n(x-a)^n$ eine Potenzreihe mit dem Konvergenzradius $r > 0$, $(c_n, a \in \mathbb{R})$. Dann gilt für alle $x \in \,]a-r, a+r[$*

$$f'(x) = \sum_{n=1}^{\infty} nc_n(x-a)^{n-1}\,.$$

## § 21 Gleichmäßige Konvergenz von Funktionenfolgen

Man drückt dies auch so aus: Eine Potenzreihe darf gliedweise differenziert werden.

**(21.9) Beispiel.** Für $|x| < 1$ gilt

$$\sum_{n=1}^{\infty} nx^n = x \sum_{n=1}^{\infty} nx^{n-1} = x \frac{d}{dx} \sum_{n=0}^{\infty} x^n = x \frac{d}{dx} \left( \frac{1}{1-x} \right) = \frac{x}{(1-x)^2}.$$

**Corollar 2.** *Die Potenzreihe*

$$f(x) = \sum_{n=0}^{\infty} c_n (x-a)^n$$

*konvergiere im Intervall $I := {]}a - r, a + r{[}$, $(r > 0)$. Dann ist $f: I \to \mathbb{R}$ beliebig oft differenzierbar und es gilt*

$$c_n = \frac{1}{n!} f^{(n)}(a) \quad \text{für alle } n \in \mathbb{N}.$$

*Beweis.* Wiederholte Anwendung von Corollar 1 ergibt

$$f^{(k)}(x) = \sum_{n=k}^{\infty} n(n-1) \cdot \ldots \cdot (n-k+1) c_n (x-a)^{n-k}.$$

Insbesondere folgt daraus

$$f^{(k)}(a) = k! \, c_k, \quad \text{d.h.} \quad c_k = \frac{1}{k!} f^{(k)}(a).$$

## AUFGABEN

**21.1.** Für $n \geqslant 1$ sei

$$f_n: \mathbb{R}_+ \to \mathbb{R}, \quad f_n(x) := \frac{x}{n^2} e^{-x/n}.$$

Man zeige, dass die Folge $(f_n)$ auf $\mathbb{R}_+$ gleichmäßig gegen 0 konvergiert, aber

$$\lim_{n \to \infty} \int_0^{\infty} f_n(x) \, dx = 1.$$

**21.2.** Auf dem kompakten Intervall $[a,b] \subset \mathbb{R}$ seien $f_n : [a,b] \to \mathbb{R}$, $n \in \mathbb{N}$, Riemann-integrierbare Funktionen, die gleichmäßig gegen die Funktion

§ 21 Gleichmäßige Konvergenz von Funktionenfolgen 231

$f : [a,b] \to \mathbb{R}$ konvergieren. Man zeige: Die Funktion $f$ ist ebenfalls auf $[a,b]$ Riemann-integrierbar.

**21.3.** Man berechne die Summen der Reihen

$$\sum_{n=1}^{\infty} \frac{\sin nx}{n^3} \quad \text{und} \quad \sum_{n=1}^{\infty} \frac{\cos nx}{n^4}, \quad (x \in \mathbb{R}).$$

**21.4.** Für $|x| < 1$ berechne man die Summen der Reihen

$$\sum_{n=1}^{\infty} n^2 x^n, \quad \sum_{n=1}^{\infty} n^3 x^n \quad \text{und} \quad \sum_{n=1}^{\infty} \frac{x^n}{n}.$$

**21.5.** Sei $f(z) = \sum_0^{\infty} c_n (z-a)^n$ eine Potenzreihe mit komplexen Koeffizienten $c_n$. Sei $R$ der Konvergenzradius dieser Reihe. Man zeige

$$R = \left( \limsup_{n \to \infty} \sqrt[n]{|c_n|} \right)^{-1} \quad \text{(Hadamard'sche Formel)}.$$

Dabei werde vereinbart $0^{-1} = \infty$ und $\infty^{-1} = 0$.

**21.6.** Man zeige, dass die Reihe

$$F(x) := \sum_{n=0}^{\infty} e^{-n^2 x}$$

für alle $x > 0$ konvergiert und eine beliebig oft differenzierbare Funktion $F \colon \mathbb{R}_+^* \to \mathbb{R}$ darstellt. Außerdem beweise man, dass für alle $k \geqslant 1$ gilt

$$\lim_{x \to \infty} F^{(k)}(x) = 0.$$

**21.7.** Sei $I = \,]a,b[ \, \subset \mathbb{R}$ ein (eigentliches oder uneigentliches) Intervall ($a \in \mathbb{R} \cup \{-\infty\}$, $b \in \mathbb{R} \cup \{\infty\}$) und seien $f_n : I \to \mathbb{R}$, ($n \in \mathbb{N}$), stetige Funktionen, die auf jedem kompakten Teilintervall $[\alpha, \beta] \subset I$ gleichmäßig gegen die Funktion $f : I \to \mathbb{R}$ konvergieren. Es gebe eine nicht-negative Funktion $G : I \to \mathbb{R}$, die über $I$ uneigentlich Riemann-integrierbar ist, so dass

$$|f_n(x)| \leqslant G(x) \quad \text{für alle } x \in I \text{ und } n \in \mathbb{N}.$$

Man zeige (Satz von der majorisierten Konvergenz):

Alle Funktionen $f_n$ und $f$ sind über $I$ uneigentlich Riemann-integrierbar und es gilt

$$\int_a^b f(x)\,dx = \lim_{n \to \infty} \int_a^b f_n(x)\,dx.$$

# § 22. Taylor-Reihen

Wir haben schon die Darstellung verschiedener Funktionen, wie Exponentialfunktion, Sinus und Cosinus, durch Potenzreihen kennengelernt. In diesem Paragraphen beschäftigen wir uns systematisch mit der Entwicklung von Funktionen in Potenzreihen.

Als Erstes beweisen wir die Taylorsche Formel, die eine Approximation einer differenzierbaren Funktion durch ein Polynom mit einer Integraldarstellung des Fehlerterms gibt.

Hier und im ganzen Paragraphen sei $I \subset \mathbb{R}$ ein aus mehr als einem Punkt bestehendes Intervall.

**Satz 1** (Taylorsche Formel). *Sei* $f : I \to \mathbb{R}$ *eine* $(n+1)$-*mal stetig differenzierbare Funktion und* $a \in I$. *Dann gilt für alle* $x \in I$

$$f(x) = f(a) + \frac{f'(a)}{1!}(x-a) + \frac{f''(a)}{2!}(x-a)^2 + \ldots$$
$$+ \frac{f^{(n)}(a)}{n!}(x-a)^n + R_{n+1}(x),$$

*wobei*

$$R_{n+1}(x) = \frac{1}{n!} \int_a^x (x-t)^n f^{(n+1)}(t)\, dt.$$

*Beweis* durch Induktion nach $n$.

*Induktionsanfang.* Für $n = 0$ ist die zu beweisende Formel

$$f(x) = f(a) + \int_a^x f'(t)\, dt$$

nichts anderes als der Fundamentalsatz der Differential- und Integralrechnung.

*Induktionsschritt* $n - 1 \to n$. Nach Induktionsvoraussetzung ist

$$R_n(x) = \frac{1}{(n-1)!} \int_a^x (x-t)^{n-1} f^{(n)}(t)\, dt$$

§ 22 Taylor-Reihen 233

$$= - \int_a^x f^{(n)}(t) \frac{d}{dt} \left( \frac{(x-t)^n}{n!} \right) dt = \quad \text{(Partielle Integration)}$$

$$= - f^{(n)}(t) \frac{(x-t)^n}{n!} \Big|_{t=a}^{t=x} + \int_a^x \frac{(x-t)^n}{n!} df^{(n)}(t)$$

$$= \frac{f^{(n)}(a)}{n!}(x-a)^n + \frac{1}{n!} \int_a^x (x-t)^n f^{(n+1)}(t) \, dt.$$

Daraus folgt die Behauptung.

**Corollar.** *Sei $f: I \to \mathbb{R}$ eine $(n+1)$-mal differenzierbare Funktion mit $f^{(n+1)}(x) = 0$ für alle $x \in I$. Dann ist $f$ ein Polynom vom Grad $\leqslant n$.*

**Satz 2** (Lagrangesche Form des Restglieds). *Sei $f: I \to \mathbb{R}$ eine $(n+1)$-mal stetig differenzierbare Funktion und $a, x \in I$. Dann existiert ein $\xi$ zwischen $a$ und $x$, so dass*

$$f(x) = \sum_{k=0}^{n} \frac{f^{(k)}(a)}{k!}(x-a)^k + \frac{f^{(n+1)}(\xi)}{(n+1)!}(x-a)^{n+1}.$$

*Beweis.* Nach dem Mittelwertsatz der Integralrechnung (§18, Satz 7) existiert ein $\xi \in [a, x]$ (bzw. $\xi \in [x, a]$, falls $x < a$), so dass gilt

$$R_{n+1}(x) = \frac{1}{n!} \int_a^x (x-t)^n f^{(n+1)}(t) \, dt = f^{(n+1)}(\xi) \int_a^x \frac{(x-t)^n}{n!} \, dt$$

$$= -f^{(n+1)}(\xi) \frac{(x-t)^{n+1}}{(n+1)!} \Big|_a^x = \frac{f^{(n+1)}(\xi)}{(n+1)!}(x-a)^{n+1}, \quad \text{q.e.d.}$$

**Corollar.** *Sei $f: I \to \mathbb{R}$ eine $n$-mal stetig differenzierbare Funktion und $a \in I$. Dann gilt für alle $x \in I$*

$$f(x) = \sum_{k=0}^{n} \frac{f^{(k)}(a)}{k!}(x-a)^k + \eta(x)(x-a)^n,$$

*wobei $\eta$ eine Funktion mit $\lim_{x \to a} \eta(x) = 0$ ist.*

234 § 22 Taylor-Reihen

*Bemerkung.* Unter Verwendung des Landau-Symbols $o$ lässt sich dies auch schreiben als

$$f(x) = \sum_{k=0}^{n} \frac{f^{(k)}(a)}{k!}(x-a)^k + o(|x-a|^n).$$

*Beweis.* Wir verwenden die Lagrangesche Form des Restglieds $n$-ter Ordnung

$$\begin{aligned} f(x) - \sum_{k=0}^{n-1} \frac{f^{(k)}(a)}{k!}(x-a)^k &= \frac{f^{(n)}(\xi)}{n!}(x-a)^n \\ &= \frac{f^{(n)}(a)}{n!}(x-a)^n + \frac{f^{(n)}(\xi) - f^{(n)}(a)}{n!}(x-a)^n. \end{aligned}$$

Wir setzen $\eta(x) := \dfrac{f^{(n)}(\xi) - f^{(n)}(a)}{n!}$, ($\xi$ hängt von $x$ ab!).

Da $\xi$ zwischen $x$ und $a$ liegt, folgt aus der Stetigkeit von $f^{(n)}$:

$$\lim_{x \to a} \eta(x) = \lim_{\xi \to a} \frac{f^{(n)}(\xi) - f^{(n)}(a)}{n!} = 0.$$

Daraus folgt die Behauptung.

**(22.1)** Als Beispiel betrachten wir die Funktion

$$f: ]-1, 1[ \to \mathbb{R}, \quad f(x) = \sqrt{1+x}$$

und den Entwicklungspunkt $a = 0$. Da

$$f(0) = 1, \quad f'(0) = \frac{1}{2\sqrt{1+x}}\bigg|_{x=0} = \tfrac{1}{2},$$

ergibt das Corollar

$$f(x) = \sqrt{1+x} = 1 + \frac{x}{2} + \eta(x)x \quad \text{mit } \lim_{x \to 0} \eta(x) = 0.$$

Daraus erhält man z.B. für alle $n > 1$:

$$\begin{aligned} \sqrt{n + \sqrt{n}} &= \sqrt{n\left(1 + \frac{1}{\sqrt{n}}\right)} = \sqrt{n}\sqrt{1 + \frac{1}{\sqrt{n}}} \\ &= \sqrt{n}\left(1 + \frac{1}{2\sqrt{n}} + \eta\left(\frac{1}{\sqrt{n}}\right)\frac{1}{\sqrt{n}}\right) = \sqrt{n} + \tfrac{1}{2} + \eta\left(\frac{1}{\sqrt{n}}\right). \end{aligned}$$

Daraus folgt

$$\lim_{n \to \infty}\left(\sqrt{n + \sqrt{n}} - \sqrt{n}\right) = \tfrac{1}{2}, \quad \text{(vgl. Aufgabe 6.5).}$$

§ 22 Taylor-Reihen                                                    235

**Definition.** Sei $f: I \to \mathbb{R}$ eine beliebig oft differenzierbare Funktion und $a \in I$. Dann heißt

$$T_f(x) := \sum_{k=0}^{\infty} \frac{f^{(k)}(a)}{k!}(x-a)^k$$

die *Taylor-Reihe* von $f$ mit Entwicklungspunkt $a$.

*Bemerkungen*

a) Der Konvergenzradius der Taylor-Reihe ist nicht notwendig $> 0$.

b) Falls die Taylor-Reihe von $f$ konvergiert, konvergiert sie nicht notwendig gegen $f$.

c) Die Taylor-Reihe konvergiert genau für diejenigen $x \in I$ gegen $f(x)$, für die das Restglied aus Satz 1 gegen 0 konvergiert.

**(22.2)** Wir geben ein Beispiel zu b). Sei $f: \mathbb{R} \to \mathbb{R}$ die Funktion

$$f(x) := \begin{cases} e^{-1/x^2}, & \text{falls } x \neq 0, \\ 0, & \text{falls } x = 0. \end{cases}$$

Wir wollen zeigen, dass $f$ beliebig oft differenzierbar ist und $f^{(n)}(0) = 0$ für alle $n \in \mathbb{N}$. Die Taylor-Reihe von $f$ um den Nullpunkt ist also identisch Null.

Dazu beweisen wir durch vollständige Induktion nach $n$, dass es Polynome $p_n$ gibt, so dass

$$f^{(n)}(x) = \begin{cases} p_n\left(\dfrac{1}{x}\right) e^{-1/x^2}, & \text{falls } x \neq 0, \\ 0, & \text{falls } x = 0. \end{cases}$$

Der Induktionsanfang $n = 0$ ist klar.

*Induktionsschritt* $n \to n+1$.

a) Für $x \neq 0$ gilt

$$\begin{aligned} f^{(n+1)}(x) &= \frac{d}{dx} f^{(n)}(x) = \frac{d}{dx} \left( p_n\left(\frac{1}{x}\right) e^{-1/x^2} \right) \\ &= \left( -p_n'\left(\frac{1}{x}\right) \frac{1}{x^2} + 2 p_n\left(\frac{1}{x}\right) \frac{1}{x^3} \right) e^{-1/x^2}. \end{aligned}$$

Man wähle $p_{n+1}(t) := -p_n'(t) t^2 + 2 p_n(t) t^3$.

b) Für $x = 0$ gilt

$$f^{(n+1)}(0) = \lim_{x \to 0} \frac{f^{(n)}(x) - f^{(n)}(0)}{x} = \lim_{x \to 0} \frac{p_n\left(\frac{1}{x}\right)e^{-1/x^2}}{x}$$
$$= \lim_{R \to \pm\infty} Rp_n(R)e^{-R^2} = 0 \text{ nach (12.1),} \quad \text{q.e.d.}$$

Aus §21, Corollar 2 zu Satz 5 folgt unmittelbar

**Satz 3.** *Sei $a \in \mathbb{R}$ und*

$$f(x) = \sum_{n=0}^{\infty} c_n(x - a)^n$$

*eine Potenzreihe mit einem positiven Konvergenzradius $r \in \,]0, \infty]$. Dann ist die Taylor-Reihe der Funktion $f : \,]a - r, a + r[ \to \mathbb{R}$ mit Entwicklungs-Punkt $a$ gleich dieser Potenzreihe (und konvergiert somit gegen $f$).*

**Beispiele**

**(22.3)** Die Taylor-Reihe der Exponentialreihe mit Entwicklungspunkt 0 ist

$$\exp(x) = \sum_{n=0}^{\infty} \frac{x^n}{n!}.$$

Sie konvergiert, wie wir bereits wissen, für alle $x \in \mathbb{R}$. Für einen beliebigen Entwicklungspunkt $a \in \mathbb{R}$ erhält man aus der Funktionalgleichung

$$\exp(x) = \exp(a)\exp(x - a) = \sum_{n=0}^{\infty} \frac{\exp(a)}{n!}(x - a)^n.$$

**(24.4)** Die Taylor-Reihen von Sinus und Cosinus,

$$\sin x = \sum_{k=0}^{\infty} (-1)^k \frac{x^{2k+1}}{(2k+1)!},$$
$$\cos x = \sum_{k=0}^{\infty} (-1)^k \frac{x^{2k}}{(2k)!},$$

konvergieren ebenfalls für alle $x \in \mathbb{R}$.

Die Lagrangesche Form des Restglieds ergibt für den Sinus

$$\sin x = \sum_{k=0}^{n} (-1)^k \frac{x^{2k+1}}{(2k+1)!} + R_{2n+3}(x)$$

§ 22 Taylor-Reihen                                                        237

mit

$$R_{2n+3}(x) = \frac{\sin^{(2n+3)}(\xi)}{(2n+3)!}x^{2n+3} = (-1)^{n+1}\frac{\cos\xi}{(2n+3)!}x^{2n+3}.$$

Dabei ist $\xi$ eine Stelle zwischen 0 und $x$. Also gilt

$$|R_{2n+3}(x)| \leqslant \frac{|x|^{2n+3}}{(2n+3)!} \quad \text{für alle } x \in \mathbb{R}.$$

In §14, Satz 5, konnte diese Abschätzung nur für $|x| \leqslant 2n+4$ bewiesen werden. Ebenso beweist man für den Cosinus

$$\cos x = \sum_{k=0}^{n} = (-1)^k \frac{x^{2k}}{(2k)!} + R_{2n+2}(x)$$

mit

$$R_{2n+2}(x) = (-1)^{n+1}\frac{\cos\xi}{(2n+2)!}x^{2n+2},$$

also

$$|R_{2n+2}(x)| \leqslant \frac{|x|^{2n+2}}{(2n+2)!} \quad \text{für alle } x \in \mathbb{R}.$$

## Logarithmus und Arcus-Tangens

Wir bestimmen jetzt die Taylor-Reihen der Funktionen Logarithmus und Arcus-Tangens. Diese können beide durch Integration der Reihen ihrer Ableitungen gewonnen werden. Als spezielle Werte ergeben sich Formeln für die alternierende harmonische Reihe und die Leibniz'sche Reihe.

**Satz 4** (Logarithmus-Reihe). *Für* $-1 < x \leqslant +1$ *gilt*

$$\log(1+x) = x - \frac{x^2}{2} + \frac{x^3}{3} \mp \ldots = \sum_{n=1}^{\infty} \frac{(-1)^{n-1}}{n}x^n.$$

**Corollar.** *Für beliebiges* $a > 0$ *und* $0 < x \leqslant 2a$ *gilt*

$$\log x = \log a + \sum_{n=1}^{\infty} \frac{(-1)^{n-1}}{na^n}(x-a)^n.$$

Dies folgt aus der Funktionalgleichung, denn

$$\log x = \log(a+(x-a)) = \log a(1+\tfrac{x-a}{a}) = \log a + \log(1+\tfrac{x-a}{a}).$$

238                                                    § 22  Taylor-Reihen

*Beweis von Satz 4.* Für $|x| < 1$ gilt

$$\log(1+x) = \log(1+t)\Big|_0^x = \int\limits_0^x \frac{dt}{1+t} = \int\limits_0^x \left(\sum_{n=0}^\infty (-1)^n t^n\right) dt.$$

Nach §21, Satz 3, konvergiert $\sum_{n=0}^\infty (-1)^n t^n$ gleichmäßig auf $[-|x|, |x|]$. Aus §21, Satz 4, folgt daher

$$\log(1+x) = \sum_{n=0}^\infty (-1)^n \int\limits_0^x t^n dt = \sum_{n=0}^\infty (-1)^n \frac{x^{n+1}}{n+1} = \sum_{n=1}^\infty \frac{(-1)^{n-1}}{n} x^n.$$

Damit ist der Satz für $|x| < 1$ bewiesen. Um den noch fehlenden Fall $x = 1$ zu erledigen, beweisen wir zunächst ein allgemeines Resultat.

**Satz 5** (Abelscher Grenzwertsatz). *Sei $\sum_{n=0}^\infty c_n$ eine konvergente Reihe reeller Zahlen. Dann konvergiert die Potenzreihe*

$$f(x) := \sum_{n=0}^\infty c_n x^n$$

*gleichmäßig auf dem Intervall $[0,1]$, stellt also dort eine stetige Funktion dar.*

*Bemerkung.* Es gilt dann $\lim_{x \nearrow 1} \sum_{n=0}^\infty c_n x^n = \sum_{n=0}^\infty c_n$. Dies erklärt den Namen „Grenzwertsatz".

*Beweis.* Nach §21, Satz 3, konvergiert die Reihe für alle $x$ mit $|x| < 1$, also nach Voraussetzung auch für alle $x \in [0,1]$. Es ist also nur zu beweisen, dass der Reihenrest

$$R_k(x) := \sum_{n=k}^\infty c_n x^n$$

für $k \to \infty$ auf $[0,1]$ gleichmäßig gegen 0 konvergiert. Wir setzen

$$s_n := \sum_{k=n+1}^\infty c_k \quad \text{für } n \geqslant -1.$$

Es gilt $s_n - s_{n-1} = -c_n$ für alle $n \in \mathbb{N}$, und $\lim_{n\to\infty} s_n = 0$. Da die Folge der $s_n$ beschränkt ist, konvergiert nach dem Majoranten-Kriterium die Reihe $\sum_{n=0}^\infty s_n x^n$ für $|x| < 1$. Nun ist

$$\sum_{n=k}^\ell c_n x^n = -\sum_{n=k}^\ell s_n x^n + \sum_{n=k}^\ell s_{n-1} x^n$$

§ 22 Taylor-Reihen 239

$$= -s_\ell x^\ell - \sum_{n=k}^{\ell-1} s_n x^n + s_{k-1} x^k + \sum_{n=k}^{\ell-1} s_n x^{n+1}$$

$$= -s_\ell x^\ell + s_{k-1} x^k - \sum_{n=k}^{\ell-1} s_n x^n (1-x).$$

Der Grenzübergang $\ell \to \infty$ liefert für alle $x \in [0,1]$

$$R_k(x) = s_{k-1} x^k - \sum_{n=k}^{\infty} s_n x^n (1-x).$$

Sei $\varepsilon > 0$ beliebig vorgegeben und $N \in \mathbb{N}$ so groß, dass $|s_n| < \varepsilon/2$ für alle $n \geqslant N$. Dann gilt für alle $k > N$ und alle $x \in [0,1]$

$$|R_k(x)| < \frac{\varepsilon}{2} + \frac{\varepsilon}{2}(1-x) \sum_{n=k}^{\infty} x^n \leqslant \frac{\varepsilon}{2} + \frac{\varepsilon}{2} = \varepsilon.$$

Damit ist Satz 5 bewiesen.

Nun zur Vervollständigung des Beweises von Satz 4!

Da $\sum_{n=1}^{\infty} \frac{(-1)^{n-1}}{n}$ konvergiert, stellt nach dem Abelschen Grenzwertsatz

$$f(x) := \sum_{n=1}^{\infty} \frac{(-1)^{n-1}}{n} x^n$$

eine in $[0,1]$ stetige Funktion dar. Die Funktion $\log(1+x)$ ist ebenfalls in $[0,1]$ stetig. Da $f(x) = \log(1+x)$ für alle $x \in [0,1[$, gilt die Gleichung auch für $x = 1$. Damit haben wir die in (7.3) angegebene Formel

$$\log 2 = 1 - \tfrac{1}{2} + \tfrac{1}{3} - \tfrac{1}{4} \pm \ldots$$

bewiesen. Diese Formel ist natürlich für die praktische Berechnung von $\log 2$ ganz ungeeignet. Will man hiermit $\log 2$ mit einer Genauigkeit von $10^{-k}$ berechnen, so muss man die ersten $10^k$ Glieder berücksichtigen. Zu einer besser konvergenten Reihe kommt man durch folgende Umformung: Für $|x| < 1$ gilt

$$\log(1+x) = x - \frac{x^2}{2} + \frac{x^3}{3} - \frac{x^4}{4} \pm \ldots,$$

$$\log(1-x) = -x - \frac{x^2}{2} - \frac{x^3}{3} - \frac{x^4}{4} - \ldots.$$

Subtraktion ergibt

$$\log \frac{1+x}{1-x} = 2 \left( x + \frac{x^3}{3} + \frac{x^5}{5} + \ldots \right) = 2 \sum_{k=0}^{\infty} \frac{x^{2k+1}}{2k+1}.$$

Dabei ist $\frac{1+x}{1-x} = y$, falls $x = \frac{y-1}{y+1}$. Für $x = \frac{1}{3}$ erhält man deshalb

$$\log 2 = 2\left(\frac{1}{3} + \frac{1}{3 \cdot 3^3} + \frac{1}{5 \cdot 3^5} + \frac{1}{7 \cdot 3^7} + \dots\right).$$

Für eine Genauigkeit von $10^{-n}$ braucht man hier nur etwas mehr als $n$ Glieder zu berücksichtigen; bricht man die Reihe mit dem Term $\frac{2}{(2k+1)3^{2k+1}}$ ab, so hat man für den Fehler die Abschätzung

$$|R| \leqslant \frac{2}{(2k+3)3^{2k+3}} \sum_{m=0}^{\infty} \frac{1}{9^m} < \frac{1}{2k+3} \cdot \frac{1}{9^k}.$$

Z.B. erhält man mit $k = 48$ den $\log 2$ auf 45 Dezimalstellen genau:

$$\log 2 = 0.693147180559945309417232121458176568075500134\dots$$

Zur Berechnung der Logarithmen anderer Argumente kann man die Funktionalgleichung heranziehen. Jede reelle Zahl $x > 0$ lässt sich schreiben als

$$x = 2^n \cdot y \qquad \text{mit } n \in \mathbb{Z} \text{ und } 1 \leqslant y < 2.$$

Dann ist

$$\log x = n \log 2 + \log y = n \log 2 + \log \frac{1+z}{1-z},$$

wobei $z = \frac{y-1}{y+1}$, also insbesondere $|z| < \frac{1}{3}$.

**Satz 6** (Arcus-Tangens-Reihe). *Für* $|x| \leqslant 1$ *gilt*

$$\arctan x = x - \frac{x^3}{3} + \frac{x^5}{5} - \frac{x^7}{7} \pm \dots = \sum_{n=0}^{\infty} (-1)^n \frac{x^{2n+1}}{2n+1}.$$

*Bemerkung.* Man beachte, dass diese Potenzreihe bis auf die Vorzeichen bei den ungeraden Potenzen von $x$ mit der Reihe für die Funktion $\frac{1}{2} \log \frac{1+x}{1-x}$ übereinstimmt. Dass dies kein reiner Zufall ist, darauf weist schon Aufgabe 14.4 hin. Der Zusammenhang wird klar in der Funktionen-Theorie, wo diese Funktionen auch für komplexe Argumente definiert werden. Dann gilt in der Tat die Formel $\arctan z = \frac{1}{2i} \log \frac{1+iz}{1-iz}$.

*Beweis* von Satz 6. Sei $|x| < 1$. Dann gilt

$$\arctan x = \int_0^x \frac{dt}{1+t^2} = \int_0^x \left(\sum_{n=0}^{\infty} (-1)^n t^{2n}\right) dt$$

$$= \sum_{n=0}^{\infty} (-1)^n \int_0^x t^{2n} dt = \sum_{n=0}^{\infty} (-1)^n \frac{x^{2n+1}}{2n+1}.$$

§ 22 Taylor-Reihen                                                                          241

Dabei wurde §21, Satz 4, verwendet. Der Fall $|x| = 1$ wird analog zur Logarith-
mus-Reihe mithilfe des Abelschen Grenzwertsatzes bewiesen.

Da $\tan\frac{\pi}{4} = 1$, also $\arctan 1 = \frac{\pi}{4}$, ergibt sich für $x = 1$ die schon in (7.4) angegebene Summe für die Leibniz'sche Reihe

$$\frac{\pi}{4} = 1 - \frac{1}{3} + \frac{1}{5} - \frac{1}{7} \pm \ldots.$$

Wie bei der alternierenden harmonischen Reihe für $\log(2)$ ist dies zwar eine
interessante Formel, aber zur praktischen Berechnung von $\pi$ ungeeignet. Eine
effizientere Methode der Berechnung von $\pi$ mittels des Arcus-Tangens liefert
die *Machinsche Formel*

$$\frac{\pi}{4} = 4\arctan\frac{1}{5} - \arctan\frac{1}{239},$$

siehe dazu Aufgabe 22.5. (Eine Fülle von weiteren Algorithmen zur Berechnung von $\pi$ werden in dem Buch [AH] beschrieben.)

## Binomische Reihe

Eine sehr interessante Reihe, die als Spezialfälle sowohl den binomischen
Lehrsatz als auch die geometrische Reihe enthält, ist die binomische Reihe.
Sie ergibt sich als Taylor-Reihe der allgemeinen Potenz $x \mapsto x^\alpha$ mit Entwick-
lungspunkt 1.

**Satz 7** (Binomische Reihe). *Sei $\alpha \in \mathbb{R}$. Dann gilt für $|x| < 1$*

$$(1+x)^\alpha = \sum_{n=0}^{\infty} \binom{\alpha}{n} x^n.$$

Dabei ist $\binom{\alpha}{n} = \prod_{k=1}^{n} \frac{\alpha-k+1}{k}$.

*Bemerkung.* Für $\alpha \in \mathbb{N}$ bricht die Reihe ab, (denn in diesem Fall ist $\binom{\alpha}{n} = 0$
für $n > \alpha$) und die Formel folgt aus dem binomischen Lehrsatz (§1, Satz 5).

*Beweis*

a) Berechnung der Taylor-Reihe von $f(x) = (1+x)^\alpha$ mit Entwicklungspunkt 0:

$$f^{(k)}(x) = \alpha(\alpha-1)\cdot\ldots\cdot(\alpha-k+1)(1+x)^{\alpha-k} = k!\binom{\alpha}{k}(1+x)^{\alpha-k}.$$

Da also $\frac{f^{(k)}(0)}{k!} = \binom{\alpha}{k}$, lautet die Taylor-Reihe von $f$

$$T_f(x) = \sum_{k=0}^{\infty} \binom{\alpha}{k} x^k.$$

b) Wir zeigen, dass die Taylor-Reihe für $|x| < 1$ konvergiert. Dazu verwenden wir das Quotienten-Kriterium. Wir dürfen annehmen, dass $\alpha \notin \mathbb{N}$ und $x \neq 0$. Sei $a_n := \binom{\alpha}{n} x^n$. Dann gilt

$$\left| \frac{a_{n+1}}{a_n} \right| = \left| \frac{\binom{\alpha}{n+1} x^{n+1}}{\binom{\alpha}{n} x^n} \right| = |x| \cdot \left| \frac{\alpha - n}{n+1} \right|.$$

Da $\lim_{n\to\infty} \left| \frac{a_{n+1}}{a_n} \right| = |x| \lim_{n\to\infty} \left| \frac{\alpha-n}{n+1} \right| = |x| < 1$, existiert zu $\theta$ mit $|x| < \theta < 1$ ein $n_0$, so dass

$$\left| \frac{a_{n+1}}{a_n} \right| \leqslant \theta \quad \text{für alle } n \geqslant n_0.$$

Also konvergiert die Taylor-Reihe für $|x| < 1$.

c) Wir beweisen jetzt, dass die Taylor-Reihe gegen $f$ konvergiert. Es ist zu zeigen, dass das Restglied für $|x| < 1$ gegen 0 konvergiert. Es stellt sich heraus, dass man mit der Lagrangeschen Form des Restgliedes nicht weiterkommt. Wir verwenden deshalb die Integral-Darstellung. (Ein kürzerer Weg zum Beweis ist in Aufgabe 22.6 beschrieben. Es soll aber hier wenigstens ein Beispiel für die Anwendung der Integral-Form des Restglieds vorgeführt werden.)

$$R_{n+1}(x) = \frac{1}{n!} \int_0^x (x-t)^n f^{(n+1)}(t)\, dt$$

$$= (n+1)\binom{\alpha}{n+1} \int_0^x (x-t)^n (1+t)^{\alpha-n-1}\, dt$$

*1. Fall:* $0 \leqslant x < 1$.

Wir setzen $C := \max(1, (1+x)^\alpha)$. Dann gilt für $0 \leqslant t \leqslant x$

$$0 \leqslant (1+t)^{\alpha-n-1} \leqslant (1+t)^\alpha \leqslant C,$$

also

$$|R_{n+1}(x)| = (n+1)\left| \binom{\alpha}{n+1} \right| \int_0^x (x-t)^n (1+t)^{\alpha-n-1}\, dt$$

$$\leqslant (n+1)\left| \binom{\alpha}{n+1} \right| C \int_0^x (x-t)^n\, dt = C\left| \binom{\alpha}{n+1} \right| x^{n+1}.$$

Weil nach b) die Reihe $\sum_{k=0}^\infty \binom{\alpha}{k} x^k$ für $|x| < 1$ konvergiert, folgt

$$\lim_{k\to\infty} \left| \binom{\alpha}{k} \right| x^k = 0, \quad \text{daher} \quad \lim_{n\to\infty} R_{n+1}(x) = 0.$$

§ 22 Taylor-Reihen   243

*2. Fall:* $-1 < x < 0$. Hier gilt

$$
\begin{aligned}
|R_{n+1}(x)| &= (n+1)\left|\binom{\alpha}{n+1}\int_0^{|x|}(x+t)^n(1-t)^{\alpha-n-1}\,dt\right| \\
&= (n+1)\left|\binom{\alpha}{n+1}\right|\int_0^{|x|}(|x|-t)^n(1-t)^{\alpha-n-1}\,dt \\
&= \left|\alpha\binom{\alpha-1}{n}\right|\int_0^{|x|}\left(\frac{|x|-t}{1-t}\right)^n(1-t)^{\alpha-1}\,dt.
\end{aligned}
$$

Da die Funktion $t \mapsto \frac{|x|-t}{1-t}$ im Intervall $[0,|x|]$ monoton fallend ist, wie man durch Differenzieren erkennt, gilt

$$
\left(\frac{|x|-t}{1-t}\right)^n \leqslant |x|^n \quad \text{für } 0 \leqslant t \leqslant |x|.
$$

Wir setzen $C := |\alpha|\int_0^{|x|}(1-t)^{\alpha-1}\,dt$. Dann ist

$$
|R_{n+1}(x)| \leqslant \left|\alpha\binom{\alpha-1}{n}\right|\cdot|x|^n\int_0^{|x|}(1-t)^{\alpha-1}\,dt = C\left|\binom{\alpha-1}{n}\right|\cdot|x|^n.
$$

Da nach b) die Reihe $\sum_{n=0}^{\infty}\binom{\alpha-1}{n}x^n$ für $|x| < 1$ konvergiert, folgt

$$
\lim_{n\to\infty} R_{n+1}(x) = 0, \quad \text{q.e.d.}
$$

**Beispiele**

**(22.5)** Da $\binom{-1}{n} = (-1)^n$, ergibt sich für $\alpha = -1$ aus der binomischen Reihe

$$
\frac{1}{1+x} = \sum_{n=0}^{\infty}(-1)^n x^n \quad \text{für } |x| < 1.
$$

Die geometrische Reihe ist also ein Spezialfall der binomischen Reihe.

**(22.6)** Für $\alpha = \frac{1}{2}$ lauten die ersten Binomialkoeffizienten

$$
\binom{\frac{1}{2}}{0} = 1, \quad \binom{\frac{1}{2}}{1} = \frac{1}{2}, \quad \binom{\frac{1}{2}}{2} = \frac{\frac{1}{2}(-\frac{1}{2})}{1\cdot 2} = -\frac{1}{8},
$$

$$
\binom{\frac{1}{2}}{3} = \frac{\frac{1}{2}(-\frac{1}{2})(-\frac{3}{2})}{1\cdot 2\cdot 3} = \frac{1}{16}, \quad \binom{\frac{1}{2}}{4} = \binom{\frac{1}{2}}{3}\frac{-\frac{5}{2}}{4} = -\frac{5}{128}.
$$

Also gilt für $|x| < 1$:

$$\sqrt{1+x} = 1 + \tfrac{1}{2}x - \tfrac{1}{8}x^2 + \tfrac{1}{16}x^3 - \tfrac{5}{128}x^4 + \text{Glieder höherer Ordnung.}$$

Man kann dies zur näherungsweisen Berechnung von Wurzeln benützen; z.B. ist

$$\sqrt{10} = \sqrt{9 \cdot \tfrac{10}{9}} = 3\sqrt{1 + \tfrac{1}{9}} = 3\left(1 + \tfrac{1}{2 \cdot 9} - \tfrac{1}{8 \cdot 9^2} + \dots\right)$$
$$= 3 + \tfrac{1}{6} - \tfrac{1}{8 \cdot 27} + \dots = 3.162\dots.$$

**(22.7)** Für $\alpha = -\tfrac{1}{2}$ ist

$$\binom{-\tfrac{1}{2}}{0} = 1, \quad \binom{-\tfrac{1}{2}}{1} = -\tfrac{1}{2}, \quad \binom{-\tfrac{1}{2}}{2} = \tfrac{3}{8}, \quad \binom{-\tfrac{1}{2}}{3} = -\tfrac{5}{16}.$$

Daher gilt für $|x| < 1$:

$$\frac{1}{\sqrt{1+x}} = 1 - \tfrac{1}{2}x + \tfrac{3}{8}x^2 - \tfrac{5}{16}x^3 + \text{Glieder höherer Ordnung.}$$

**Anwendung** (Kinetische Energie eines relativistischen Teilchens). Nach A. Einstein beträgt die Gesamtenergie eines Teilchens der Masse $m$

$$E = mc^2.$$

Dabei ist $c$ die Lichtgeschwindigkeit. Die Masse ist jedoch von der Geschwindigkeit $v$ des Teilchens abhängig; es gilt

$$m = \frac{m_0}{\sqrt{1 - (v/c)^2}}.$$

Hier ist $m_0$ die Ruhemasse des Teilchens; die Ruhenergie ist demnach $E_0 = m_0 c^2$. Die kinetische Energie ist definiert als

$$E_{\text{kin}} = E - E_0.$$

Da $v < c$, kann man zur Berechnung die binomische Reihe verwenden:

$$E_{kin} = mc^2 - m_0 c^2 = m_0 c^2 \left(\frac{1}{\sqrt{1 - (v/c)^2}} - 1\right)$$
$$= m_0 c^2 \left(\tfrac{1}{2}(\tfrac{v}{c})^2 + \tfrac{3}{8}(\tfrac{v}{c})^4 + \dots\right)$$
$$= \tfrac{1}{2}m_0 v^2 + \tfrac{3}{8}m_0 v^2 (\tfrac{v}{c})^2 + \text{Glieder höherer Ordnung.}$$

Der Term $\tfrac{1}{2}m_0 v^2$ repräsentiert die kinetische Energie im klassischen Fall ($v \ll c$), der Term $\tfrac{3}{8}m_0 v^2 (\tfrac{v}{c})^2$ ist das Glied niedrigster Ordnung der Abweichung zwischen dem relativistischen und nicht-relativistischen Fall.

§ 22 Taylor-Reihen    245

Wir wollen noch untersuchen, in welchen Fällen die binomische Reihe am Rande des Konvergenzintervalls konvergiert und beweisen dazu folgenden Hilfssatz.

**Hilfssatz.** *Sei* $\alpha \in \mathbb{R} \smallsetminus \mathbb{N}$. *Dann gibt es eine Konstante* $c = c(\alpha) \in \mathbb{R}_+^*$, *so dass folgende asymptotische Beziehung besteht:*

$$\left| \binom{\alpha}{n} \right| \sim \frac{c}{n^{1+\alpha}} \quad \text{für } n \to \infty.$$

*Beweis*

a) Sei zunächst $\alpha < 0$. Wir setzen $x := -\alpha$. Es ist

$$\left| \binom{-x}{n} \right| = \left| \frac{-x(-x-1) \cdot \ldots \cdot (-x-n+1)}{n!} \right|$$

$$= \frac{x(x+1) \cdot \ldots \cdot (x+n)}{n! \, (x+n)}.$$

Daraus folgt unter Verwendung von §20, Satz 5

$$\lim_{n \to \infty} n^{1-x} \left| \binom{-x}{n} \right| = \lim_{n \to \infty} \frac{x(x+1) \cdot \ldots \cdot (x+n)}{n! \, n^x} \cdot \frac{n}{n+x} = \frac{1}{\Gamma(x)}.$$

Die Behauptung gilt also mit der Konstanten $c(\alpha) = \frac{1}{\Gamma(-\alpha)}$.

b) Sei $k-1 < \alpha < k$ mit einer natürlichen Zahl $k \geqslant 1$. Dann ist auf $\alpha' = \alpha - k$ Teil a) anwendbar, d.h.

$$\lim_{n \to \infty} \left| \binom{\alpha-k}{n} \right| n^{1+\alpha-k} = \frac{1}{\Gamma(k-\alpha)},$$

also auch

$$\lim_{n \to \infty} \left| \binom{\alpha-k}{n-k} \right| n^{1+\alpha-k} = \frac{1}{\Gamma(k-\alpha)}.$$

Da $\binom{\alpha}{n} = \frac{\alpha(\alpha-1)\cdot\ldots\cdot(\alpha-k+1)}{n(n-1)\cdot\ldots\cdot(n-k+1)} \binom{\alpha-k}{n-k}$, folgt

$$\lim_{n \to \infty} \left| \binom{\alpha}{n} \right| n^{1+\alpha} = \lim_{n \to \infty} \frac{n^k \alpha(\alpha-1) \cdot \ldots \cdot (\alpha-k+1)}{n(n-1) \cdot \ldots \cdot (n-k+1)} \left| \binom{\alpha-k}{n-k} \right| n^{1+\alpha-k}$$

$$= \frac{\alpha(\alpha-1) \cdot \ldots \cdot (\alpha-k+1)}{\Gamma(k-\alpha)} =: c(\alpha), \quad \text{q.e.d.}$$

246                                                    § 22  Taylor-Reihen

**Zusatz zu Satz 7.**

a) *Für* $\alpha \geqslant 0$ *konvergiert die binomische Reihe*

$$(1+x)^\alpha = \sum_{n=0}^\infty \binom{\alpha}{n} x^n$$

*absolut und gleichmäßig im Intervall* $[-1,+1]$.

b) *Für* $-1 < \alpha < 0$ *konvergiert die binomische Reihe für* $x = +1$ *und divergiert für* $x = -1$.

c) *Für* $\alpha \leqslant -1$ *divergiert die binomische Reihe sowohl für* $x = +1$ *als auch für* $x = -1$.

*Beweis*

a) Wir können annehmen, dass $\alpha \notin \mathbb{N}$, da für $\alpha \in \mathbb{N}$ die binomische Reihe abbricht. Aus dem Hilfssatz folgt, dass es eine Konstante $K > 0$ gibt mit

$$\left| \binom{\alpha}{n} \right| \leqslant \frac{K}{n^{1+\alpha}} \quad \text{für alle } n \geqslant 1.$$

Da die Reihe $\sum \dfrac{1}{n^{1+\alpha}}$ für $\alpha > 0$ konvergiert, folgt die Behauptung.

b) Für $-1 < \alpha < 0$ gilt $\binom{\alpha}{n} = (-1)^n \left| \binom{\alpha}{n} \right|$. Die Konvergenz der binomischen Reihe für $x = 1$ folgt nun aus dem Leibniz'schen Konvergenzkriterium für alternierende Reihen, die Divergenz an der Stelle $x = -1$ daraus, dass $\sum \frac{1}{n^{1+\alpha}}$ für $\alpha < 0$ divergiert.

c) Aus dem Hilfssatz folgt, dass $\binom{\alpha}{n}$ für $n \to \infty$ nicht gegen 0 konvergiert, falls $\alpha \leqslant -1$. Deshalb divergieren in diesem Fall die Reihen

$$\sum_{n=0}^\infty \binom{\alpha}{n} \quad \text{und} \quad \sum_{n=0}^\infty \binom{\alpha}{n} (-1)^n.$$

**(22.8) Beispiel.** Für $|x| \leqslant 1$ gilt auch $|x^2 - 1| \leqslant 1$. Also haben wir die im Intervall $[-1,1]$ gleichmäßig konvergente Entwicklung

$$|x| = \sqrt{x^2} = \sqrt{1 + (x^2 - 1)} = \sum_{n=0}^\infty \binom{\frac{1}{2}}{n} (x^2 - 1)^n.$$

Die Funktion abs kann also in $[-1,1]$ gleichmäßig durch Polynome approximiert werden.

§ 22 Taylor-Reihen 247

AUFGABEN

**22.1.** Sei $f : ]a, b[ \to \mathbb{R}$ eine $n$-mal stetig differenzierbare Funktion ($n \geqslant 1$). Im Punkt $x_0 \in ]a, b[$ gelte:

$$f^{(k)}(x_0) = 0 \quad \text{für } 1 \leqslant k < n \quad \text{und} \quad f^{(n)}(x_0) \neq 0.$$

Man beweise mithilfe des Corollars zu Satz 2:

a) Ist $n$ ungerade, so besitzt $f$ in $x_0$ kein lokales Extremum.

b) Ist $n$ gerade, so besitzt $f$ in $x_0$ ein strenges lokales Maximum bzw. Minimum, je nachdem, ob $f^{(n)}(x_0) < 0$ oder $f^{(n)}(x_0) > 0$.

**22.2.** Man berechne den Anfang der Taylor-Reihe der Funktion

$$\tan: ]-\tfrac{\pi}{2}, \tfrac{\pi}{2}[ \longrightarrow \mathbb{R}$$

mit Entwicklungspunkt 0 bis einschließlich des Gliedes 5. Ordnung.

**22.3.** Man bestimme die Taylor-Reihe der Funktion

$$\arcsin: ]-1, 1[ \longrightarrow \mathbb{R}$$

mit Entwicklungspunkt 0 durch Integration der Taylor-Reihe der Ableitung von arcsin.

**22.4.** Sei $p$ eine natürliche Zahl mit $1 \leqslant p \leqslant n + 1$. Man beweise für das Restglied $R_{n+1}$ der Taylor-Formel (Satz 1): Es gibt ein $\xi$ zwischen $a$ und $x$, so dass

$$R_{n+1}(x) = \frac{f^{(n+1)}(\xi)}{p \cdot n!}(x - \xi)^{n+1-p}(x - a)^p.$$

(Dies ist das sogenannte *Schlömilchsche Restglied.*)

**22.5.** Man beweise die Funktionalgleichung der Arcus-Tangens:

Für $x, y \in \mathbb{R}$ mit $|\arctan x + \arctan y| < \tfrac{\pi}{2}$ gilt

$$\arctan x + \arctan y = \arctan \frac{x + y}{1 - xy}.$$

Man folgere hieraus die „Machinsche Formel"

$$\frac{\pi}{4} = 4 \arctan \frac{1}{5} - \arctan \frac{1}{239}$$

und die Reihenentwicklung

$$\frac{\pi}{4} = \frac{4}{5} \sum_{k=0}^{\infty} \frac{(-1)^k}{2k+1} \left(\frac{1}{5}\right)^{2k} - \frac{1}{239} \sum_{k=0}^{\infty} \frac{(-1)^k}{2k+1} \left(\frac{1}{239}\right)^{2k}.$$

Welche Glieder muss man berücksichtigen, um $\pi$ auf 1000 Dezimalstellen genau zu berechnen?

**22.6.** Diese Aufgabe beschreibt einen anderen Weg zum Beweis von Satz 7 über die binomische Reihe.
Man betrachte die auf dem Intervall $]-1,1[$ definierte Funktion

$$f(x) := \sum_{n=0}^{\infty} \binom{\alpha}{n} x^n$$

und beweise für sie die Differentialgleichung

$$f'(x) = \frac{\alpha}{1+x} f(x).$$

Daraus leite man ab, dass die Funktion $g(x) := f(x)(1+x)^{-\alpha}$ konstant gleich 1 ist, also $f(x) = (1+x)^{\alpha}$ für $|x| < 1$ gilt.

# § 23.  Fourier-Reihen

In diesem letzten Paragraphen behandeln wir die wichtigsten Tatsachen aus der Theorie der Fourier-Reihen. Es handelt sich dabei um die Entwicklung von periodischen Funktionen nach dem Funktionensystem $\cos kx$, $\sin kx$, $(k \in \mathbb{N})$. Im Unterschied zu den Taylor-Reihen, die im Innern ihres Konvergenzbereichs immer gegen eine unendlich oft differenzierbare Funktion konvergieren, können durch Fourier-Reihen z.B. auch periodische Funktionen dargestellt werden, die nur stückweise stetig differenzierbar sind und deren Ableitungen Sprungstellen haben.

## Periodische Funktionen

Eine auf ganz $\mathbb{R}$ definierte reell- oder komplexwertige Funktion $f$ heißt *periodisch* mit der Periode $L > 0$, falls

$$f(x+L) = f(x) \quad \text{für alle } x \in \mathbb{R}.$$

§ 23 Fourier-Reihen                                                      249

Es gilt dann natürlich auch $f(x+nL) = f(x)$ für alle $x \in \mathbb{R}$ und $n \in \mathbb{Z}$. Durch eine Variablen-Transformation kann man Funktionen mit der Periode $L$ auf solche mit der Periode $2\pi$ zurückführen: Hat $f$ die Periode $L$, so hat die Funktion $F$, definiert durch

$$F(x) := f\left(\frac{L}{2\pi}x\right)$$

die Periode $2\pi$. Aus der Funktion $F$ kann man $f$ durch die Formel

$$f(x) = F\left(\frac{2\pi}{L}x\right)$$

wieder zurückgewinnen. Bei der Behandlung periodischer Funktionen kann man sich also auf den Fall der Periode $2\pi$ beschränken. Im Folgenden verstehen wir unter periodischen Funktionen stets solche mit der Periode $2\pi$.

Spezielle periodische Funktionen sind die *trigonometrischen Polynome*. Eine Funktion $f\colon \mathbb{R} \to \mathbb{R}$ heißt trigonometrisches Polynom der Ordnung $n$, falls sie sich schreiben läßt als

$$f(x) = \frac{a_0}{2} + \sum_{k=1}^{n}(a_k \cos kx + b_k \sin kx)$$

mit reellen Konstanten $a_k, b_k$. Die Konstanten sind durch die Funktion $f$ eindeutig bestimmt, denn es gilt

$$a_k = \frac{1}{\pi}\int\limits_{0}^{2\pi} f(x)\cos kx\, dx \quad \text{für } k = 0,1,\ldots,n\,,$$

$$b_k = \frac{1}{\pi}\int\limits_{0}^{2\pi} f(x)\sin kx\, dx \quad \text{für } k = 1,\ldots,n\,.$$

Dies folgt daraus, dass

$$\int\limits_{0}^{2\pi} \cos kx \sin lx\, dx = 0 \quad \text{für alle natürlichen Zahlen } k \text{ und } l,$$

$$\int\limits_{0}^{2\pi} \cos kx \cos lx\, dx = \int\limits_{0}^{2\pi} \sin kx \sin lx\, dx = 0 \quad \text{für } k \neq l,$$

$$\int\limits_0^{2\pi} \cos^2 kx \, dx = \int\limits_0^{2\pi} \sin^2 kx \, dx = \pi \quad \text{für alle } k \geqslant 1.$$

Es ist häufig zweckmäßig, auch komplexwertige trigonometrische Polynome zu betrachten, bei denen für die Konstanten $a_k, b_k$ beliebige komplexe Zahlen zugelassen sind. Unter Verwendung der Formeln

$$\cos x = \tfrac{1}{2} \left( e^{ix} + e^{-ix} \right), \quad \sin x = \tfrac{1}{2i} \left( e^{ix} - e^{-ix} \right)$$

lässt sich das oben angegebene trigonometrische Polynom $f$ auch schreiben als

$$f(x) = \sum_{k=-n}^{n} c_k e^{ikx},$$

wobei $c_0 = \frac{a_0}{2}$ und

$$c_k = \tfrac{1}{2}(a_k - ib_k), \quad c_{-k} = \tfrac{1}{2}(a_k + ib_k) \quad \text{für } k \geqslant 1.$$

Um in diesem Fall die Koeffizienten $c_k$ durch Integration aus der Funktion $f$ zu erhalten, brauchen wir den Begriff des Integrals einer komplexwertigen Funktion. Seien $u, v \colon [a,b] \to \mathbb{R}$ reelle Funktionen. Dann heißt die komplexwertige Funktion $\varphi := u + iv \colon [a,b] \to \mathbb{C}$ integrierbar, falls $u$ und $v$ integrierbar sind und man setzt

$$\int\limits_a^b (u(x) + iv(x)) \, dx := \int\limits_a^b u(x) \, dx + i \int\limits_a^b v(x) \, dx.$$

Speziell für die Funktion $\varphi(x) = e^{imx}$, $m \neq 0$, ergibt sich

$$\int\limits_a^b e^{imx} dx = \frac{1}{im} e^{imx} \Big|_a^b,$$

also insbesondere

$$\int\limits_0^{2\pi} e^{imx} dx = 0 \quad \text{für alle } m \in \mathbb{Z} \smallsetminus \{0\}.$$

Damit erhält man für das trigonometrische Polynom $f(x) = \sum_{k=-n}^{n} c_k e^{ikx}$

$$c_k = \frac{1}{2\pi} \int\limits_0^{2\pi} f(x) e^{-ikx} dx \quad \text{für } k = 0, \pm 1, \ldots, \pm n,$$

§ 23 Fourier-Reihen 251

da $f(x)e^{-ikx} = \sum_{m=-n}^{n} c_m e^{i(m-k)x}$.

**Definition.** Sei $f: \mathbb{R} \to \mathbb{C}$ eine periodische, über das Intervall $[0, 2\pi]$ integrierbare Funktion. Dann heißen die Zahlen

$$c_k := \frac{1}{2\pi} \int\limits_0^{2\pi} f(x)e^{-ikx}dx, \quad k \in \mathbb{Z},$$

die *Fourier-Koeffizienten* von $f$ und die Reihe

$$\sum_{k=-\infty}^{\infty} c_k e^{ikx},$$

d.h. die Folge der Partialsummen

$$S_n(x) = \sum_{k=-n}^{n} c_k e^{ikx}, \quad n \in \mathbb{N},$$

heißt *Fourier-Reihe* von $f$.

Die Fourier-Reihe lässt sich auch in der Form

$$\frac{a_0}{2} + \sum_{k=0}^{\infty} (a_k \cos kx + b_k \sin kx)$$

schreiben, wobei

$$a_k = \frac{1}{\pi} \int\limits_0^{2\pi} f(x) \cos kx \, dx,$$

$$b_k = \frac{1}{\pi} \int\limits_0^{2\pi} f(x) \sin kx \, dx.$$

Die oben abgeleiteten Formeln für trigonometrische Polynome legen die Vermutung nahe, dass die Fourier-Reihe der Funktion gegen die Funktion konvergiert. Folgendes lässt sich leicht feststellen: Wenn die Funktion $f$ sich überhaupt in der Gestalt

$$f(x) = \sum_{k=-\infty}^{\infty} \gamma_k e^{ikx}$$

mit gleichmäßig konvergenter Reihe darstellen lässt, dann muss diese Reihe die Fourier-Reihe von $f$ sein. Weil nämlich gleichmäßige Konvergenz vorliegt, kann man bei der Berechnung der Fourier-Koeffizienten Integration und Limesbildung vertauschen und man erhält

$$c_k = \frac{1}{2\pi} \int\limits_0^{2\pi} \Big( \sum_{m=-\infty}^{\infty} \gamma_m e^{imx} \Big) e^{-ikx} \, dx$$

$$= \frac{1}{2\pi} \sum_{m=-\infty}^{\infty} \int\limits_0^{2\pi} \gamma_m e^{i(m-k)x} \, dx = \gamma_k \, .$$

Im Allgemeinen konvergiert jedoch die Fourier-Reihe von $f$ weder gleichmäßig noch punktweise gegen $f$. Den Fourier-Reihen ist ein anderer Konvergenzbegriff besser angepasst, die Konvergenz im quadratischen Mittel. Um diesen Begriff einzuführen, treffen wir zunächst einige Vorbereitungen.

**Skalarprodukt für periodische Funktionen**

Im Vektorraum $V$ aller periodischen Funktionen $f \colon \mathbb{R} \to \mathbb{C}$, die über das Intervall $[0, 2\pi]$ Riemann-integrierbar sind, führen wir ein Skalarprodukt ein durch die Formel

$$\langle f, g \rangle := \frac{1}{2\pi} \int\limits_0^{2\pi} \overline{f(x)} g(x) \, dx \quad \text{für } f, g \in V \, .$$

Folgende Eigenschaften sind leicht nachzuweisen ($f, g, h \in V, \lambda \in \mathbb{C}$):

a) $\langle f + g, h \rangle = \langle f, h \rangle + \langle g, h \rangle$,

b) $\langle f, g + h \rangle = \langle f, g \rangle + \langle f, h \rangle$,

c) $\langle \lambda f, g \rangle = \bar{\lambda} \langle f, g \rangle$,

d) $\langle f, \lambda g \rangle = \lambda \langle f, g \rangle$,

e) $\langle f, g \rangle = \overline{\langle g, f \rangle}$.

Für jedes $f \in V$ gilt

$$\langle f, f \rangle = \frac{1}{2\pi} \int\limits_0^{2\pi} |f(x)|^2 \, dx \geqslant 0 \, .$$

Aus $\langle f, f \rangle = 0$ kann man jedoch i.Allg. nicht schließen, dass $f = 0$. Ist z.B. $f$ im Intervall $[0, 2\pi]$ nur an endlich vielen Stellen von null verschieden, so gilt $\langle f, f \rangle = 0$. Für stetiges $f \in V$ folgt jedoch aus $\langle f, f \rangle = 0$, dass $f = 0$.

§ 23 Fourier-Reihen 253

Man setzt $\|f\|_2 := \sqrt{\langle f, f \rangle}$.

Für diese Norm gilt die Dreiecksungleichung

$$\|f + g\|_2 \leqslant \|f\|_2 + \|g\|_2, \quad \text{vgl. (18.5)}.$$

Definiert man die Funktion $e_k \colon \mathbb{R} \to \mathbb{C}$ durch

$$e_k(x) := e^{ikx},$$

so lassen sich die Fourier-Koeffizienten einer Funktion $f \in V$ einfach schreiben als

$$c_k = \langle e_k, f \rangle, \quad k \in \mathbb{Z}.$$

Die Funktionen $e_k$ haben die Eigenschaft

$$\langle e_k, e_l \rangle = \delta_{kl} = \begin{cases} 0, \text{ falls } k \neq l, \\ 1, \text{ falls } k = l, \end{cases}$$

sie bilden also ein *Orthonormalsystem*.

**Hilfssatz 1.** *Die Funktion $f \in V$ habe die Fourier-Koeffizienten $c_k$, $k \in \mathbb{Z}$. Dann gilt für alle $n \in \mathbb{N}$*

$$\left\| f - \sum_{k=-n}^{n} c_k e_k \right\|_2^2 = \|f\|_2^2 - \sum_{k=-n}^{n} |c_k|^2.$$

*Beweis.* Wir setzen $g := \sum_{k=-n}^{n} c_k e_k$. Dann gilt

$$\langle f, g \rangle = \sum_{k=-n}^{n} c_k \langle f, e_k \rangle = \sum_{k=-n}^{n} c_k \bar{c}_k = \sum_{k=-n}^{n} |c_k|^2$$

und $\langle e_k, g \rangle = c_k$, also

$$\langle g, g \rangle = \sum_{k=-n}^{n} \bar{c}_k \langle e_k, g \rangle = \sum_{k=-n}^{n} |c_k|^2.$$

Daraus folgt

$$\begin{aligned}
\|f - g\|_2^2 &= \langle f - g, f - g \rangle = \langle f, f \rangle - \langle f, g \rangle - \langle g, f \rangle + \langle g, g \rangle \\
&= \|f\|_2^2 - \sum_{k=-n}^{n} |c_k|^2 - \sum_{k=-n}^{n} |c_k|^2 + \sum_{k=-n}^{n} |c_k|^2 \\
&= \|f\|_2^2 - \sum_{k=-n}^{n} |c_k|^2, \quad \text{q.e.d.}
\end{aligned}$$

254                                                        § 23 Fourier-Reihen

**Satz 1** (Besselsche Ungleichung). *Sei* $f: \mathbb{R} \to \mathbb{C}$ *eine periodische, über das Intervall* $[0, 2\pi]$ *Riemann-integrierbare Funktion mit den Fourier-Koeffizienten* $c_k$. *Dann gilt*

$$\sum_{k=-\infty}^{\infty} |c_k|^2 \leqslant \frac{1}{2\pi} \int_0^{2\pi} |f(x)|^2 \, dx.$$

*Beweis.* Aus Hilfssatz 1 folgt

$$\sum_{k=-n}^{n} |c_k|^2 \leqslant \|f\|_2^2$$

für alle $n \in \mathbb{N}$. Durch Grenzübergang ergibt sich die Behauptung.

**Definition.** Seien $f: \mathbb{R} \to \mathbb{C}$ und $f_n: \mathbb{R} \to \mathbb{C}$, $n \in \mathbb{N}$, periodische, über das Intervall $[0, 2\pi]$ Riemann-integrierbare Funktionen. Man sagt, die Folge $(f_n)$ konvergiere im *quadratischen Mittel* gegen $f$, falls

$$\lim_{n \to \infty} \|f - f_n\|_2 = 0,$$

d.h. wenn das quadratische Mittel der Abweichung zwischen $f$ und $f_n$, nämlich

$$\frac{1}{2\pi} \int_0^{2\pi} |f(x) - f_n(x)|^2 \, dx$$

für $n \to \infty$ gegen 0 konvergiert.

Man sieht unmittelbar: Konvergiert die Folge $(f_n)$ gleichmäßig gegen $f$, so auch im quadratischen Mittel. Die Umkehrung gilt aber nicht. Eine im quadratischen Mittel konvergente Funktionenfolge braucht nicht einmal punktweise zu konvergieren.

*Bemerkung.* Der Hilfssatz 1 sagt, dass die Fourier-Reihe von $f$ genau dann im quadratischen Mittel gegen $f$ konvergiert, wenn

$$\sum_{k=-\infty}^{\infty} |c_k|^2 = \|f\|_2^2,$$

d.h. wenn die Besselsche Ungleichung zu einer Gleichung wird. Das Bestehen dieser Gleichung bezeichnet man auch als *Vollständigkeitsrelation*.

§ 23 Fourier-Reihen                                                      255

**Hilfssatz 2.** *Sei* $f: \mathbb{R} \to \mathbb{R}$ *eine periodische Funktion, so dass* $f \,|\, [0, 2\pi]$ *eine Treppenfunktion ist. Dann konvergiert die Fourier-Reihe von* $f$ *im quadratischen Mittel gegen* $f$.

*Beweis*

a) Wir behandeln zunächst den speziellen Fall, dass für $f$ gilt

$$f(x) = \begin{cases} 1 & \text{für } 0 \leqslant x < a, \\ 0 & \text{für } a \leqslant x < 2\pi, \end{cases}$$

wobei $a$ ein Punkt im Intervall $[0, 2\pi]$ ist. Die Fourier-Koeffizienten $c_k$ dieser Funktion lauten

$$c_0 = \frac{a}{2\pi},$$

$$c_k = \frac{1}{2\pi} \int\limits_0^a e^{-ikx}\,dx = \frac{i}{2\pi k}\left(e^{-ika} - 1\right) \quad \text{für } k \neq 0.$$

Für $k \neq 0$ gilt

$$|c_k|^2 = \frac{1}{4\pi^2 k^2}\left(1 - e^{ika}\right)\left(1 - e^{-ika}\right) = \frac{1 - \cos ka}{2\pi^2 k^2},$$

also

$$\begin{aligned}
\sum_{k=-\infty}^{\infty} |c_k|^2 &= \frac{a^2}{4\pi^2} + \sum_{k=1}^{\infty} \frac{1 - \cos ka}{\pi^2 k^2} \\
&= \frac{a^2}{4\pi^2} + \frac{1}{\pi^2}\sum_{k=1}^{\infty} \frac{1}{k^2} - \frac{1}{\pi^2}\sum_{k=1}^{\infty} \frac{\cos ka}{k^2} \\
&= \frac{a^2}{4\pi^2} + \frac{1}{6} - \frac{1}{\pi^2}\left(\frac{(\pi - a)^2}{4} - \frac{\pi^2}{12}\right) = \frac{a}{2\pi},
\end{aligned}$$

wobei (21.8) benützt wurde. Es gilt deshalb

$$\sum_{k=-\infty}^{\infty} |c_k|^2 = \frac{a}{2\pi} = \frac{1}{2\pi}\int\limits_0^{2\pi} |f(x)|^2\,dx = \|f\|_2^2.$$

Nach Hilfssatz 1 folgt daraus die Konvergenz der Fourier-Reihe im quadratischen Mittel.

b) Ist $f | [0, 2\pi]$ eine beliebige Treppenfunktion, so gibt es Funktionen $f_1, \ldots,$ $f_r$ der in a) beschriebenen Gestalt und Konstanten $\gamma_1, \ldots, \gamma_r$, so dass

$$f(x) = \sum_{j=1}^{r} \gamma_j f_j(x)$$

für alle $x \in \mathbb{R}$ mit evtl. Ausnahme der Sprungstellen. Sind $S_n$ bzw. $S_{jn}$ die $n$-ten Partialsummen der Fourier-Reihen von $f$ bzw. $f_j$, so gilt

$$S_n = \sum_{j=1}^{r} \gamma_j S_{jn},$$

also

$$\|f - S_n\|_2 = \left\| \sum_{j=1}^{r} \gamma_j \left( f_j - S_{jn} \right) \right\|_2 \leqslant \sum_{j=1}^{r} |\gamma_j| \cdot \|f_j - S_{jn}\|_2.$$

Nach Teil a) konvergiert dies für $n \to \infty$ gegen 0.

**Satz 2.** *Sei $f : \mathbb{R} \to \mathbb{C}$ eine periodische Funktion, so dass $f | [0, 2\pi]$ Riemann-integrierbar ist. Dann konvergiert die Fourier-Reihe von $f$ im quadratischen Mittel gegen $f$. Sind $c_k$ die Fourier-Koeffizienten von $f$, so gilt die Vollständig-keitsrelation*

$$\sum_{k=-\infty}^{\infty} |c_k|^2 = \frac{1}{2\pi} \int_0^{2\pi} |f(x)|^2 \, dx.$$

*Beweis.* Es genügt den Fall zu behandeln, dass $f$ reellwertig ist und der Abschätzung $|f(x)| \leqslant 1$ für alle $x \in \mathbb{R}$ genügt.

Sei $\varepsilon > 0$ vorgegeben. Dann gibt es periodische Funktionen $\varphi, \psi : \mathbb{R} \to \mathbb{R}$ mit folgenden Eigenschaften:

a) $\varphi | [0, 2\pi]$ und $\psi | [0, 2\pi]$ sind Treppenfunktionen,

b) $-1 \leqslant \varphi \leqslant f \leqslant \psi \leqslant 1$,

c) $\displaystyle\int_0^{2\pi} (\psi(x) - \varphi(x)) \, dx \leqslant \frac{\pi}{4} \varepsilon^2.$

Wir setzen $g := f - \varphi$. Dann gilt

$$|g|^2 \leqslant |\psi - \varphi|^2 \leqslant 2(\psi - \varphi),$$

§ 23  Fourier-Reihen                                                    257

also

$$\frac{1}{2\pi} \int\limits_0^{2\pi} |g(x)|^2 \, dx \leqslant \frac{1}{\pi} \int\limits_0^{2\pi} (\psi(x) - \varphi(x)) \, dx \leqslant \frac{\varepsilon^2}{4}.$$

Es seien $S_{f,n}$, $S_{\varphi,n}$ bzw. $S_{g,n}$ die $n$-ten Partialsummen der Fourier-Reihen von $f$, $\varphi$ bzw. $g$. Dann gilt

$$S_{f,n} = S_{\varphi,n} + S_{g,n}.$$

Nach Hilfssatz 2 gibt es ein $N$, so dass

$$\|\varphi - S_{\varphi,n}\|_2 \leqslant \frac{\varepsilon}{2} \quad \text{für alle } n \geqslant N.$$

Für alle $n$ gilt nach Hilfssatz 1

$$\|g - S_{g,n}\|_2^2 \leqslant \|g\|_2^2 \leqslant \frac{\varepsilon^2}{4}.$$

Daher gilt für alle $n \geqslant N$

$$\|f - S_{f,n}\|_2 \leqslant \|\varphi - S_{\varphi,n}\|_2 + \|g - S_{g,n}\|_2 \leqslant \frac{\varepsilon}{2} + \frac{\varepsilon}{2} = \varepsilon,$$

die Fourier-Reihe konvergiert also im quadratischen Mittel gegen $f$. Wie schon bemerkt, folgt daraus, dass aus der Besselschen Ungleichung eine Gleichung wird.

**Beispiele**

**(23.1)** Wir betrachten die periodische Funktion $f \colon \mathbb{R} \to \mathbb{R}$ mit

$$f(x) := \begin{cases} 1 & \text{für } 0 \leqslant x < \pi, \\ -1 & \text{für } \pi \leqslant x < 2\pi. \end{cases}$$

Die Berechnung der Fourier-Koeffizienten ergibt

$$c_0 = \frac{1}{2\pi} \int\limits_0^{2\pi} f(x) \, dx = 0$$

und für $k \neq 0$

$$\begin{aligned}
c_k &= \frac{1}{2\pi} \Big( \int\limits_0^{\pi} e^{-ikx} dx - \int\limits_{\pi}^{2\pi} e^{-ikx} dx \Big) \\
&= \frac{i}{2\pi k} \big( e^{-ikx}|_0^{\pi} - e^{-ikx}|_{\pi}^{2\pi} \big) = \frac{i}{2\pi k} \left( 2e^{-ik\pi} - 2 \right).
\end{aligned}$$

Also ist
$$c_k = \begin{cases} 0, & \text{falls } k \text{ gerade,} \\ \frac{2}{i\pi k} & \text{falls } k \text{ ungerade.} \end{cases}$$

Die Fourier-Reihe von $f$ lautet daher
$$\frac{2}{i\pi} \sum_{n=0}^{\infty} \frac{1}{2n+1} \left( e^{i(2n+1)x} - e^{-i(2n+1)x} \right) = \frac{4}{\pi} \sum_{n=0}^{\infty} \frac{\sin(2n+1)x}{2n+1}.$$

In Bild 23.1 sind die ersten Partialsummen dieser Reihe dargestellt.

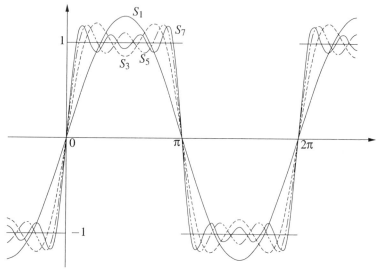

**Bild 23.1**   $S_1(x) = \frac{4}{\pi} \sin x$
$S_3(x) = \frac{4}{\pi} \left( \sin x + \frac{\sin 3x}{3} \right)$
$S_5(x) = \frac{4}{\pi} \left( \sin x + \frac{\sin 3x}{3} + \frac{\sin 5x}{5} \right)$
$S_7(x) = \frac{4}{\pi} \left( \sin x + \frac{\sin 3x}{3} + \frac{\sin 5x}{5} + \frac{\sin 7x}{7} \right)$

**(23.2)** Wir haben in (21.8) hergeleitet, dass für $0 \leqslant x \leqslant 2\pi$ gilt
$$\frac{(\pi - x)^2}{4} = \frac{\pi^2}{12} + \sum_{k=1}^{\infty} \frac{\cos kx}{k^2} = \frac{\pi^2}{12} + \sum_{k=1}^{\infty} \frac{1}{2k^2} \left( e^{ikx} + e^{-ikx} \right).$$

§ 23 Fourier-Reihen

Die Reihe konvergiert gleichmäßig, stellt also die Fourier-Reihe derjenigen periodischen Funktion $f: \mathbb{R} \to \mathbb{R}$ dar, die für $x \in [0, 2\pi]$ mit $(\pi - x)^2/4$ übereinstimmt, vgl. Bild 23.2.

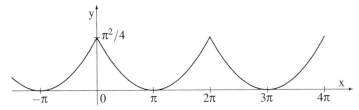

**Bild 23.2** Die periodisch fortgesetzte Funktion $y = \frac{(\pi - x)^2}{4}, 0 \leqslant x \leqslant 2\pi$

Die Vollständigkeitsrelation liefert

$$\frac{\pi^4}{144} + 2 \sum_{k=1}^{\infty} \frac{1}{4k^4} = \frac{1}{2\pi} \int_0^{2\pi} \frac{(\pi - x)^4}{16} dx = \frac{\pi^4}{80},$$

also

$$\sum_{k=1}^{\infty} \frac{1}{k^4} = \frac{\pi^4}{90},$$

womit der Beweis für die bereits in (21.6) benützte Formel nachgeholt ist.

**Satz 3.** *Es sei $f: \mathbb{R} \to \mathbb{R}$ eine stetige periodische Funktion, die stückweise stetig differenzierbar ist, d.h. es gebe eine Unterteilung*

$$0 = t_0 < t_1 < \ldots < t_r = 2\pi$$

*von $[0, 2\pi]$, so dass $f\,|\,[t_{j-1}, t_j]$ für $j = 1, \ldots, r$ stetig differenzierbar ist. Dann konvergiert die Fourier-Reihe von $f$ gleichmäßig gegen $f$.*

*Beweis.* Es sei $\varphi_j: [t_{j-1}, t_j] \to \mathbb{R}$ die stetige Ableitung von $f\,|\,[t_{j-1}, t_j]$ und $\varphi: \mathbb{R} \to \mathbb{R}$ diejenige periodische Funktion, die auf $[t_{j-1}, t_j[$ mit $\varphi_j$ übereinstimmt. Für die Fourier-Koeffizienten $\gamma_k$ der Funktion $\varphi$ gilt nach der Besselschen Ungleichung

$$\sum_{k=-\infty}^{\infty} |\gamma_k|^2 \leqslant \|\varphi\|_2^2 < \infty.$$

Für $k \neq 0$ lassen sich die Fourier-Koeffizienten $c_k$ von $f$ wie folgt durch partielle Integration aus den Fourier-Koeffizienten von $\varphi$ gewinnen:

$$
\int\limits_{t_{j-1}}^{t_j} f(x)e^{-ikx}\,dx = \int\limits_{t_{j-1}}^{t_j} f(x)\cos kx\,dx - i\int\limits_{t_{j-1}}^{t_j} f(x)\sin kx\,dx
$$

$$
= \frac{1}{k}\left( f(x)\sin kx \Big|_{t_{j-1}}^{t_j} - \int\limits_{t_{j-1}}^{t_j} \varphi_j(x)\sin kx\,dx \right)
$$

$$
+ \frac{i}{k}\left( f(x)\cos kx \Big|_{t_{j-1}}^{t_j} - \int\limits_{t_{j-1}}^{t_j} \varphi(x)\cos kx\,dx \right)
$$

$$
= \frac{i}{k}\left( f(x)e^{-ikx} \Big|_{t_{j-1}}^{t_j} - \int\limits_{t_{j-1}}^{t_j} \varphi(x)e^{-ikx}\,dx \right),
$$

also

$$
c_k = \frac{1}{2\pi}\int\limits_0^{2\pi} f(x)e^{-ikx}\,dx = \frac{1}{2\pi}\sum_{j=1}^{r}\int\limits_{t_{j-1}}^{t_j} f(x)e^{-ikx}\,dx
$$

$$
= \frac{-i}{2\pi k}\int\limits_0^{2\pi} \varphi(x)e^{-ikx}\,dx = \frac{-i\gamma_k}{k}.
$$

Da für alle $\alpha, \beta \in \mathbb{C}$ gilt $|\alpha\beta| \leqslant \frac{1}{2}(|\alpha|^2 + |\beta|^2)$, ist

$$
|c_k| \leqslant \frac{1}{2}\left( \frac{1}{|k|^2} + |\gamma_k|^2 \right).
$$

Weil $\sum_{k=1}^{\infty} \frac{1}{k^2}$ und $\sum_{k=-\infty}^{\infty} |\gamma_k|^2$ konvergent sind, folgt

$$
\sum_{k=-\infty}^{\infty} |c_k| < \infty.
$$

Die Fourier-Reihe $\sum_{k=-\infty}^{\infty} c_k e^{ikx}$ von $f$ konvergiert also absolut und gleichmäßig gegen eine (nach §21, Satz 1) stetige Funktion $g$. Somit konvergiert die Fourier-Reihe im quadratischen Mittel sowohl gegen $f$ als auch gegen $g$, woraus folgt

$$
\|f - g\|_2 = 0.
$$

§ 23 Fourier-Reihen                                                          261

Da $f$ und $g$ stetig sind, folgt daraus, dass $f$ und $g$ übereinstimmen. Satz 3 ist
damit bewiesen.

AUFGABEN

**23.1.** Man berechne die Fourier-Reihe der periodischen Funktion $f\colon \mathbb{R} \to \mathbb{R}$
mit

$$f(x) = |x| \quad \text{für } -\pi \leqslant x \leqslant \pi.$$

**23.2.** Man berechne die Fourier-Reihe der Funktion $f(x) = |\sin x|$.

**23.3.** Man beweise: Ist $f\colon \mathbb{R} \to \mathbb{R}$ eine gerade (bzw. ungerade) periodische
Funktion, so hat die Fourier-Reihe von $f$ die Gestalt

$$\frac{a_0}{2} + \sum_{k=1}^{\infty} a_k \cos kx \quad \text{bzw.} \quad \sum_{k=1}^{\infty} b_k \sin kx.$$

**23.4.** a) Man zeige: Jede stetige periodische Funktion $f\colon \mathbb{R} \to \mathbb{R}$ lässt sich
gleichmäßig durch stetige, stückweise lineare periodische Funktionen approxi-
mieren. Dabei heißt eine stetige periodische Funktion $\varphi\colon \mathbb{R} \to \mathbb{R}$ stückweise
linear, wenn es eine Unterteilung

$$0 = t_0 < t_1 < \ldots < t_r = 2\pi$$

von $[0, 2\pi]$ und Konstanten $\alpha_j, \beta_j$ gibt, so dass für $j = 1, \ldots, r$ gilt

$$\varphi(x) = \alpha_j x + \beta_j \quad \text{für } t_{j-1} \leqslant x \leqslant t_j.$$

b) Man beweise mit Teil a) und Satz 3, dass sich jede stetige periodische Funktion $f\colon \mathbb{R} \to \mathbb{C}$ gleichmäßig durch trigonometrische Polynome approximieren
lässt (Weierstraßscher Approximationssatz für periodische Funktionen).

**23.5.** Man beweise: Jede stetige Funktion $f\colon [0,1] \to \mathbb{C}$ lässt sich gleichmäßig
durch Polynome approximieren (Weierstraßscher Approximationssatz).

*Anleitung:* Man konstruiere eine stetige periodische Funktion $F\colon \mathbb{R} \to \mathbb{C}$ mit
$F \mid [0,1] - f$, approximiere $F$ nach Aufgabe 23.4b durch trigonometrische Polynome und entwickle diese in ihre Taylor-Reihe.

**23.6.** a) Man berechne die Summe der Fourier-Reihe

$$\sum_{n=1}^{\infty} \frac{\sin(nx)}{n^3}.$$

b) Man beweise die Formel

$$\sum_{n=1}^{\infty} \frac{1}{n^6} = \frac{\pi^6}{945}.$$

**23.7.** a) Man zeige: Es gibt eindeutig bestimmte Polynome $\beta_n(x)$, $n \in \mathbb{N}$, mit folgenden Eigenschaften:

   i)    $\beta_0(x) = 1$,

   ii)   $\beta_n'(x) = \beta_{n-1}(x)$ für alle $n \geqslant 1$,

   iii)  $\int_0^1 \beta_n(x)dx = 0$ für alle $n \geqslant 1$.

b) Für alle $k \geqslant 0$ gilt

$$\beta_{2k}(1-x) = \beta_{2k}(x), \quad \beta_{2k+1}(1-x) = -\beta_{2k+1}(x).$$

c) Für alle $k \geqslant 1$ gilt $\beta_{2k+1}(0) = 0$.

d) Die Polynome $B_n(x) := n!\beta_n(x)$ heißen *Bernoulli-Polynome*, die Zahlen $B_n := B_n(0)$ heißen *Bernoulli-Zahlen*.
Man berechne die Bernoulli-Zahlen und -Polynome für $n \leqslant 8$.

e) Für alle $k \geqslant 0$ und $0 < x < 1$ gilt

$$\beta_{2k+1}(x) = (-1)^{k-1}2 \sum_{n=1}^{\infty} \frac{\sin(2\pi nx)}{(2\pi n)^{2k+1}}.$$

Falls $k \geqslant 1$, gilt diese Beziehung sogar für alle $x \in [0,1]$.

f) Für alle $k \geqslant 1$ und $0 \leqslant x \leqslant 1$ gilt

$$\beta_{2k}(x) = (-1)^{k-1}2 \sum_{n=1}^{\infty} \frac{\cos(2\pi nx)}{(2\pi n)^{2k}}.$$

g) Für alle $k \geqslant 1$ finde man Formeln für die Summen

$$\sum_{n=1}^{\infty} \frac{1}{n^{2k}}$$

mithilfe der Bernoulli-Zahlen.

# Axiome der reellen Zahlen

## Zusammenstellung der Axiome der reellen Zahlen

| **Körperaxiome:** Es sind zwei Verknüpfungen (Addition und Multiplikation) definiert, so dass folgende Axiome erfüllt sind: | | Körper | angeordneter Körper | archimedisch angeordneter Körper | vollständiger archimedisch angeordneter Körper |
|---|---|---|---|---|---|
| **Axiome der Addition** <br> Assoziativgesetz <br> Kommutativgesetz <br> Existenz der Null <br> Existenz des Negativen | **Axiome der Multiplikation** <br> Assoziativgesetz <br> Kommutativgesetz <br> Existenz der Eins ($\neq 0$) <br> Existenz des Inversen <br> (zu Elementen $\neq 0$) | | | | |
| Distributivgesetz | | | | | |
| **Anordnungsaxiome:** Es sind gewisse Elemente als positiv ausgezeichnet ($x > 0$), so dass folgende Axiome erfüllt sind: | | | | | |
| Für jedes Element $x$ gilt genau eine der Beziehungen <br> $x > 0,\ x = 0,\ -x > 0$ | | | | | |
| $x > 0 \wedge y > 0 \ \Rightarrow \ x + y > 0$ | | | | | |
| $x > 0 \wedge y > 0 \ \Rightarrow \ xy > 0$ | | | | | |
| **Archimedisches Axiom:** Zu $x > 0$, $y > 0$ existiert eine natürliche Zahl $n$ mit $nx > y$. | | | | | |
| **Vollständigkeitsaxiom:** Jede Cauchy-Folge konvergiert. | | | | | |

# Literaturhinweise

Einführungen in die Analysis

[BF] M. Barner und F. Flohr: Analysis I. De Gruyter, 4. Aufl. 1991.

[Bl] Ch. Blatter: Analysis 1. Springer, 4. Aufl. 1991.

[Brö] Th. Bröcker: Analysis 1. Spektrum, Akad. Verl. 1992.

[FW] O. Forster und R. Wessoly: Übungsbuch zur Analysis 1. Vieweg 1995.

[He] H. Heuser: Lehrbuch der Analysis, 1. Teubner 1998.

[Ho] H.S. Holdgrün: Analysis, Band 1. Leins Verlag Göttingen 1998.

[Ka] W. Kaballo: Einführung in die Analysis I. Spektrum, Akad. Verl. 1995

[Kö] K. Königsberger: Analysis 1. Springer 1991.

[Wa] W. Walter, Analysis I. Springer 1997.

Weitere im Text zitierte Literatur

[AH] J. Arndt und Ch. Haenel: Pi. Algorithmen, Computer, Arithmetik. Springer 1998.

[BM] R. Braun und R. Meise: Analysis mit Maple. Vieweg 1995.

[Br] D.S. Bridges: Computability. A Mathematical Sketchbook. Springer 1994.

[Fi] G. Fischer: Lineare Algebra. Vieweg, 11. Aufl. 1997.

[Fo] O. Forster: Algorithmische Zahlentheorie. Vieweg 1996.

[H] D. Hilbert: Grundlagen der Geometrie, Teubner, 12. Aufl. 1987.

[HU] J.E. Hopcroft und J.D. Ullman: Einführung in die Automatentheorie, Formale Sprachen und Komplexitätstheorie. Oldenbourg 1994.

[L] E. Landau: Grundlagen der Analysis. Teubner 1930. Nachdruck Chelsea.

[SG] H. Stoppel und B. Griese: Übungsbuch zur Linearen Algebra. Vieweg 1997.

[Z] H.D. Ebbinghaus et al.: Zahlen. Springer 1992.

# Namens- und Sachverzeichnis

*Abel, Niels Henrik* (1802–1829), 238
Abelscher Grenzwertsatz, 238
abgeschlossenes Intervall, 78
Ableitung, 142
Ableitung höherer Ordnung, 152
absolut konvergent, 64
Absolut-Betrag, 22
abzählbar, 79
Additionstheorem der Exponential-
    funktion, 76
Additionstheorem des Tangens, 141
Additionstheoreme von Sinus und
    Cosinus, 128
allgemeine Potenz, 112
alternierende harmonische Reihe, 64
alternierende Reihen, 62
angeordneter Körper, 20
Anordnungs-Axiome, 17
*Archimedes* (287?–212 v.Chr.), 23
Archimedisches Axiom, 23
Arcus-Cosinus, 136
Arcus-Sinus, 137
Arcus-Tangens, 137
Arcus-Tangens-Reihe, 240
Area cosinus hyperbolici, 118
Area sinus hyperbolici, 118
Argument einer komplexen Zahl, 139
arithmetisches Mittel, 58
Assoziativgesetz, 10, 12
asymptotisch gleich, 212

*b*-adischer Bruch, 43
Berührpunkt, 92
berechenbar, 81
*Bernoulli, Jacob* (1654–1705), 24
Bernoulli-Polynome, 262
Bernoulli-Zahlen, 262

Bernoullische Ungleichung, 24
beschränkt, 29
beschränkte Folgen, 29
beschränkte Funktion, 102
beschränkte Menge, 83
*Bessel, Friedrich Wilhelm* (1784–1846),
    254
Besselsche Ungleichung, 254
bestimmte Divergenz, 37
Beta-Funktion, 217
Betrag, 22
Betrag einer komplexen Zahl, 121
bewerteter Körper, 23
Binär-Darstellung, 49
*Binomi, Alessandro* (1727–1643), 6
Binomial-Koeffizienten, 5
Binomische Reihe, 241
Binomischer Lehrsatz, 6
*Bohr, Harald* (1887–1951), 210
Bohr
    Satz von, 210
*Bolzano, Bernhard* (1781–1848), 46
Bolzano
    Satz von Bolzano-Weierstraß, 46

*Cantor, Georg* (1845–1918), 82
Cantorsche Diagonalverfahren, 82
*Cauchy, Augustin Louis* (1789–1857),
    40
Cauchy-Folge, 40
Cauchy-Produkt von Reihen, 74
Cauchy-Schwarzsche Ungleichung,
    161
Cauchysches Konvergenz-Kriterium,
    60
ceil, 24
Cosinus, 127

Cosinus hyperbolicus, 97

de l'Hospital, siehe Hospital, 163
Definition durch vollständige Induktion, 2
Dezimalbruch, 44
    periodischer, 36
Differentialquotient, 142
differenzierbar, 142
    von links, 145
    von rechts, 145
Distributivgesetz, 12
divergent, 28
divergent, bestimmt, 37
Doppelsummen, 14
Dreiecks-Ungleichung, 22, 121

Einheitswurzeln, 140
Einselement, 12
*Einstein, Albert* (1879–1955), 244
Einsteinsche Gleichung $E = mc^2$, 244
$\varepsilon$-Umgebung, 27
$\varepsilon$-$\delta$-Definition der Stetigkeit, 103
erweiterte Zahlengerade, 38
*Euler, Leonhard* (1707–1783), 71
Euler-Mascheronische Konstante, 217
Eulersche Beta-Funktion, 217
Eulersche Formel, 127
Eulersche Zahl, 71
Exponentialfunktion zur Basis $a$, 111
Exponentialreihe, 71
Exponentialreihe im Komplexen, 124

Fakultät, 3
fast alle, 28
*Fibonacci (Leonardo von Pisa)* (180?–1250?), 27
Fibonacci-Zahlen, 27, 39, 59
Fixpunktsatz, 167

Fließkomma, 49
floating point, 49
floor, 24
Folge, 26
*Fourier, Joseph* (1768–1830), 251
Fourier-Koeffizient, 251
Fourier-Reihe, 251
Freitag, der Dreizehnte, 9
Fundamental-Folge, 40
Fundamentalsatz der Differential- und Integralrechnung, 191
Funktionalgleichung der Exponentialfunktion, 76, 124
Funktionalgleichung des Logarithmus, 109

Gamma-Funktion, 208
*Gauß, Carl Friedrich* (1777–1855), 2, 9
Gauß-Klammer, 24
Gauß'sche Zahlenebene, 120
geometrische Reihe, 8, 35
geometrisches Mittel, 58
gerade Funktion, 153
gleichmäßig konvergent, 218
gleichmäßig stetig, 104
Gleitpunkt, 49
goldener Schnitt, 59
Graph einer Funktion, 89
*Gregor XIII., Papst (Ugo Buoncompagni)* (1502–1585), 9
Gregorianischer Kalender, 9
Grenzwert, 27
Grenzwerte bei Funktionen, 92

*Hadamard, Jacques S.*, (1865-1963), 231
Hadamard'sche Formel, 231
halboffenes Intervall, 79

harmonische Reihe, 61
Häufungspunkt, 47
Hauptzweige der Arcus-Funktionen, 138
Hexadezimalsystem, 51
*Hölder, Otto* (1859–1937), 160
Höldersche Ungleichung, 160, 188
*Hospital, Guillaume-François-Antoine de l'H.* (1661–1704), 163
Hospitalsche Regeln, 163

IEEE-Standard, 50
imaginäre Einheit, 120
Imaginärteil, 120
Indexverschiebung, 7
Induktion, vollständige, 1
Induktions-Axiom, 21
Infimum, 83
Integral-Vergleichskriterium, 207
Intervall-Halbierungsmethode, 99
Intervallschachtelungs-Prinzip, 41
Inverses, 12
irrationale Zahlen, 82

Kettenbruch, 59
Kettenregel, 150
Kommutativgesetz, 10, 12
kompaktes Intervall, 102
komplexe Konjugation, 120
komplexe Zahlen, 119
Konjugation, komplexe, 120
konkav, 158
konvergent, 27
konvergent, uneigentlich, 37
Konvergenzradius, 224
konvex, 158
konvex, logarithmisch, 209
*Kronecker, Leopold* (1823–1891), 49

*Lagrange, Joseph Louis* (1736–1813), 233
Lagrangesches Restglied, 233
*Landau, Edmund* (1877–1938), 115
Landau-Symbole, 115
leere Summe, 2
leeres Produkt, 3
*Legrende, Adrien Marie* (1752–1833), 165
Legendre-Polynome, 203
Legendresche Differentialgleichung, 165
Legrende-Polynom, 165
*Leibniz, Gottfried Wilhelm* (1646–1716), 62
Leibniz'sche Reihe, 64
Leibniz'sches Konvergenz-Kriterium, 62
Limes, 27
limes inferior, 85
limes superior, 85
*Lipschitz, Rudolf* (1832–1903), 107
Lipschitz-stetig, 107
logarithmisch konvex, 209
Logarithmus, 109
Logarithmus zur Basis $a$, 117
Logarithmus-Reihe, 237
lokales Maximum, 154
lokales Minumum, 154

*Machin, John* (1685–1751), 241
Machinsche Formel, 241
Majoranten-Kriterium, 65
Mantisse, 50
*Mascheroni, Lorenzo* (1750–1800), 217
Mascheroni
    Euler-Mascheronische Konstan-

te, 217
Maximum, 18, 85
   lokales, 154
Minimum, 18, 85
   lokales, 154
*Minkowski, Hermann* (1864–1909), 161
Minkowskische Ungleichung, 161, 188
Mittelwertsatz, 155
Mittelwertsatz der Integralrechnung, 184
Mittelwertsatz, verallgemeinerter, 166
monoton wachsend, fallend, 48
monotone Funktion, 107

natürliche Zahlen, 20
natürlicher Logarithmus, 109
Nebenzweige der Arcus-Funktionen, 139
Negatives, 10
*Newton, Isaac* (1643–1727), 171
Newtonsches Verfahren, 171
Norm, $p$-Norm, 160
Nullelement, 10
Nullfolge, 27

Oberintegral, 179
offenes Intervall, 79

Partialbruchzerlegung, 194
Partialsumme, 34
Partielle Integration, 197
*Pascal, Blaise* (1623–1662), 7
PASCAL-Programme, 81
Pascalsches Dreieck, 7
*Peano, Guiseppe* (1858–1932), 21
Peano-Axiome, 21
periodische Funktion, 248

periodischer $b$-adischer Bruch, 51
periodischer Dezimalbruch, 36
pi, $\pi$, 131
*Planck, Max* (1858–1947), 169
Plancksche Strahlungsfunktion, 169
Polarkoordinaten, 139
Potenz, 15
Potenzreihe, 223
primitive Funktion, 191
Produkt, unendliches, 39
Produktregel, 147
punktweise konvergent, 218

quadratische Konvergenz, 57, 172
quadratisches Mittel, 254
Quadratwurzel, 53
Quotienten-Kriterium, 66
Quotientenregel, 147

Realteil, 120
Reihen, unendliche, 34
relatives Extremum, 154
*Riemann, Bernhard* (1826–1866), 179
Riemann-integrierbar, 179
Riemannsche Summe, 185
Riemannsche Zetafunktion, 208
*Rolle, Michel* (1652–1719), 155
Rolle, Satz von, 155

*Schlömilch, Otto* (1823–1901), 247
Schlömilchsches Restglied, 247
Schranke, 83
*Schwarz, Hermann Amandus* (1843–1921), 161
Schwarz
   Cauchy-Schwarzsche Ungleichung, 161
Sexagesimalsystem, 44
Sinus, 127

# Namens- und Sachverzeichnis

Sinus hyperbolicus, 97
Stammfunktion, 191
stetig, 94
stetig differenzierbar, 152
Stetigkeitsmodul, 107
*Stirling, James* (1692–1770), 212
Stirlingsche Formel, 212
streng monoton wachsend, fallend, 48
strenges lokales Extremum, 154
Substitutionsregel, 193
Summenzeichen, 2
Supremum, 83
Supremumsnorm, 221

Tangens, 136
*Taylor, Brook* (1685–1731), 232
Taylor-Reihe, 235
Taylorsche Formel, 232
Teilfolge, 46
Teleskop-Summe, 35
Trapez-Regel, 201
Treppenfunktion, 90
trigonometrische Funktionen, 127
trigonometrisches Polynom, 249
*Turing, Alan Mathison* (1912–1954), 81
Turing-Maschine, 81

überabzählbar, 79
Umkehrfunktion, 108
Umordnung von Reihen, 68
unbestimmtes Integral, 190
uneigentlich konvergent, 37
uneigentliches Integral, 204
uneigentliches Intervall, 79
unendlich, 37
unendliche geometrische Reihe, 35
unendliche Reihen, 34

unendliches Produkt, 39
ungerade Funktion, 153
Unterintegral, 179
unterliegende Menge einer Folge, 79

vollständige Induktion, 1
Vollständigkeits-Axiom, 41
Vollständigkeitsrelation, 254

*Wallis, John* (1616–1703), 199
Wallis'sches Produkt, 199
*Weierstraß, Karl* (1815–1897), 46
Weierstraß
    Konvergenzkriterium von Weierstraß, 222
    Satz von Bolzano-Weierstraß, 46
Weierstraßscher Approximationssatz, 261
Wurzeln, 109

Zahlenebene, Gauß'sche, 120
Zahlengerade, 19
Zahlengerade, erweiterte, 38
Zwischenwertsatz, 98

# Symbolverzeichnis

$\mathbb{N} = \{0, 1, 2, 3, \ldots\}$ = Menge der natürlichen Zahlen

$\mathbb{Z} = \{0, \pm 1, \pm 2, \ldots\}$ = Menge der ganzen Zahlen

$\mathbb{Q} = \{\frac{p}{q} : p, q \in \mathbb{Z}, q \neq 0\}$ = Körper der rationalen Zahlen

$\mathbb{R}$ = Körper der reellen Zahlen

$\mathbb{R}^*$ = Menge der reellen Zahlen $\neq 0$

$\mathbb{R}_+$ = Menge der reellen Zahlen $\geqslant 0$

$\mathbb{R}_+^*$ = Menge der reellen Zahlen $> 0$

$\mathbb{C}$ = Körper der komplexen Zahlen, 119

$\mathbb{F}_2$ = Körper mit zwei Elementen, 16

$[a, b], [a, b[, ]a, b], ]a, b[$   Intervalle, 78

$\lfloor x \rfloor$ = floor$(x)$ = größte ganze Zahl $\leqslant x$, 24

$\lceil x \rceil$ = ceil$(x)$ = kleinste ganze Zahl $\geqslant x$, 24

$[x]$   Gauß-Klammer, alte Bezeichnung für $\lfloor x \rfloor$

$|x|$   Betrag einer reellen oder komplexen Zahl, 22, 121

$\|x\|_p$   $p$-Norm für Vektoren, 160

$\|f\|_p$   $p$-Norm für Funktionen, 188

$\|f\|_K$   Supremumsnorm, 221

$f_+, f_-$   positiver (negativer) Anteil einer Funktion, 183

$f_+', f_-'$   rechtsseitige (linksseitige) Ableitung, 145

$f \mid A$   Beschränkung einer Abbildung $f : X \to Y$
    auf eine Teilmenge $A \subset X$

$a_n \sim b_n$ asymptotische Gleichheit von Folgen, 212

---

Die üblichen Bezeichnungen aus der Mengenlehre werden als bekannt vorausgesetzt, siehe etwa [Fi], Abschnitt 1.1. Insbesondere ist bei der Teilmengenrelation $A \subset X$ die Gleichheit $A = X$ zugelassen.

# Inhaltsverzeichnis

**Analysis 2**

Kapitel I. Differentialrechnung im $R^n$

§1. Topologie metrischer Räume
§2. Grenzwerte, Stetigkeit
§3. Kompaktheit
§4. Kurven im $R^n$
§5. Partielle Ableitungen
§6. Totale Differenzierbarkeit
§7. Taylor-Formel. Lokale Extrema
§8. Implizite Funktionen
§9. Integrale, die von einem Parameter abhängen

Kapitel II. Gewöhnliche Differentialgleichungen

§10. Existenz- und Eindeutigkeitssatz
§11. Elementare Lösungsmethoden
§12. Lineare Differentialgleichungen
§13. Lineare Differentialgleichungen mit konstanten Koeffizienten
§14. Systeme von linearen Differentialgleichungen mit konstanten Koeffizienten

**Analysis 3**

§1. Integral für stetige Funktionen mit kompaktem Träger
§2. Transformationsformel
§3. Partielle Integration
§4. Integral für halbstetige Funktionen
§5. Berechnung einiger Volumina
§6. Lebesgue-integrierbare Funktionen
§7. Nullmengen
§8. Rotationssymmetrische Funktionen
§9. Konvergenzsätze
§10. Die $L_p$-Räume
§11. Parameterabhängige Integrale
§12. Fourier-Integrale
§13. Die Transformationsformel für Lebesgue-integrierbare Funktionen
§14. Integration auf Untermannigfaltigkeiten
§15. Der Gaußsche Integralsatz
§16. Die Potentialgleichung
§17. Distributionen
§18. Pfaffsche Formen. Kurvenintegrale
§19. Differentialformen höherer Ordnung
§20. Integration von Differentialformen
§21. Der Stokessche Integralsatz